中国石油大学（北京）教改项目留学生教材建设资助

油层物理基础

涂彬　主编

U0339151

石油工业出版社

内 容 提 要

本书介绍石油工程领域的基本概念、油气状态变化的基本物理过程和物理量之间的定量关系。全书从三个方面共9章进行论述：1~4章，主要介绍储层流体的组成、性质、高温高压状态下的性质参数及变化规律；5~6章，主要介绍表征储层岩石储集性和流动性的特征参数及其特点和获取方法；7~9章，主要介绍储层岩石和流体相互作用的现象、机理和表征方法，如表面张力、润湿性、毛细管压力、相对渗透率等。

本书作为石油工程专业的留学生教材，也可作为相关专业入门参考资料使用。

图书在版编目（CIP）数据

油层物理基础 / 涂彬主编 . —北京：石油
工业出版社，2019.7
　　ISBN 978-7-5183-3396-7

　　Ⅰ．①油…　Ⅱ．①涂…　Ⅲ．①油层物理学　Ⅳ．
① TE311

中国版本图书馆 CIP 数据核字（2019）第 092584 号

出版发行：石油工业出版社
　　　　　（北京安定门外安华里 2 区 1 号　100011）
　　　　　网　址：www.petropub.com
　　　　　编辑部：(010) 64523537
　　　　　图书营销中心：(010) 64523633
经　　销：全国新华书店
印　　刷：北京中石油彩色印刷有限责任公司
2019 年 7 月第 1 版　2019 年 7 月第 1 次印刷
787×1092 毫米　开本：1/16　印张：18.5
字数：440 千字
定价：78.00 元

前　言

石油工程是根据油气和储层特性建立适宜的流动通道并优选举升方法，经济有效地将深埋于地下的油气从油气藏中开采到地面所实施的一系列工程和工艺技术的总称，包括油藏、钻井、采油和石油地面工程等。从社会和经济效益角度考虑，石油工程必须达到两个目标：①尽可能快地把油气采出来；②尽可能多地把油气采出来。对于这两个目标的实现，认识油气藏并且在此基础上改造油气藏就成为必然，而其中认识油气藏就成为重中之重的任务。油层物理分析是认识油气藏的一种重要工具，随着石油工业的发展，油层物理学科也在不断地发展成熟之中。目前，油层物理的发展已进入一个新的阶段，常规岩心已实现了分析的系列化、标准化，专项岩心分析也逐步常规化、动态化。

作为一门油气基础学科，相关的教科书、参考书比较多也比较系统。该学科以马斯盖特《采油物理原理》（1949 年）的发表作为开端，而卡佳霍夫的《油层物理基础》（1956年）则是油层物理从采油工程中单独分科的起点。目前，这门学科得到了更广泛更深入的发展，国内外都出版了众多的相关著作。

本书是在参考众多著作的基础上，根据中国石油大学（北京）石油工程专业留学生的教学需要而编写的，对整个油层物理的相关知识进行了梳理，试图编写出既满足留学生水平及需求，又不超过其理解难度的教材，以便帮助学生更好地掌握油层物理学科的基本理论体系和应用方法。

作为本科留学生的参考教材，本书着重于基础知识、基本理论和基本方法。编写者试图采用概念叙述、习题讲解和学生自主练习的形式，使学习者掌握石油工程领域基本概念、定义，以及油气藏开发过程中物理变化过程及现象的影响因素。

从内容上看，本书分为三个部分。第一部分是储层流体的物理化学性质，主要涉及 4 个问题：①在地层高温高压条件下，油藏流体具有什么样的性质？②油藏开发过程中，油藏流体的性质会出现什么样的变化？③油藏流体的性质变化用什么特征参数来表示？④这些油藏流体的特征参数变化的规律是什么？第二部分是储层岩石的储集和渗流能力，对这两个能力的认知和掌握对于认识和改造油藏具有举足轻重的作用。前者主要是指岩石内的孔隙形态、结构、大小、分布等以及孔隙度的概念、测量和评价方法；后者是指岩石渗流阻力评价参数——渗透率的概念、表征、评价和测量方法。第三部分是储层岩石和流体的相互作用，当流体在储层岩石内流动的时候，二者之间会出现更复杂的物理现象，本部分内容主要回答如下几个问题：渗流时，岩石孔隙中油水究竟是怎样分布的？流动过程中会发生哪些变化？实践中采用哪些参数来描述地层中各种阻力的变化？如何减少和消除这些附加阻力？通过本书的阅读，读者可以基本掌握石油工程领域的基本概念、基本参数、并了解这些基本参数的获取方法，为进一步学习打下良好的基础。

本书大量参考了杨胜来、何更生、洪世铎等专家编写的油层物理相关书籍，在此也对这些前辈表示崇高的敬意。在本书的编写过程中，苏关东协助做了大量的文字工作，郭虎成提供了部分思考题的参考答案，杨胜来教授、王秀宇教授提出了很多的修改建议，还有其他同志也给予了编者很多帮助，在此一并表示感谢。

由于编者水平和学识限制，书中难免存在瑕疵，敬请读者批评指正。

目　　录

第一章　原油的性质和分类 ……………………………………………… 1

　　第一节　石油的化学组成 ……………………………………………… 2

　　第二节　原油的物理性质 ……………………………………………… 4

　　第三节　原油的分类 …………………………………………………… 6

第二章　天然气的组成及其高压物性 …………………………………… 9

　　第一节　天然气的视分子量和密度 …………………………………… 10

　　第二节　天然气的状态方程和对比状态原理 ………………………… 14

　　第三节　天然气的高压物性 …………………………………………… 25

　　第四节　天然气含水量和天然气水合物 ……………………………… 35

第三章　油气藏烃类的相态和气液平衡 ………………………………… 40

　　第一节　油气藏的相态特征 …………………………………………… 41

　　第二节　气—液相平衡 ………………………………………………… 53

　　第三节　油气体系中气体的溶解与分离 ……………………………… 58

第四章　地层液体的高压物性参数及测算方法 ………………………… 68

　　第一节　地层油的高压物性 …………………………………………… 69

　　第二节　地层水及其高压物性 ………………………………………… 79

　　第三节　地层油气高压物性的参数测算 ……………………………… 87

　　第四节　流体高压物性参数应用示例——油气藏物质平衡方程 …… 94

第五章　储层岩石的组成、孔隙性、压缩性和流体饱和度 …………… 99

　　第一节　储层岩石的组成 ……………………………………………… 100

　　第二节　砂岩的构成及其表示方式 …………………………………… 101

　　第三节　储层岩石的孔隙性 …………………………………………… 114

　　第四节　储层岩石的孔隙度 …………………………………………… 120

　　第五节　储层岩石的压缩性 …………………………………………… 128

　　第六节　储层流体的饱和度 …………………………………………… 130

第六章　储层岩石的流体渗透性 ………………………………………… 138

　　第一节　达西定律及岩石绝对渗透率 ………………………………… 139

第二节　气测渗透率及气体滑动效应 ················· 143

第三节　储层岩石渗透率的分布特征及影响因素 ·········· 147

第四节　裂缝性、溶孔性岩石的渗透率 ··············· 157

第五节　岩石结构的理想模型及应用 ················ 161

第六节　砂岩储层岩石的敏感性 ·················· 165

第七章　储层岩石中的界面现象与润湿性 ·············· 177

第一节　储层流体的相间界面张力及其测定 ············ 178

第二节　界面吸附现象 ······················ 187

第三节　储层岩石的润湿性 ···················· 193

第八章　储层毛细管压力及毛细管压力曲线 ············· 209

第一节　毛细管压力的概念 ···················· 210

第二节　岩石毛细管压力曲线的测定与换算 ············ 222

第三节　岩石毛细管压力曲线的基本特征 ············· 231

第四节　毛细管压力曲线的应用 ·················· 233

第九章　储层岩石相对渗透率曲线 ················· 244

第一节　两相渗流的相对渗透率 ·················· 246

第二节　三相体系的相对渗透率 ·················· 254

第三节　相对渗透率曲线的测定和计算 ··············· 255

第四节　相对渗透率曲线的应用 ·················· 261

参考文献 ···························· 270

附录一　常用单位换算 ······················ 273

附录二　常用专业术语中英俄对照表 ··············· 275

附录三　参考答案 ························· 282

第一章

原油的性质和分类

对于什么是原油，目前并没有一个完整而确切的定义。可以从原油的特征来理解什么是原油。那么，从哪几个方面来描述原油的主要特征呢（图1–1）？

图1–1　什么是原油（示意图）

首先，原油是一种混合物，混合物是由两种或多种物质混合而成的物质。其次，原油这种混合物主要由烃类分子构成，烃是一种由氢和碳构成的分子，具有不同的长度和结构，具有直链、支链和环链的形式。然后，原油是指"未被加工的"石油，即直接从地下开采出来的石油。最后，原油是由生活在数百万年前的古代动植物发生腐烂而自然形成的，其形态可以是液体，也可能是半固体。

第一节　石油的化学组成

本节主要掌握石油中有哪些元素，这些元素组成什么样的化合物。

一、石油的元素组成

石油中主要含碳、氢两种元素，也含有硫、氮、氧元素以及一些微量元素。

石油中非碳氢元素的总含量较低，为 1% ～ 5%。这些元素一般是以碳氢化合物衍生物形态存于石油中。

二、石油中的烃类化合物

1. 石油中的烷烃

石油中带有直链或支链，没有任何环结构的饱和烃，称为烷烃（或链烃）。烷烃的化学性质很不活泼，一般条件下不易发生反应，但在加热或催化剂以及光化学作用下，烷烃能起各种反应，例如卤化、磺化、氧化以及裂化等反应。

石油中烷烃含量与石油的类型有关，含量可高达 50% ～ 70% 或低到 10% ～ 15%，甚至更低。

2. 石油中的环烷烃

环烷烃是环状的饱和烃，其性质也比较稳定，也是石油主要的组成之一。但在石油中只有含五碳环的环戊烷系和六碳环的环己烷系，它们可能是单环环烷烃，也可能是双环或多环环烷烃。双环环烷烃两个环可能都是五碳环或六碳环，也可能是一个为五碳环，另一个为六碳环，环的连接方式以并连为主。

3. 石油中的芳香烃

苯系芳香烃在石油中普遍存在，其侧链可以是烷基的，也可以是环烷基的。中国大庆、胜利、任丘、新疆等地原油的汽油馏分中（<160℃），已定量测定的一百多种单体烃，其中苯系芳香烃有 10 余种。

三、石油中的非烃化合物

硫、氮、氧等元素以各种含硫、含氧、含氮的烃类化合物的方式，或者含有硫、氮、氧的胶状、沥青状物质的方式存在于石油中，因为不是纯粹的碳氢化合物，所以被统称为非纯烃类化合物，俗称非烃类。主要类型如图 1-2 所示。

（1）含氧化合物：环烷酸、苯酚和脂肪酸等。

（2）含硫化合物：硫化氢、硫醇、硫醚和噻吩等，此外石油中还含有单质硫。

（3）含氮化合物：吡咯、吡啶、喹啉、吲哚和咔唑等杂环化合物。

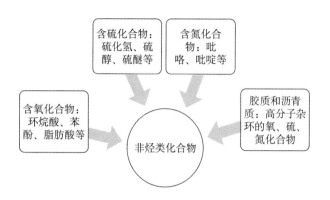

图1-2　石油中的非烃化合物

（4）胶质和沥青质：高分子杂环的氧、硫、氮化合物，具有较高的或中等的界面活性，它们对石油的许多性质，诸如颜色、相对密度、黏度和界面张力等都有较大的影响。

四、表示原油组成的几个参数

原油是一种多分子混合物，可以用不同的参数来表征其相应的特点，如图1-3所示。

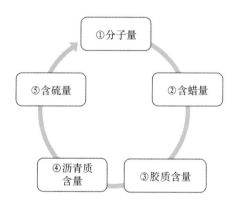

图1-3　原油组成的几个表征参数

（1）石油的分子量：原油中最小的分子是分子量为16的甲烷。最大的分子是沥青质，其分子量可达几千。因此原油的分子量变化范围很大，平均为几百。

（2）含蜡量：含蜡量是指在常温常压条件下原油中所含石蜡和地蜡的百分比。石蜡是一种白色或淡黄色固体，由高级烷烃组成（C_{16}—C_{35}），分子量为300～450，熔点为37～76℃。地蜡是以C_{36}—C_{55}为主的高沸点结晶烃，分子量为500～730，熔点为60～90℃，其结构更复杂。石蜡和地蜡在地下以胶体状溶于石油中，当压力和温度降低时，可从石油中析出。

（3）胶质含量：胶质是指原油中分子量较大（300～1000）的、含有氧、氮、硫等元素的多环芳香烃化合物，通常呈半固态分散状溶解于原油中。胶质含量是指原油中所含胶质的质量百分数，一般在 5%～20% 之间。

（4）沥青质含量：沥青质是一种高分子量（1000 以上）的、具有多环结构的、呈黑色固态的烃类化合物。一般原油中沥青质的含量较少，通常小于 1%，当沥青质含量较高时，原油品质变坏。沥青质的分子量比胶质的大得多，性质上的主要区别是：胶质是黏稠液体，而沥青质是无定形的、脆性的固体；胶质溶于低分子烷烃，沥青质则不溶。

（5）含硫量：指原油中所含硫（硫化物或单质硫）的百分数。原油中含硫量较小，一般小于 1%，但对原油性质的影响很大。硫对管线有腐蚀作用，对人体健康有害。

第二节　原油的物理性质

本节主要描述采用什么样的参数来表示原油的物理性质，这些性质反映了原油的什么特点。

原油物理性质指颜色、密度、黏度、凝点、含蜡量、闪点、发热量、荧光性、旋光性等（图 1-4），这些性质上的差异是其化学组成不同的一种反映。本节所述的内容，侧重于地面商品原油的物理性质，表 1-1 为中国一部分油田原油的性质。

颜色　密度　黏度　凝点　含蜡量　闪点　发热量　荧光性　旋光性

图 1-4　原油的物理性质

表1-1　中国一些原油样品的某些性质

性质	大庆原油	胜利原油	任丘原油	辽河原油	新疆黑油山原油	克拉玛依 3 号低凝油	胜利油田孤岛原油	大港羊三木原油
相对密度 d_4^{20}	0.8554	0.9005	0.8837	0.8662	0.9149	0.8839	0.9495	0.9437
黏度（50℃），mPa·s	17.3	75.1	50.5	7.8	316.2[①]	29.2	316.8	595.8
凝点，℃	30	28	36	17	−22	−54	2	−4
含蜡量（吸附法），%	26.20	14.60	22.80	13.50[②]	0.77	1.05	4.90	—
沥青质，%	0	5.10	2.50	0.17	1.36	0.53	2.90	0.40
胶质，%	8.9[③]	23.2	23.2	14.4	21.2	13.3	24.8	21.8
残炭（电炉法），%	2.9	6.4	6.7	3.6	5.3	3.8	7.4	6.0
原油分类	高凝点、中高密度原油				低凝点、高密度原油			

注：① 40℃黏度；②蒸馏法；③氧化铝吸附色谱的分析数据。

一、颜色

一般呈棕褐色、黑褐色、黑绿色，也有黄色、棕黄色和浅红色原油。原油颜色的不同，主要与原油中轻、重组分及胶质和沥青质含量有关，胶质、沥青质含量高则原油颜色变深。所以原油的颜色深浅大致能反映原油中重组分含量的多少。

二、原油的密度与相对密度

原油的密度是指单位体积原油的质量，其数学表达式为：

$$\rho_o = \frac{m_o}{V_o} \tag{1-1}$$

式中　ρ_o——原油的密度，kg/m^3；

　　　m_o——原油的质量，kg；

　　　V_o——原油的体积，m^3。

地面原油的相对密度定义为原油的密度（ρ_o）与某一温度和压力下水的密度（ρ_w）之比。中国和俄罗斯采用 1atm、20℃时原油与 1atm、4℃纯水的密度之比，用 d_4^{20} 表示。欧美国家则以 1atm、60°F（15.6℃）时原油与纯水的密度之比，用 γ_o 表示。当温度条件或压力条件不相同时，γ_o 与 d_4^{20} 意义不同，其数值也不同，使用时应当注意。两者的换算关系为：$\gamma_o \approx$ （$1.002 \sim 1.004$）d_4^{20}。

欧美国家还常以 API 重度（America Petroleum Institute，美国石油学会）表示相对密度，它与 1atm 60°F（15.6℃）原油相对密度的关系用式（1-2）换算：

$$°API = \frac{141.5}{\gamma_o} - 131.5 \tag{1-2}$$

三、凝点

原油的凝点是指在降温过程中，原油从能够流动到不能流动时的温度，与原油中的含蜡量、沥青质与胶质含量及轻质油含量等有关。一般情况下，轻质组分含量高，凝点就低，重质组分含量高，尤其是石蜡含量高，则凝点就高。原油凝点在 $-56 \sim 50$℃之间。凝点高于 40℃称为高凝油。表 1-1 中显示：大庆原油的含蜡量高达 26.2%，凝点在 30℃；新疆黑油山的原油含蜡量为 0.77%，凝点在 -22℃。

四、原油的黏度

黏度是黏性流体流动时由于内部摩擦而引起的阻力大小的量度，流体的黏度定义为流体中任一点上单位面积的剪应力与速度梯度的比值。黏度的高低表明流体流动的难易，黏度愈大，流动阻力愈大，越难流动。黏度的常用单位是毫帕·秒（mPa·s），以前曾用过泊、厘泊等单位，这些单位之间的关系为：$1Pa \cdot s = 1000mPa \cdot s$；$1mPa \cdot s = 1cP$；$1P = 100cP$。原油的黏度范围很广，有的仅有 $1 \sim 2mPa \cdot s$，有的高达上万毫帕·秒。无论是地面原油还是地层原油，黏度越大越不利：地面原油黏度越大，原油管输难度越大；地层原油黏度越大，原油越难以开采。

五、闪点

闪火点或闪点是在规定的实验条件下，使用某种点火源造成液体汽化而着火的最低温度。闪点是可燃性液体贮存、运输和使用的一个安全指标，同时也是可燃性液体的挥发性指标。闪点低的可燃性液体，挥发性高，容易着火，安全性较差。原油闪点一般在 $30 \sim 180℃$ 之间。

六、荧光性

原油在紫外光照射下，发出一种特殊光亮的特征，称为原油的荧光性，原油发荧光是一种冷发光的现象。发光现象取决于化学结构，发光现象是含芳香族环状化合物的特征，饱和烃化合物则不发光。原油中不同组分的荧光颜色是不同的，轻胶质发绿色；重胶质发黄色；沥青质发褐色。

七、旋光性

原油的旋光性是指偏光通过原油时，偏光面对其原来的位置旋转一定角度的光学特性。偏光面旋转的角度叫旋光角。原油的旋光角一般小于 $1°$，极个别的可以大于 $1°$。

第三节　原油的分类

一、地面原油分类

原油的分类方法有许多种，通常从商品、地质、化学或物理等不同角度进行分类。原油的商品分类法又称工业分类法，是化学分类方法的补充，其依据很多，如分别按原油的相对密度（表 1-2）、硫含量（表 1-3）、氮含量、含蜡量（表 1-4）和胶质含量（表 1-5）等分类。

表1-2　按照原油相对密度分类

类别	API 重度，°API	20℃相对密度
轻质原油	> 31.1	< 0.8661
中质原油	22.3 ~ 31.1	0.8661 ~ 0.9162
重质原油	10.0 ~ 22.3	0.9162 ~ 0.9968
特重原油	< 10.0	> 0.9968

表1-3　按照原油中硫含量分类

标准, %	<0.5	0.5 ~ 2.0	> 2.0
类别	低含硫	含硫	高含硫

表1-4按照原油中蜡的含量分类

标准, %	<2.5	2.5 ~ 10.0	> 10.0
类别	低含蜡	含蜡	高含蜡

表1-5　按照原油中胶质含量分类

标准, %	<5	5 ~ 15	> 15
类别	低含胶	含胶	多胶

国际石油市场常用计价的标准是按 API 重度分类，表 1-6 是第十二届世界石油会议规定的原油分类标准。表 1-6 中，石蜡基原油：含蜡量高，密度小，凝点高，含硫、氮、胶质量较低，如大庆、克拉玛依原油。环烷基原油：密度较大，凝点较低，环烷基中的重质原油含大量的胶质和沥青质，又称为沥青基原油，如孤岛原油等。中间基原油：性质介于二者之间，例如大港油、胜利混合油等。

表1-6　按照原油关键组分分类

关键馏分	石蜡基 (20℃)	中间基 (20℃)	环烷基 (20℃)
第一关键馏分	$\gamma_o < 0.8210$ API 重度 > 40° API	$\gamma_o = 0.8210 \sim 0.8562$ API 重度 33 ~ 40° API	$\gamma_o > 0.8562$ API 重度 < 33° API
第二关键馏分	$\gamma_o < 0.8723$ API 重度 > 30° API	$\gamma_o = 0.8723 \sim 0.9305$ API 重度 20 ~ 30° API	$\gamma_o > 0.9305$ API 重度 < 20° API

二、地层原油分类

1. 按黏度分类

黏度是地层油的主要物性之一，它决定着油井产能的大小、油田开发的难易程度及油藏的最终采收率。按黏度可分为以下四种。

（1）低黏油：油层条件下原油黏度低于 5mPa·s。

（2）中黏油：油层条件下原油黏度 5 ~ 20mPa·s。

（3）高黏油：油层条件下原油黏度 20 ~ 50mPa·s。

（4）稠油：油层条件下原油黏度高于 50mPa·s，相对密度大于 0.920。

2. 按油藏原油性质分类

（1）凝析油：地层条件下为气相的烃类，当压力低于露点压力时凝析出液态烃，一般相对密度小于 0.82。

（2）挥发油：地层条件下呈液态，相态上接近临界点，在开发过程中容易挥发。地面气油比一般在 210 ～ 1200m³/m³ 之间，一般相对密度小于 0.825，体积系数大于 1.75。

（3）高凝油：指凝点大于 40℃的轻质高含蜡原油。

思考题

1. 什么是石油？

2. 油层物理学的主要研究对象是什么？

3. 石油中的主要元素、次要元素、微量元素各是什么？含量如何？

4. 简述石油的化学组成。

5. 常温常压下烷烃的形态（气相、液相、固相）与其分子量的关系是什么？

6. 石油中分别有哪些烃类化合物和非烃化合物？

7. 描述原油物理性质的指标或参数有哪些？

8. 表示原油密度的 API 重度是指什么？和中国的原油密度表示法有什么关系？

9. 简述地面原油的分类方法。

10. 简述地层原油的分类方法。

第二章

天然气的组成及其高压物性

天然气具有可压缩性，处于地层压力、温度条件下的天然气呈压缩状态。在地层中渗流或井筒流动过程中，随压力改变，体积和物性参数均发生变化。通常用气体状态方程来表示这些变化，即压力 p、体积 V、温度 T 三者之间的关系，并引入天然气的高压物性参数——天然气体积系数、等温压缩率、黏度等来描述。这些参数是油气田开发工程中常用和必需的参数，是本章讨论的重点。

第一节　天然气的视分子量和密度

本节描述天然气的类型、组成及其表示法，以及表征天然气的特征参数（图2-1）。

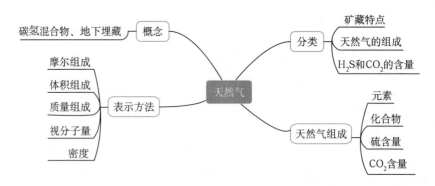

图2-1　本节思维导图

一、天然气的组成

广义上来说，天然气是从地下采出的、在常温常压下呈气态的可燃与不可燃气体的统称。狭义上来说，天然气是以烃类为主并含少量非烃气体的气体混合物。多数天然气以甲烷为主，甲烷摩尔浓度可高达70%～98%，乙烷摩尔浓度小于10%，仅含少量的丙烷、丁烷、戊烷等（一般仅占百分之几）。

天然气常含有非烃类气体：二氧化碳、氮、硫化氢、水蒸气（H_2O）。偶尔含稀有气体，如氦（He）、氩（Ar）等。还含有毒的有机硫化物，如硫醇RSH、硫醚RSR等。

天然气的组成变化较大。有的天然气的CO_2含量较高，如俄罗斯西伯利亚含油气盆地某油田含CO_2高达70%，中国山东滨南气田产出气中CO_2含量高达50%以上，它们为三次采油提供了CO_2气源。

天然气中硫化氢含量一般不超过5%～6%，但也有例外，如法国拉克大气田高达17%、加拿大某气田甚至达20%以上。硫化氢腐蚀金属设备，使其造成氢脆而断裂。对人、畜有害，超过安全浓度（$10mg/m^3$）会导致中毒窒息，但回收和处理H_2S能生产硫磺，变害为利。

二、天然气的分类

天然气可按赋存特点和物质含量进行分类。

（1）按照矿藏特点，天然气可分为伴生气和非伴生气。

伴生气是伴随原油共生，与原油同时被采出；非伴生气包括纯气藏气和凝析气藏气，它们在地层中均为单一的气相。纯气藏天然气的主要成分是甲烷，但含有少量乙烷、丙烷、丁烷和非烃气体。凝析气藏天然气（井口流出物）除含有甲烷、乙烷外，还含有一定数量的丙烷、丁烷及戊烷以上和少量的 C_7—C_{11} 的液态烃类。而原油伴生气的组成与除去凝析油以后的凝析气藏天然气类似。

（2）按天然气的组成分类，可分为干气和湿气，或贫气和富气等。

干气：井口流出物中，C_5 以上重烃液体含量低于 $13.5cm^3/m^3$ 的天然气。

湿气：井口流出物中，C_5 以上重烃液体含量超过 $13.5cm^3/m^3$ 的天然气。

富气：井口流出物中，C_3 以上重烃液体含量超过 $94cm^3/m^3$ 的天然气。

贫气：井口流出物中，C_3 以上烃类液体含量低于 $94cm^3/m^3$ 的天然气。

（3）按天然气中 H_2S 和 CO_2 等酸性气体含量，分为酸性天然气和洁气等。

酸性天然气：含有显著的 H_2S 和 CO_2 等酸性气体，需要进行净化处理才能达到管输标准的天然气。

洁气：H_2S 和 CO_2 的含量极少，不需进行净化处理的天然气，也称甜气（sweet gas）。

三、天然气组成的表示法

天然气是以甲烷为主的、多种气体的混合物。了解天然气的组成，可以采用分析仪器——气相色谱仪对天然气组分进行分析。表示天然气的组成有三种方法。

1. 摩尔组成

摩尔组成可用百分数表示，也可用小数表示，故也称摩尔分数。是目前最常用的一种表示方法，常用符号 y_i 表示天然气中组分 i 的摩尔组成，其表达式为：

$$y_i = \frac{n_i}{\sum_{i=1}^{N} n_i} \tag{2-1}$$

式中　n_i——组分 i 的摩尔数；

$\sum_{i=1}^{N} n_i$——气体总摩尔数；

N——组分的个数。

2. 体积组成

体积组成常用 ϕ_i 表示，其表达式为：

$$\phi_i = \frac{V_i}{\sum_{i=1}^{N} V_i} \tag{2-2}$$

式中　V_i——组分 i 的体积；

$\sum_{i=1}^{N} V_i$——气体总体积；

N——组分的个数。

假设天然气为遵循阿伏伽德罗定律的混合气体（即在标准状态下1mol的气体体积为22.4L），此时天然气中任何组分的体积组成在数值上就等于该组分的摩尔组成。如1mol的天然气中，甲烷含量为0.8mol，则甲烷的摩尔分数为 $y_{CH_4} = 0.8mol/1mol = 0.8$，而此时体积组成 $\phi_{CH_4} = 0.8 \times 22.4L/22.4L = 0.8$。

3. 质量组成

质量组成常用 G_i 表示，其表达式为：

$$G_i = \frac{w_i}{\sum\limits_{i=1}^{N} w_i} \tag{2-3}$$

式中　w_i——组分 i 的质量；

$\sum\limits_{i=1}^{N} w_i$——气体总质量；

N——组分的个数。

质量组成和摩尔组成可以换算，换算方程式如下：

$$y_i = \frac{G_i / M_i}{\sum\limits_{i=1}^{N} G_i / M_i} \tag{2-4}$$

式中　M_i——组分 i 的分子量。

例题 2-1：已知天然气的组分和质量组成见表2-1中的第1、第2列，试将质量组成换算成摩尔组成。

表2-1　由天然气的质量组成计算摩尔组成

组分	质量分数	分子量 M	质量分数÷分子量	摩尔分数
甲烷	0.71	16.0	0.71÷16.0 =	
乙烷	0.14	30.1	0.14÷30.1 =	
丙烷	0.09	44.1	0.09÷44.1 =	
丁烷	0.06	58.1	0.06÷58.1 =	
合计	1.00	—	?	1.00

注：请您完成表中的第4、第5列的计算。

甲烷：$y_1 = \dfrac{0.71/16.0}{0.025} = 0.85$。乙烷＝? 丙烷＝? 丁烷＝? 其余的请您自己计算。

四、天然气的分子量

天然气是混合物，其中包含了多种组分，其组成也不是一成不变的，因此不可能有一个代表性的分子式或分子量存在。

一般采用"视分子量"这个概念来表示混合物的分子量。天然气的视分子量，是指在 0℃、760mmHg 条件下，体积为 22.4L 的天然气的质量。在使用的时候，一般把天然气的视分子量简称为天然气的分子量。

除了按照定义确定其分子量之外，还可以根据其组成计算天然气的视分子量：

$$M = \sum_{i=1}^{N} (y_i \cdot M_i) \tag{2-5}$$

式中　M——天然气的分子量；

　　　y_i——天然气 i 组分的摩尔分数；

　　　M_i——i 组分的分子量。

天然气没有恒定分子量；一般干气田的天然气视分子量为 16.82 ~ 17.98。

例题 2-2： 已知天然气的摩尔组成（表 2-2），计算天然气的分子量。

表2-2　天然气摩尔组成及分子量计算

组分	摩尔分数 y_i	分子量 M_i	$y_i M_i$
甲烷	0.85	16.0	$0.85 \times 16.0 =$
乙烷	0.09	30.1	$0.09 \times 30.1 =$
丙烷	0.04	44.1	$0.04 \times 44.1 =$
丁烷	0.02	58.1	$0.02 \times 58.1 =$
合计	1.00	—	$M =$

五、天然气的密度和相对密度

1. 密度

天然气的密度 ρ_g 定义为单位体积天然气的质量，其表达式为：

$$\rho_g = \frac{m}{V} \tag{2-6}$$

式中　ρ_g——天然气的密度，g/cm^3 或 kg/m^3；

　　　m——天然气的质量，g 或 kg；

　　　V——天然气的体积，cm^3 或 m^3。

2. 相对密度

天然气相对密度定义为在标准状况下（293K、0.101MPa），天然气的密度与干空气密度之比。相对密度是一无因次量，常用符号 γ_g 表示，即：

$$\gamma_g = \rho_g / \rho_a \qquad (2-7)$$

式中　　ρ_g——天然气密度；

　　　　ρ_a——干空气密度。

因为干空气的分子量为 28.96 ≈ 29，故：

$$\gamma_g = M/29 \qquad (2-8)$$

在已知天然气相对密度时，可用式（2-8）求得天然气的视分子量。

一般天然气的相对密度在 0.55 ~ 0.8 之间（即天然气比空气轻），当天然气中重烃含量高或非烃类组分含量高时，相对密度可能大于 1（即比空气重）。

第二节　天然气的状态方程和对比状态原理

天然气的状态方程，是指描述天然气 p–V–T 关系的数学式。对于气体来说，最简单的状态方程是理想气体的状态方程。由于天然气属于复杂的混合气体，和理想气体有根本性的不同，不能直接采用理想气体状态方程，本节论述了如何通过校正得到实际天然气的状态方程，简略的方法及流程如图 2–2 所示。

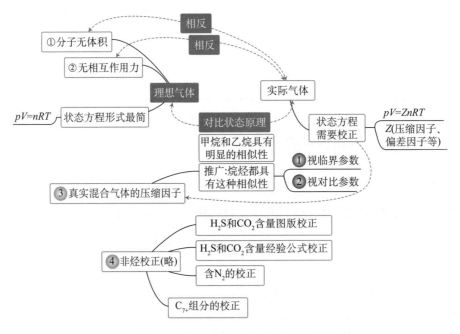

图 2–2　天然气状态方程校正方法及流程

一、理想气体的状态方程

理想气体是指气体分子无体积、气体分子之间无相互作用力的这样一种假想气体。理想气体状态方程为：

$$pV = nRT \tag{2-9}$$

式中　p——气体的绝对压力，MPa；

　　　V——气体所占体积，m^3；

　　　T——绝对温度，K；

　　　n——气体的摩尔数，kmol；

　　　R——通用气体常数，$R = 0.008314 MPa \cdot m^3/ (kmol \cdot K)$。

其他单位制下，各参数的单位及 R 常数见表2-3。

表2-3　通用气体常数的数值及单位

n	T	p	V	R
kmol	K	MPa	m^3	$0.008314 MPa \cdot m^3/ (kmol \cdot K)$
kmol	K	Pa	m^3	$8314 J/ (kmol \cdot K)$
mol	K	atm	L	$0.08205 atm \cdot L/ (mol \cdot K)$
mol	K	Pa	m^3	$8.1345 Pa \cdot m^3/ (mol \cdot K)$
mol	R	psi	ft^3	$10.732 psi \cdot ft^3/ (mol \cdot R)$

对于实际气体，当处于低压状态下时，可以近似看作理想气体。

二、真实气体的状态方程

天然气是真实气体，和理想气体相比，其分子具有一定的体积，而且分子之间有相互作用力存在。当油藏处在高温高压的情况下时，油气藏内的天然气都不是理想气体，其特性与理想气体有较大的偏差。真实气体的压缩过程受两个方面的影响，一方面真实气体分子具有体积，相对于理想气体难于压缩；另一方面是分子之间具有相互作用力（引力和斥力），引力使得真实气体容易压缩，斥力使得真实气体难以压缩。这两方面综合作用的结果可以用一个新的参数 Z 来表示，此时真实气体的状态方程：

$$pV = ZnRT \tag{2-10}$$

Z 通常被称作压缩因子、偏差因子或者偏差系数等。其物理意义为：给定压力和温度下，一定量真实气体所占的体积与相同温度、压力下等量的理想气体所占有的体积之比，即：

$$Z = \frac{V_{实际气体}}{V_{理想气体}}$$

当 $Z = 1$ 时，真实气体相当于理想气体；

当 $Z > 1$ 时，表明真实气体较理想气体难以压缩，体积更大；

当 $Z < 1$ 时，则表明真实气体较理想气体易于压缩，体积比理想气体小。

Z 值的大小与真实气体的组成、温度和压力有关。对于确定的真实气体，可以通过实验的方法来确定 Z 值，实验步骤如下：

（1）确定 p 和 T；

（2）测量组成一定的气体的体积 V；

（3）由 $pV_{理} = nRT$，计算理想气体的体积 $V_{理}$；

（4）计算 p 和 T 对应的 Z；

（5）换一组 p 和 T，重复②～④的过程。

根据实验测定的 Z 值，可以制作压缩因子图版（如图 2-3 和图 2-4 所示，分别是甲烷和乙烷的压缩因子图版）。

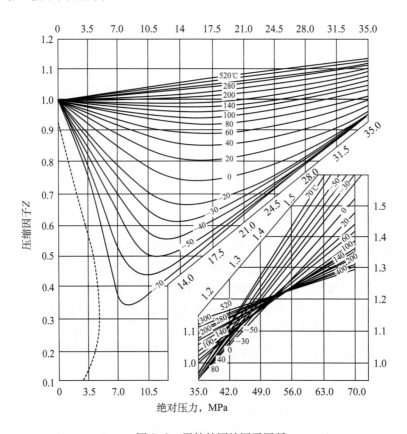

图 2-3　甲烷的压缩因子图版

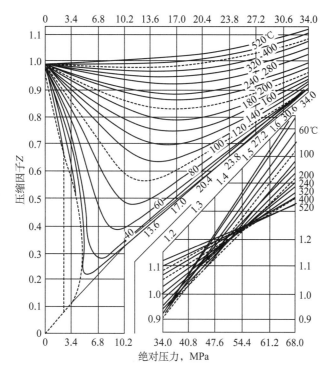

图 2-4　乙烷的压缩因子图版

三、对比状态定律

对于纯组分的气体，可以做出压缩因子图版。对于确定组成的混合气体，也可以通过实验做出压缩因子图版，但这样并没有什么意义。因为天然气的组成千差万别，人们不可能对所有不同组成的天然气都通过实验来做压缩因子图版。对于混合物，可以基于对比状态定律来确定其物性参数的值。

1. 对比状态原理

不同气体，虽然在不同温度、压力下的性质（包括压缩因子）不同，临界参数也不同，但在各自临界点却有共同的特性。基于这样的特性，人们提出了对比状态原理。

对比状态原理又称对应态原理，不同物质如果具有相同的对比压力 p_r（压力 p 与临界压力 p_c 之比）和对比温度 T_r（温度 T 与临界温度 T_c 之比），就是处于对应态，这时它们的各种物理性质都具有简单的对应关系，气体的许多内涵性质（即与体积大小无关的性质）如压缩因子 Z、黏度 μ 也近似相同——这即为"对比状态原理"。对比状态原理指出：当用一组无量纲的对比参数表示时，所有流体具有相同的函数关系，它们的 p–V–T 几何图形几乎重叠。实践表明，对于化学性质相似而临界温度相差不大的物质，该原理具有很高的精度。

根据以上的描述，对比压力 p_r 和对比温度 T_r 定义为：

$$p_r = \frac{p}{p_c}, T_r = \frac{T}{T_c} \tag{2-11}$$

式中　p_r，T_r——对比压力和对比温度；

　　　p，T——气体所处的绝对压力（MPa）和绝对温度（K）；

　　　p_c，T_c——气体的临界压力（MPa）和临界温度（K）。

表2-4和表2-5给出来一些常见的烃类和非烃类气体的临界参数。

表2-4　一些烃类物质的物性常数表

组分名称	分子式	分子量	沸点，℃（0.1MPa下）	临界压力 p_c，MPa	临界温度 T_c，K	液体密度（标准条件下）g/cm³	偏心因子 ω
甲烷	CH_4	16.043	−161.50	4.6408	190.67	0.3000	0.0115
乙烷	C_2H_6	30.070	−88.61	4.8835	303.50	0.3564	0.0908
丙烷	C_3H_8	44.097	−42.06	4.2568	370.00	0.5077	0.1454
异丁烷	i C_4H_{10}	58.124	−11.72	3.6480	408.11	0.5631	0.1756
正丁烷	n C_4H_{10}	58.124	−0.50	3.7928	425.39	0.5844	0.1928
异戊烷	i C_5H_{12}	72.151	27.83	3.3336	460.89	0.6247	0.2273
正戊烷	n C_5H_{12}	72.151	36.06	3.3770	470.11	0.6310	0.2510
正己烷	n C_6H_{14}	86.178	68.72	3.0344	507.89	0.6640	0.2957
正庚烷	n C_7H_{16}	100.205	98.44	2.7296	540.22	0.6882	0.3506
正辛烷	n C_8H_{18}	114.232	125.67	2.4973	569.39	0.7068	0.3978
正壬烷	n C_9H_{20}	128.259	150.78	2.3028	596.11	0.7217	0.4437
正癸烷	n $C_{10}H_{22}$	142.286	174.11	2.1511	619.44	0.7342	0.4502

注：偏心因子 ω 的意义及应用见2.4节。

表2-5　一些非烃物质的物性常数表

名称	分子式	分子量	沸点，℃（0.1MPa下）	临界压力 p_c，MPa	临界温度 T_c，K
空气	N_2，O_2	28.964	−194.28	3.7714	132.78
二氧化碳	CO_2	44.010	−78.51	7.3787	304.17
氦	He	4.003	−268.93	0.2289	5.28
氢气	H_2	2.016	−252.87	1.3031	33.22
硫化氢	H_2S	34.076	−60.31	9.0080	373.56
氮气	N_2	28.013	−195.80	3.3936	126.11
氧气	O_2	31.999	−182.96	5.0807	154.78
水	H_2O	18.015	100.00	22.1286	647.33

2. 天然气 Z 值的计算

由于天然气是混合气体，其临界参数值的求取，需要引入一个"视"或"拟"

（Pseudo）临界参数的概念，将天然气的临界参数——"视临界参数"定义为：

$$\begin{cases} p_{pc} = \sum y_i p_{ci} \\ T_{pc} = \sum y_i T_{ci} \end{cases} \qquad (2\text{-}12)$$

式中　p_{pc}，T_{pc}——天然气的视临界压力（MPa）和视临界温度（K）；

　　　　y_i——组分 i 的摩尔分数；

　　　　p_{ci}，T_{ci}——组分 i 的临界压力（MPa）和临界温度（K）。

有了天然气的视临界参数后，便可算出天然气的视对比压力 p_{pr} 和视对比温度 T_{pr}：

$$\begin{cases} p_{pr} = \dfrac{p}{p_{pc}} = \dfrac{p}{\sum y_i p_{ci}} \\ T_{pr} = \dfrac{T}{T_{pc}} = \dfrac{T}{\sum y_i T_{ci}} \end{cases} \qquad (2\text{-}13)$$

引入视对比参数 p_{Pr}、T_{pr} 后，就可以由天然气的压缩因子 Z 值图版（图 2-5）查出给定组分天然气的 Z 值。

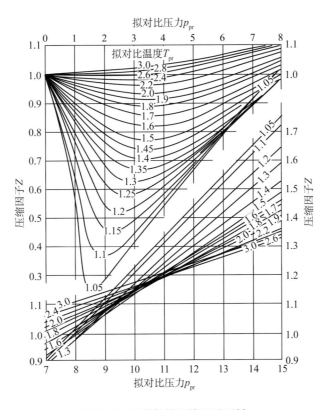

图 2-5　天然气的压缩因子图版

3.利用相对密度计算天然气视临界参数

除用式（2-12）计算外，工程实践中，若已知天然气相对密度，还可利用图2-6由已知相对密度查出该天然气的视临界参数。由（2-13）式计算出视对比参数 p_{pr} 和 T_{pr}，最后由图2-5查得天然气 Z 值。

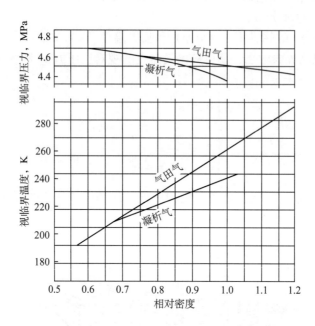

图2-6　天然气相对密度与拟临界参数图

当天然气中非烃含量不太高，如 N_2 含量小于5%时，也可根据气体相对密度（γ_g），按经验关系式（2-14）和式（2-15）估算出视临界压力 p_{pc} 和视临界温度 T_{pc}。

$$T_{pc} = 171 \left(\gamma_g - 0.5 \right) + 182 \tag{2-14}$$

$$p_{pc} = \left[46.7 - 32.1 \left(\gamma_g - 0.5 \right) \right] \times 0.09869 \tag{2-15}$$

4.计算天然气压缩因子的流程

天然气压缩因子 Z 的计算过程如下：

（1）得到天然气的组成；

（2）查表2-4和表2-5得到每一种成分的临界参数；

（3）计算得到视临界参数 p_{pc}、T_{pc}，计算方法可以用式（2-13）和图版（图2-6）（如果有非烃气体，需要修正）；

（4）根据气体的 p、T 条件（或相对密度），计算视对比状态参数 T_{pr}、p_{pr}；

（5）查对应图版（图2-5）求得 Z 值。

例题2-3: 已知天然气的组成（表2-6），求该天然气在65℃和12MPa下的Z值，并计算出1kmol天然气所占的体积。

表2-6 已知天然气的组成，计算天然气的临界参数

组分	摩尔分数 y_i	临界温度 T_{ci}, K	$y_i T_{ci}$	临界压力 p_{ci}, MPa	$y_i p_{ci}$
甲烷	0.85	190.5	$0.85 \times 190.5 =$	4.6408	$0.85 \times 4.6408 =$
乙烷	0.09	306.0	$0.09 \times 306.0 =$	4.8835	$0.09 \times 4.8835 =$
丙烷	0.04	369.0	$0.04 \times 369.0 =$	4.2568	$0.04 \times 4.2568 =$
丁烷	0.02	425.0	$0.02 \times 425.0 =$	3.7928	$0.02 \times 3.7928 =$
	$\sum y_i = 1.00$	$T_{pc} = \sum y_i T_{ci}$		$p_{pc} = \sum y_i p_{ci}$	

计算结果请您自己计算并填写在表2-6中。

（1）列表计算 p_{pc}、T_{pc}，见表2-4。

（2）计算视对比参数——T_{pr}、p_{pr}。

请您填空 $T_{pr} = \dfrac{T}{T_{pc}} = \dfrac{273+65}{(\qquad)} = (\qquad)$ ； $p_{pr} = \dfrac{p}{p_{pc}} = \dfrac{12}{(\qquad)} = (\qquad)$。

（3）根据计算得到的 T_{pr}、p_{pr}，在图2-5上查 $Z = (\qquad)$。

（4）按天然气状态方程，计算出在65℃和12MPa下，1kmol天然气的体积。

请您填空 $V = \dfrac{ZnRT}{p} = \dfrac{(\quad) \times 1.0 \times 0.008314 \times (273+65)}{12} = (\qquad)$。

有时，天然气中会含有少量 C_{7+} 组分，由于 C_{7+} 也是混合物，因此其临界参数只能靠经验方法确定。图2-7是一种确定 C_{7+} 混合物临界参数的经验图版。当 C_{7+} 组分临界参数确定后，含 C_{7+} 组分的天然气的压缩因子可以由上述方法确定。

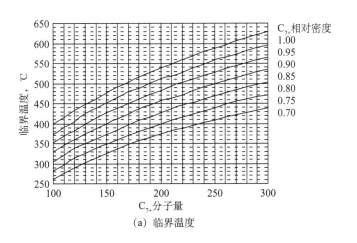

（a）临界温度

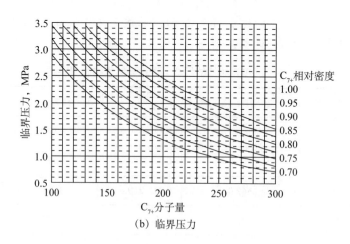

（b）临界压力

图 2—7 C_{7+} 组分的临界参数图

5. 非烃校正

上述方法仅限于天然气中非烃组分的体积含量小于 5%（N_2 含量 < 2%，CO_2 含量 < 1%），且甲烷体积含量不小于 50% 的情况，否则将产生较大误差（误差大于 3%）。因此若天然气中非烃或重烃（C_5 以上）含量较高时（如凝析气藏气），需要采用另外的图版进行校正，或用其他的状态方程。这里介绍两种消除非烃误差的方法。

1）图版修正法（Wichert 方法）

根据非烃的含量，采用修正曲线图版来修正天然气的视临界参数、视对比参数，达到修正 Z 值的目的。

该方法首先引进一个以 CO_2 和 H_2S 浓度为函数的视临界温度 T_{pc} 的校正值 ε；然后再校正视临界压力 p_{pc}；按已经校正过的 T_{pc} 和 p'_{pc} 计算出 T_{pr}，p_{pr}，由 T_{pr}，p_{pr} 按原来的 Z 值图版（图 2—5）查出 Z 值，即可得到天然气中含 CO_2 和 H_2S 成分时的天然气压缩因子。所用的校正公式为：

$$\begin{cases} T'_{pc} = T_{pc} - \varepsilon \\ p'_{pc} = \dfrac{p_{pc}T'_{pc}}{\left[T_{pc} + n\left(1-n\right)\varepsilon\right]} \end{cases} \tag{2-16}$$

式中　T_{pc}，p_{pc}——烃类混合物的视临界温度（K）和视临界压力（MPa）；

T'_{pc}，p'_{pc}——经校正过的视临界温度（K）和视临界压力（MPa）；

n——天然气中所含 H_2S 的摩尔分数；

ε——视临界温度的校正值（K），它决定于 H_2S 和 CO_2 的含量百分数，可由图 2—8 查出。

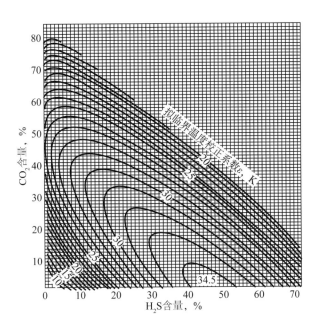

图 2-8 拟临界温度的修正系数 ε 与非烃浓度的关系

2）经验公式修正法（Wichert 和 Aziz 方法）

该方法与图版修正法的步骤相同，只是 ε 的确定采用经验公式（2-17）计算，省去了查图版的麻烦。

$$\varepsilon = \frac{120\left(A^{0.9} - A^{1.6}\right) + 15\left(B^{0.5} - B^4\right)}{1.8} \tag{2-17}$$

式中 ε ——视临界温度的校正系数，K；

A——天然气中 H_2S 和 CO_2 摩尔分数之和；

B——天然气中 H_2S 摩尔分数。

3）N_2 的处理——加权处理方法（Eilerts 方法）

对烃和非烃组分分别查出 Z 值后，进行加权处理，见式（2-18）：

$$Z = y_N Z_N + \left(1 - y_N\right) Z_{CH} \tag{2-18}$$

式中 Z——混合物的压缩因子；

y_N——非烃组分的含量；

Z_N——非烃组分的压缩因子；

Z_{CH}——烃类组分的压缩因子。

四、VDW 状态方程

真实气体的状态方程式（2-10）是以实验研究方法为基础的，Z 因子实际是一个实验测定出来的校正系数。

建立实际气体状态方程的另一个途径是理论分析方法，即从物质的微观结构出发，研究实际气体分子的运动及分子间的相互作用，及其对气体宏观性质的影响，从而对理想气体状态方程做出相应的修正。

1873 年 Van der Waals（范德瓦尔斯）根据气体分子运动论，考虑了物质的微观结构，针对理想气体模型的两个基本假设，引入两个修正项。

1. 考虑分子本身固有的容积的修正

由于分子本身具有一定的容积，所以气体所充满的空间中，一部分为气体分子本身所占据，减少了分子自由活动的空间。因此，实际气体的分子比理想气体的分子更频繁地撞击容器壁，使容器壁所受压力由 $p = \dfrac{RT}{V_m}$ 增加为 $p = \dfrac{RT}{V_m - b}$，式中 b 为与分子本身有关的量，其值为分子体积的四倍。

2. 考虑分子间存在有相互作用力的修正

在气体内部，每一个分子同时受到周围分子的吸引，致使作用力相互抵消而处于力的平衡状态。但器壁附近的分子（或外层分子）仅受到内部分子的吸引力，由此使实际气体的分子减少撞击容器壁的次数，使器壁所受压力减少。这一减少和单位时间与单位面积容器壁相撞的分子数成正比，同时又与吸引这些分子的其余分子数成正比。因此，压力的减小将与气体密度的平方成正比，可用 $\dfrac{a}{V_m^2}$ 表示。由此修正后的真实气体状态方程——范德瓦尔斯方程（VDW）为：

$$p = \frac{RT}{V_m - b} - \frac{a}{V_m^2} \tag{2-19}$$

式中　a——常数，MPa · m³/（kmol · K）；

　　　b——常数，m³/kmol；

　　　p——压力，MPa；

　　　T——温度，K；

　　　V_m——1kmol 气体的体积，m³/kmol；

　　　R——气体通用常数，0.0083144MPa · m³/（kmol · K）。

将式（2-19）按比容的方次写成降幂式，则得：

$$pV_m^3 - (bp + RT)V_m^2 + aV_m - ab = 0 \tag{2-20}$$

它是比容的三次方程式，当温度一定时，在 V_m—p 坐标系中，V_m 有三个根。

状态方程还有多种形式，有兴趣的读者可查阅相关文献。

第三节　天然气的高压物性

常用的天然气高压物性参数，主要是体积系数、等温压缩系数和天然气的黏度，这些知识点之间的结构关系如图2—9所示。

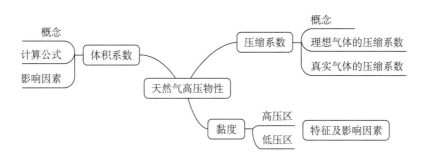

图2—9　天然气的高压物性思维导图

一、天然气的地层体积系数

1.定义

在油气藏工程计算中，经常要知道油气藏条件（高压、高温）下天然气体积（也称为地下体积）换算到标准状态下的体积（也称为地面体积），这就引出了天然气地层体积系数的概念。

天然气的地层体积系数（Gas Formation Volume Factor，简称为天然气体积系数）B_g 定义为：一定量的天然气在油气层条件（p、T）下的体积 V 与其在地面标准状态下（20℃，1atm）所占体积 V_{sc} 之比，即：

$$B_g = \frac{V}{V_{sc}} \tag{2-21}$$

式中　B_g——天然气体积系数，m^3/m^3；

　　　V_{sc}——一定量天然气在标准状况下的体积，m^3；

　　　V——一定量天然气在油气层条件下的体积，m^3。

2.B_g 的计算公式

在地面标准状况下，通常认为天然气近似理想气体，即压缩因子 $Z = 1$，气体体积 V_{sc} 可按状态方程式（2—22）来计算：

$$V_{sc} = \frac{nRT_{sc}}{p_{sc}} \tag{2-22}$$

式中　p_{sc}，V_{sc}，T_{sc}——标准状况下天然气的压力、体积和温度。

在油气藏压力为 p、温度为 T 的条件下，同样数量的天然气所占的体积 V 可按压缩状态方程式（2−23）求出，即：

$$V = \frac{ZnRT}{p} \qquad (2-23)$$

将式（2−22）和式（2−23）代入式（2−21）可得：

$$B_g = \frac{V}{V_{sc}} = \frac{ZTp_{sc}}{T_{sc}p} = \frac{273+t}{293}\frac{p_{sc}Z}{p} \qquad (2-24)$$

式中　t——油气层温度，℃。

式（2−24）就是利用温度、压力和压缩因子计算体积系数的公式。

天然气体积系数 B_g 实质上描述了一定量气体，由油气层状态变化到地面压力、温度时所引起的体积变化的换算系数。

在气藏开发过程中，随着气体的不断采出，油气藏压力不断降低，而油气藏温度可视为常数，此时，可将 B_g 仅仅看作是油气藏压力的函数，即 $B_g = CZ/p$，C 为系数。

p−B_g 关系曲线示例如图 2−10 所示。有了这样的关系曲线，进行气藏储量计算时，就可按实际气藏压力值的大小，求得相应的 B_g 值，应用起来十分方便。

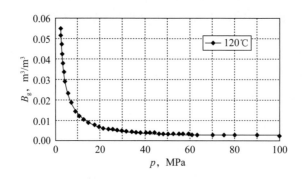

图 2−10　某天然气样品的 p—B_g 关系曲线

3. 天然气膨胀系数

对于实际气藏，地层压力远远高于地面压力，而地面温度和地层温度一般相差几倍，因此天然气由地下采到地面后会发生几十倍、几百倍的体积膨胀，因此 B_g 一般远远小于1。定义膨胀系数为地面体积与地下体积之比，$E_g = 1/B_g$，即由油藏地下状态变化到地面状态时所引起的体积膨胀倍数。

> 思考：已知气藏的孔隙体积 V，如何求天然气的储量？（所谓天然气的储量即气藏内所含天然气折算到地面标准状态的体积）。

二、天然气的等温压缩率

1. 定义

天然气等温压缩率（或称天然气弹性系数）是指，在等温条件下，天然气随压力变化的体积变化率，其数学表达式为：

$$C_g = -\frac{1}{V}\left(\frac{\partial V}{\partial p}\right)_T \tag{2-25}$$

由于随着压力的增加，气体体积减小，$\left(\dfrac{\partial V}{\partial p}\right)_T$ 为负值，为保证 C_g 为正值，故在式（2-25）右边加一个负号。

2. 真实单相气体等温压缩率计算公式

气体体积的变化率可以由真实气体状态方程求得：

$$V = nRT\frac{Z}{p} \tag{2-26}$$

求微分得到：

$$\left(\frac{\partial V}{\partial p}\right)_T = nRT\frac{p\dfrac{\partial Z}{\partial p} - Z}{p^2} \tag{2-27}$$

将式（2-26）和式（2-27）代入式（2-25）中，则可以得到 C_g 的计算式：

$$C_g = -\frac{1}{V}\left(\frac{\partial V}{\partial p}\right)_T = -\frac{p}{ZnRT}\left[\frac{nRT}{p^2}\left(p\frac{\partial Z}{\partial p} - Z\right)\right]$$

$$= \frac{1}{p} - \frac{1}{Z}\frac{\partial Z}{\partial p} \tag{2-28}$$

式（2-28）中可由 Z 图版求出，在相应温度下的 $p\text{-}Z$ 曲线上求出该压力点 p 时的 Z 值和该点切线的斜率 $\Delta Z/\Delta p$，代入式（2-28）即可求出压力 p 下的 C_g 值。

对理想气体，由于 $Z = 1.0$，且 $\dfrac{\partial Z}{\partial p} = 0$，因此 $C_g = \dfrac{1}{p}$，即 C_g 仅与压力倒数成正比；对实际气体，由于 $Z \neq 1$，使 $\dfrac{1}{Z}\dfrac{\partial Z}{\partial p}$ 仍具有一定数值，有时还相当大。

由 Z 图版可以看出，在不同压力下，$\dfrac{\partial Z}{\partial p}$ 值不相同，它可为正值，也可为负值。例如，低压时，压缩因子 Z 随压力的增加而减少，故 $\dfrac{\partial Z}{\partial p}$ 为负，因而 C_g 比理想气体的 C_g 大；在高压时，Z 随 p 的增加而增加，故 $\dfrac{\partial Z}{\partial p}$ 为正，因而 C_g 较理想气体小。

例题 2-4：试计算在 20℃、6.8MPa 下甲烷的等温压缩系数 C_g 值。

解：首先从甲烷的 p-Z 图版（图 2-3）中查出 $Z = 0.89$，并求出该点的斜率：

$$\frac{\partial Z}{\partial p} = -0.01551 \ (\text{MPa}^{-1})$$

然后用式（2-28）计算 C_g，即：

$$C_g = \frac{1}{p} - \frac{1}{Z}\frac{\partial Z}{\partial p} = \frac{1}{6.8} - \left(\frac{1}{0.89}\right)(-0.0155) = 1.645 \times 10^{-4} \ (\text{MPa}^{-1})$$

3. 混合物实际气体等温压缩率计算公式

式（2-28）只适用于单组分气体，对于作为混合物的天然气，完全不适用，需要利用对比状态定律，通过将压力 p 改变为 p_{pr}，得到相应的计算式。

由视对比压力 $p_{pr} = p/p_{pc}$ 可得：

$$p = p_{pc} \cdot p_{pr} \tag{2-29}$$

式中 p_{pc}，p_{pr}——天然气的视临界压力和视对比压力。

因为

$$\frac{\partial Z}{\partial p} = \frac{\partial Z}{\partial p_{pr}} \cdot \frac{\partial p_{pr}}{\partial p} \tag{2-30}$$

由式（2-29）可得：

$$\frac{\partial p_{pr}}{\partial p} = \frac{1}{p_{pc}} \tag{2-31}$$

将式（2-31）代入式（2-30），得：

$$\frac{\partial Z}{\partial p} = \frac{1}{p_{pc}} \cdot \frac{\partial Z}{\partial p_{pr}} \tag{2-32}$$

将式（2-29）和式（2-32）代入式（2-28）中得：

$$C_g = \frac{1}{p} - \frac{1}{Z}\frac{\partial Z}{\partial p} = \frac{1}{p_{pc}}\left(\frac{1}{p_{pr}} - \frac{1}{Z}\frac{\partial Z}{\partial p_{pr}}\right) \tag{2-33}$$

式（2-33）为计算天然气压缩系数 C_g 的常用公式。从推导过程可以知道，若已知天然气的组成，便可算出天然气视临界参数 p_{pc}，进一步可算出视对比参数 p_{pr}，再利用天然气 Z 值图版（图 2-5）查出 Z 值和 $\dfrac{\partial Z}{\partial p_{pr}}$ 值，最后按式（2-33）计算出 C_g。

思考：请写出计算天然气压缩系数的步骤及相应的计算公式。

4. 无量纲化等温压缩率计算公式

将 C_g 无量纲化，可以得到相对比较简单的表示形式，此时定义天然气的视对比压缩系数为：

$$C_{pr} = C_g \times p_{pc} \tag{2-34}$$

式中　C_{pr}——视对比压缩系数；

C_g——天然气压缩系数，MPa^{-1}。

由式（2-34）可得：

$$C_{pr} = p_{pc}\left[\frac{1}{p_{pc}}\left(\frac{1}{p_{pr}} - \frac{1}{Z}\frac{\partial Z}{\partial p_{pr}}\right)\right] = \frac{1}{p_{pr}} - \frac{1}{Z}\frac{\partial Z}{\partial p_{pr}} \tag{2-35}$$

天然气视对比压缩系数 C_{pr} 可由已知的视对比参数（p_{pr}，T_{pr}）由图 2-11 查出。

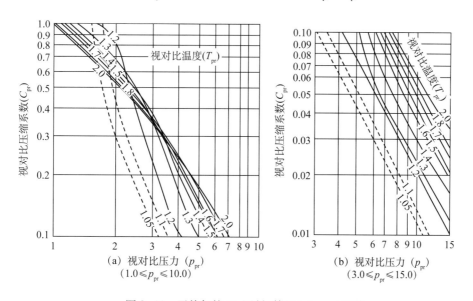

图 2-11　天然气的 C_{pr} 图版（据 Mattar，1975）

例题 2-5： 利用例题 2-3 所给出的天然气组成，求其在 49℃ 和 10.2MPa（102atm）下的等温压缩系数。

解：（1）首先计算视临界参数和视对比参数。由例题 2-3 已知：

$p_{pc} = 4.54\text{MPa}$；$T_{pc} = 212.8\text{K}$；$p_{pr} = 2.25$；$T_{pr} = 1.51$。

（2）从 Z 值图版（图 2-5）中查出 $Z = 0.813$，算出 $\dfrac{\partial Z}{\partial p_{pr}} = -0.053$。

（3）最后按式（2-33）计算出 C_g：

$$C_g = \frac{1}{p_{pc}}\left(\frac{1}{p_{pr}} - \frac{1}{Z}\frac{\partial Z}{\partial p_{pr}} \right)$$

$$= \frac{1}{4.45}\left[\frac{1}{2.25} - \frac{1}{0.813}(-0.053) \right]$$

$$= \frac{1}{4.45}\times 0.5096 = 1122\times 10^{-4}\left(\text{MPa}^{-1} \right)$$

三、天然气的黏度

天然气是黏性流体，黏度是对流体流动时由内部摩擦而引起的阻力大小的量度。天然气的黏度要比原油或水的黏度低得多，因此其黏度单位常用毫帕·秒（mPa·s）。

气体的黏度取决于气体的组成、压力和温度。在高压和低压下（具体划分如图 2-12 所示），其变化规律不同。

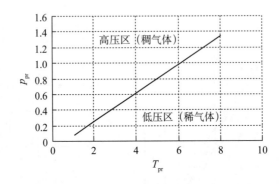

图 2-12　计算气体黏度时高压区和低压区的划分

1. 低压下的气体黏度

在接近大气压时，气体的黏度几乎与压力无关，随温度的升高而增大。

根据气体分子动力学，气体黏度为：

$$\mu = \frac{1}{3}\rho\bar{v}\bar{\lambda} \qquad\qquad (2-36)$$

式中　μ——气体的黏度，mPa·s；

　　　　ρ——气体密度，g/cm^3；

　　　　$\bar{v}$——气体分子平均运动速度，cm/s；

　　　　$\bar{\lambda}$——气体分子平均自由程，cm。

式（2-36）表明，气体黏度大小与 ρ，$\bar{v}$，$\bar{\lambda}$ 有关。而在这三个量中，分子运动速度 与压力无关，气体密度 ρ 与压力成正比，而分子平均自由程 却与压力成反比。可以认为 ρ、$\bar{v}$、$\bar{\lambda}$ 三者的乘积几乎与压力无关（该结论仅适用于接近大气压时）。

当温度增高时，气体分子的热运动加剧，平均速度增加，分子间碰撞增多，内摩擦阻力增加，使黏度也增大。

图 2-13 给出了大气压下单组分 烃的黏度图版。可以看出：①烃类气体的黏度随分子量的增加而减少；②随温度增加气体黏度增大；③非烃类气体的黏度大。

2. 高压下的气体黏度

气体在高压下的黏度不同于在低压下的黏度，它将随压力的增加而增加，随温度的增加而减少，随分子量的增加而增加，即具有类似于液体黏度的特性。这是因为在高压下，气体分子间的相互作用力成为主导作用，气体层间产生单位速度梯度所需的层面剪切应力很大，因而黏度很大。

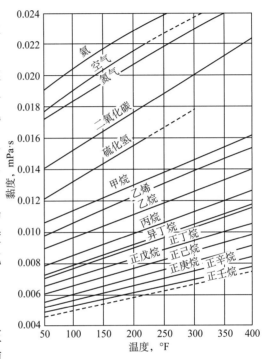

图 2-13　常压下单组分气体的绝对黏度
（据 Carr 等，1954）

摄氏度 =（华氏度-32）÷1.8

3. 确定天然气黏度的方法

1）Carr（1954）黏度图版法

Carr 的黏度图版是一套两幅图版，先确定天然气在大气压条件下的黏度，然后根据高压和低压两种情况下天然气的黏度比值计算天然气在高压下的黏度。其中图 2-14 给出了大气压下天然气的黏度图版。可以看出：（1）天然气的黏度随分子量的增加而减少；（2）当天然气中非烃组分含量较高时，必须对图版上所查得的黏度值进行修正。图 2-14 右上角和左下角是关于 N_2、CO_2 和 H_2S 的黏度修正图。修正办法是：根据非烃组分摩尔百分数在角图上查得的修正值，将修正值附加到根据黏度图版查得的黏度值上，即可得天然气的黏度。

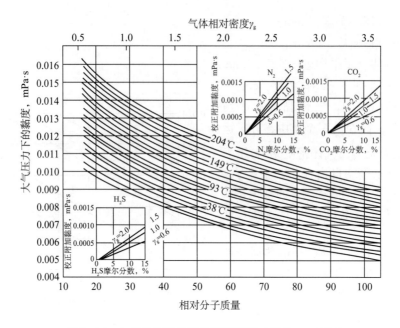

图 2-14　大气压下天然气的黏度图版（据 Carr，1954）

例题 2-6：设天然气含 10%（摩尔浓度）的 H_2S，相对密度为 0.6，试确定该天然气在一个大气压（0.1MPa）下和 43.3℃ 的黏度值。

解：（1）首先根据天然气相对密度 0.6 和温度 43.3℃，在图 2-14 上查出天然气的黏度 $\mu = 0.0113 mPa \cdot s$。

（2）根据 H_2S 含量为 10% 和相对密度为 0.6，在图 2-14 的左下角图上查得修正值为 $0.0002 mPa \cdot s$。

（3）经修正后该天然气在一个大气压下的黏度为：$\mu_g = 0.0113 mPa \cdot s + 0.0002 mPa \cdot s = 0.0115 mPa \cdot s$。

高压和低压条件下天然气黏度的比值，可用图 2-15 的图版查得。计算天然气在给定温度和压力下的黏度步骤如下：

（1）根据已知的相对密度或视分子量及温度，从图 2-15 查出在大气压下的黏度 μ_{g1}；

（2）求视临界参数（p_{pc}，T_{pc}）和视对比参数（p_{pr}，T_{pr}）；

（3）从图 2-15 中查出高低压黏度比值 $\left(\dfrac{\mu_g}{\mu_{g1}} \right)$；

（4）最后按式（2-37）计算天然气在给定温度、压力下的黏度 μ_g：

$$\mu_g = \left(\frac{\mu_g}{\mu_{g1}} \right) \times \mu_{g1} \tag{2-37}$$

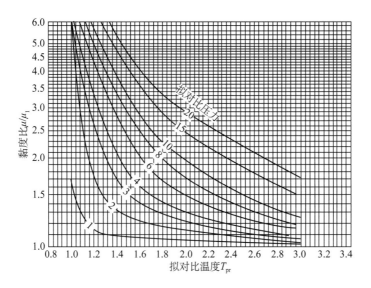

图 2-15　高低压黏度比与 p_{pr}、T_{pr} 的关系（据 Carr，1954）

2）根据组成计算天然气的黏度

除查图版方法外，也可用计算方法求得天然气的黏度。例如当已知天然气的组成时，在一个大气压、不同温度下的天然气黏度可以按式（2-38）进行计算：

$$\mu_g = \frac{\sum y_i \mu_{gi} M_i^{0.5}}{\sum y_i M_i^{0.5}} \qquad (2-38)$$

式中　μ_{gi}——组分 i 的黏度，它可以由图 2-14 查得；

$\quad\quad M_i$——组分 i 的分子量；

$\quad\quad y_i$——组分 i 的摩尔分数。

例题 2-7：试计算表 2-7 中天然气在 93.3℃、0.1MPa 下的黏度。

解：首先根据图 2-14 查得在 93.3℃下各组分在常压下的黏度，并列入表中的第 4 列。并根据第 2 列和第 3 列的已知条件计算第 5 列和第 6 列的内容，最后计算第 7 列的内容，将计算结果填入表 2-7 中。

表2-7　天然气黏度计算参数表

第1列	第2列	第3列	第4列	第5列	第6列	第7列
组分	y_i	M_{gi}	μ_{gi}	$M_i^{0.5}$	$y_i \times M_i^{0.5}$	$y_i \times \mu_{gi} \times M_i^{0.5}$
CH_4	0.85	16.0	0.0130	$\sqrt{16.0} =$	$0.85 \times 4.0 =$	
C_2H_6	0.09	30.1	0.0112	$\sqrt{30.0} =$		
C_3H_8	0.04	44.1	0.0098	$\sqrt{44.1} =$		
nC_4H_{10}	0.02	58.1	0.0091	$\sqrt{58.1} =$		
合计	1.00	—	—			

3）经验公式法（一）——剩余黏度法

确定不同压力下的气体黏度，还可以采用经验公式计算法。以下为比较常用的剩余黏度法：

$$
\begin{cases}
[\mu - \mu_{\text{o}}]\eta = 1.08\left[\mathrm{e}^{1.439\rho_{\text{pr}}} - \mathrm{e}^{-1.11\rho_{\text{pr}}^{1.858}}\right] \\
\eta = T_{\text{pc}}^{116} / M^{1/2} p_{\text{pc}}^{2/3} \\
\rho_{\text{pr}} = \rho / \rho_{\text{pc}} \\
\rho_{\text{pc}} = p_{\text{pc}} / \left(ZRT_{\text{pc}}\right) \\
M = \sum y_i M_i \\
Z = \sum y_i Z_i
\end{cases}
\tag{2-39}
$$

式中　μ——高压天然气黏度，100mPa·s；

　　　μ_{o}——低压天然气黏度，100mPa·s；

　　　η——系数；

　　　ρ_{pr}——天然气视对比密度；

　　　ρ_{pc}——天然气视临界密度；

　　　M——天然气分子量；

　　　Z——偏差系数（压缩因子）。

4）经验公式法（二）——Lee–Gonzalez 半经验法（1966）

Lee、Gonzalez 和 Eakin 等人根据 4 个石油公司提供的 8 个天然气样品，在温度 37.8 ~ 171.2℃和压力 0.1013 ~ 55.158MPa 的条件下，进行黏度和密度实验测定，得到下列相关经验方程：

$$
\mu_{\text{g}} = 10^{-4} K \exp\left(X \rho_{\text{g}}^{y}\right)
\tag{2-40}
$$

其中：

$$
K = \frac{2.6832 \times 10^{-2}\left(470 + M\right)T^{1.5}}{116.1111 + 10.5556M + T}
\tag{2-41}
$$

$$
X = 0.01009\left(350 + \frac{54777.7}{T} + M\right)
\tag{2-42}
$$

$$
Y = 2.447 - 0.2224X
\tag{2-43}
$$

式中　μ_{g}——天然气在 p 和 T 条件下的黏度，mPa·s；

　　　T——天然气所处的温度，K；

M——天然气视分子量，g/mol；

ρ_g——天然气的密度，g/cm³。

压力对天然气黏度的影响，已经隐含在天然气密度的计算公式中。

这种方法不包括非烃类气体的校正，对纯烃类气体计算的黏度值允许的标准偏差为 ±3%，最大偏差约为 10%，对大多数气藏工程的计算具有足够的精度。

第四节 天然气含水量和天然气水合物

一、天然气的含水量

由于天然气在地下长期与地层水接触，天然气或多或少会溶解在水中，同时一部分水蒸气进入天然气中。含水蒸气的天然气也称为湿天然气。天然气中含水蒸气量（简称含水量）的多少与下列因素有关：

(1) 含水量随压力增加而降低；含水量随温度增加而增加。

(2) 与地层水中盐溶解度有关，随含盐量的增加，天然气中含水量降低。

(3) 天然气的相对密度越大，含水量越少。

通常用绝对湿度或相对湿度（水蒸气饱和度）描述天然气中含水量的多少。

1. 绝对湿度

每 1m³ 的湿天然气所含水蒸气的质量称为绝对湿度，其关系式如下：

$$X = \frac{W}{V} = \frac{p_{vw}}{R_w T} \tag{2-44}$$

式中　X——绝对湿度，kg/m³；

　　　W——水蒸气的质量，kg；

　　　V——湿天然气的体积，m³；

　　　p_{vw}——水蒸气的分压，Pa；

　　　T——湿天然气的绝对温度，K；

　　　R_w——水蒸气的气体常数，R_w = 461.53kg·m³/（kg·K）。

若湿天然气中水蒸气的分压达到饱和蒸汽压，则饱和绝对湿度可写成：

$$X_s = \frac{p_{sw}}{R_w T} \tag{2-45}$$

式中　X_s——饱和绝对湿度，kg/m³；

　　　p_{sw}——水蒸气的饱和蒸汽压，Pa。

饱和绝对湿度是指在某一温度下，天然气中含有最大的水蒸气量。

2. 相对湿度

在同样的温度下，绝对湿度与饱和绝对湿度之比，称为相对湿度 ϕ：

$$\phi = \frac{X}{X_s} = \frac{p_{vw}}{p_{sw}} \qquad (2-46)$$

绝对干燥的天然气，$p_{vw} = 0$，则 $\phi = 0$；当湿天然气达到饱和时，$p_{vw} = p_{sw}$，则 $\phi = 1$。对一般湿天然气有：$0 < \phi < 1$。

二、天然气水合物

在一定温度、压力条件下，天然气能够与水结合，形成结晶状水化物（或称水合物）。水合物为固体结晶物，像雪或冰，密度为 $0.88 \sim 0.90 \text{g/cm}^3$，一般而言，$1\text{m}^3$ 气体水合物中含有 0.9m^3 的水和 $70 \sim 240\text{m}^3$（标）的气，含气量的多少取决于气体的组成。

在一稳定的水合物中，并不一定所有的孔穴均被气体分子所充满，水合物的生成遵循下列非化学定量关系：

$$\text{M} + n\text{H}_2\text{O} =\!=\!= \text{M}(\text{H}_2\text{O})_n \qquad (2-47)$$

式中　M——形成水合物的气体分子；

n——水分子个数与气体分子个数的比值，n 取决于体系的温度和压力。

石油工业中研究水合物有三个方面的工程意义：①水合物作为一种资源，储存在一定条件的地层中，具有非常重要的价值；②天然气开采过程中，井筒或气嘴后出现的水合物，对天然气流动有重要影响；③在地面上，气态的天然气可转化为水合物状态，从而实现高效的储运。

思考题

1. 天然气组成有哪几种表示方法？如何换算？
2. 确定天然气组成的实际意义是什么？
3. 什么是天然气的密度？什么是相对密度？
4. 天然气相对分子质量和相对密度与组成有何关系？
5. 什么是天然气的偏差因子？确定偏差因子的方法和具体步骤是什么？
6. 什么是天然气的体积系数、天然气压缩系数？请区别压缩系数 C_g、压缩因子 Z 和体积系数 B_g 的概念。
7. 如何确定多组分体系的视临界压力和视临界温度？你认为它们就是多组分体系的临界压力和临界温度吗？为什么？
8. 如何确定天然气的视对比压力和视对比温度？
9. 某气体由甲烷、乙烷和丙烷组成，其质量分数分别为 0.5、0.25 和 0.25。如何用体积分数表示各为多少？

10. 天然气的组成分析结果见表1，地层压力为8.3MPa，地层温度为32℃。

表1 某天然气的摩尔组成

组成	CH_4	C_2H_6	C_3H_8	iC_4H_{10}
摩尔组成	0.903	0.045	0.031	0.021

(1) 求出该天然气的偏差因子；

(2) 求出该天然气的体积系数；

(3) 试折算$10^6 m^3$ 天然气在地下占据的体积；

(4) 计算该天然气的压缩系数；

(5) 确定该天然气的黏度。

11. 某气体相对密度为0.74，求其压力为13.6MPa、温度为93℃时的偏差因子Z为多少？

12. 某气体相对密度为0.88，其中含10%CO_2，求该气体在93℃、14MPa下的偏差因子Z为多少？

13. 气体之质量组成为CH_4—40%，C_2H_6—10%，C_3H_8—15%，C_4H_{10}—25%，C_5H_{12}—10%。将此混合物之质量组成换算为体积组成。

14. 某天然气的各组分体积分数见表2。地层压力为150kgf/cm^2（1kgf ≈ 9.8N），地层温度为50℃，求地层条件下天然气的压缩因子。

表2 某天然气的体积分数

组成	CH_4	C_2H_6	C_3H_8	C_4H_{10}	CO_2	H_2S
体积分数，%	96.23	1.85	0.83	0.41	0.50	0.18

15. 某天然气各组分的体积百分含量见表3。天然气的相对密度为0.88，地层压力为150kgf/cm^2，地层温度38℃，求天然气的压缩因子。

表3 某天然气的百分含量

组成	CH_4	C_2H_6	C_3H_8	C_4H_{10}	N_2
体积百分含量，%	87.0	4.0	1.0	0.5	7.5

16. 天然气分析资料见表4，分别用对应状态原理和叠加法计算该气体的压缩因子。已知地层温度为333.2K，地层压力为210kgf/cm^2。

表4 某天然气分析资料

组分	摩尔分数 y_i（混合）	摩尔分数 y_i（烃类）
CO_2	0.0236	
CH_4	0.8481	0.8686
C_2H_6	0.0595	0.0609
C_3H_8	0.0255	0.0261
iC_4H_{10}	0.0047	0.0048
nC_4H_{10}	0.0075	0.0077
iC_5H_{12}	0.0030	0.0031
nC_5H_{12}	0.0021	0.0022
C_6H_{14}	0.0037	0.0038
C_{7+}	0.0223	0.0228

17. 计算含 H_2S 和 CO_2 的天然气压缩因子。已知温度为 93.33℃，压力为 140.6kgf/cm²，视临界温度为 225.19K，视临界压力为 55.38kgf/cm²，在该天然气中，H_2S 占 18.41%，CO_2 占 1.64%。

18. 天然气的相对密度为 0.743，当地层压力为 136kgf/cm²、地层温度为 93.3℃时，求天然气的压缩因子。

19. 在压力为 100kgf/cm²，温度为 40℃的砂岩地层中储藏有天然气，其成分见表5。设岩层孔隙度为 20%，气体饱和度为 80%，问 1m³ 岩层体积藏有多少立方米天然气？

表5 某天然气组成

组成	CH_4	C_2H_6	C_3H_8	C_4H_{10}	C_5H_{12}
摩尔分数	70.0%	6.0%	10.0%	6.3%	7.7%

20. 有一气顶，地层压力为 200kgf/cm²，地层温度为 75℃，气体的相对密度为 0.70，该气顶的地下体积为 $105 \times 10^4 m^3$，求该气顶气的储量。

21. 天然气的相对密度为 0.74，地层温度为 99℃，地层压力为 156.4kgf/cm²，计算气体的体积系数。

22. 已知某气井井深 4554m，地层压力为 544.14atm，地面平均温度为 17.1℃，地温梯度为 1℃/50m，天然气的压缩因子为 1.148，相对密度为 0.574，求天然气的地下密度。

23. 已知某气井地层压力为 537.52atm，地层温度为 105.58℃，根据天然气分析，其相对密度为 0.57，临界压力为 47.62atm，临界温度为 192.3K，求天然气地下密度。

24. 试估算某一凝析气藏，在 492.16kgf/cm² 和 104.44℃下之黏度。这一气体的相对密度为 0.90，并含有 2% 的 N_2，4% 的 CO_2 和 6% 的 H_2S。

25. 某天然气组成见表6。饱和压力为 136kgf/cm²，地层温度为 99.3℃，求天然气的绝对黏度。

表6　某天然气组成

组成	CH_4	C_2H_6	C_3H_8	C_4H_{10}	C_5H_{12}	C_6H_{14}
体积分数，%	81.0	7.5	5.5	4.0	1.5	0.5

26．某油田气的组成见表7。油层温度为32℃，油层压力为83atm。

表7　某油田气组成

组成	CH_4	C_2H_6	C_3H_8	C_4H_{10}
物质的量	0.902	0.045	0.031	0.021

（1）求出气体的压缩因子；

（2）求出气体的体积系数；

（3）若油井日产气10000m³（标况），它在地下所占的体积为多少？

（4）计算该气体的压缩系数；

（5）计算该气体的黏度。

第三章

油气藏烃类的相态和气液平衡

烃类混合物在地下可能形成的是纯气藏（只有气相存在），也可能是油藏（只有油相存在），还可能是带气顶的油藏（油和气两相共存）。在原油和天然气的采出过程中，流体从地下到地面会经过比较复杂的状态变化：原油中溶解的天然气会分离出来，而凝析气则会发生由气态转变为液态的反凝析现象。这些现象的产生，其原因是什么？油藏开发前烃类混合物究竟处于什么相态？为什么开采过程中会发生一系列相态的变化呢？这些相态变化的规律又是什么呢？开采油藏能够得到多少原油？多少天然气？如何进行预测？

第一节 油气藏的相态特征

热力学及物理化学是油气藏流体相态理论的基础，本节先介绍几个基本概念，然后以相图为基础分别分析单组分和多组分体系相态特征，并介绍几种典型油气藏的相态特征，知识点结构如图3-1所示。

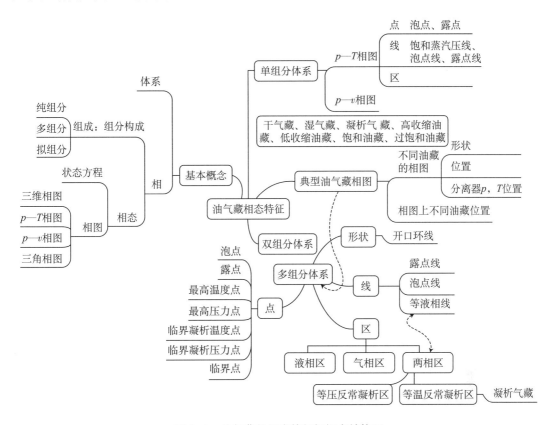

图 3-1 油气藏的相态特征知识点结构图

一、相态及其表示法

1. 体系

在研究相态时，通常是以体系（或系统）作为研究对象。所谓体系（System），泛指一定范围内同类的事物按照一定的秩序和内部联系组合而成的整体，是不同系统组成的系统。这个整体部分是按照需要人为划分出来，可以看作是由边界面包围起来的空间。边界面可以是客观存在的固体界面，也可以是假设的概念界面。界面可以是运动的，也可以是静止的。

体系有多种分类方法，比如说可以按照体系与外界环境的关系分为三种：体系与环境之间既有能量转换，又有物质交换是敞开体系；体系与环境之间有能量转换，没有物质交换是封闭体系；体系与环境之间既无能量转换又无物质交换，这是孤立体系。还可以按照体系的组成情况分为多组分体系和单组分体系。

2. 相

体系中"物理和化学性质完全相同、成分相同的均匀物质"称为一相（Phase）。该部分与体系的其他部分具有明显的性质差别，而在该均质部分内物质的性质是相同的。

3. 相态

相态也就是物质的状态（或简称相，也叫物态），指一个宏观物理系统所具有的一组状态。物质一般可以呈气、液、固三种状态，则相应均匀体系内的物质称为气相、液相、固相。

4. 组分

一个相中可以含有多种组分，例如气相中可含甲烷、乙烷等组分。

石油天然气中含有上百种不同化学结构的分子，组成油藏烃类的每一类分子都可称为其中的一种组分（Component）。

5. 拟组分

每一组分由一种分子组成，有时也可将性质相近、含量较少的若干化学成分人为合并为一种拟组分（Pseudo-component）。例如可以将油藏烃类流体划分为 C_1、C_2、C_3、C_4、C_5、C_6 和 C_{7+} 几个组分。其中 C_1—C_6 分别为一种分子的纯组分，而 C_{7+} 则含 C_7 以上所有分子。又例如，可以划分为 C_1，$C_{2\sim6}$，C_{7+} 三个组分，其中将 C_2H_6 至 C_6H_{14} 之间所有分子视为一个中间组分 $C_{2\sim6}$，而将 C_7H_{16} 以上的所有成分视为液烃组分 C_{7+}。

拟组分划分的原则：第一个原则是根据成分的含量，含量高的成分可单独列为一个组分，而若干个微量成分合并为一个组分；第二个原则是根据研究的目的和需要划分。

6. 组成

体系中所含组分，以及各组分在总体系中所占的比例分数称为该体系的组成（Composition）。体系的组成定量地表示体系中各组分的含量构成情况。

7. 状态方程

对于一个组成不变的体系，状态参数压力、温度和比容 p、T、v 间的关系用状态方程来表示：

$$F(p, v, T) = 0 \tag{3-1}$$

8. 相图

状态方程是体系相态的数学描述方法，将状态方程以图示法表示就是相图。相图是表示体系状态参数变化的坐标图，实质是状态方程的图示表示法。系统的相态不仅与物质组成有关，而且还取决于该体系所处的压力和温度。

1）立体相图（三维相图）

以 p、v、T 三个变量为坐标作图，则可得出如图 3-2 所示的立体相图（三维相图）。利用立体相图，可以详尽地表示出各参数间的变化关系。

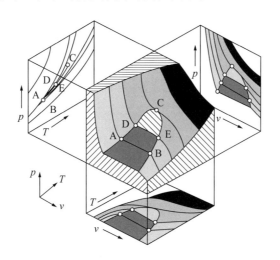

图 3-2　单组分的三维相图及其二维投影

2）平面相图（二维相图）

在状态方程中，如果某一状态参数保持不变，则其他两个参数之间的关系可以表示为二维相图（平面相图）。用二维相图来表示相态变化更直观且容易实现。石油工程中通常采用 p—T 相图（压力—温度图，图 3-3）和 p—v 相图（压力—比容图，图 3-4）。p—T 相图对于研究组成一定的体系的相态变化最为方便。

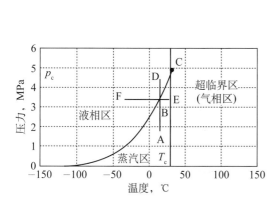

图 3-3　乙烷的 p—T 相图

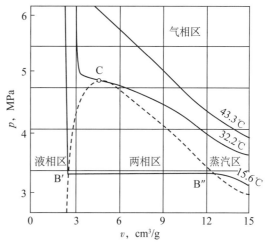

图 3-4　乙烷的 p—v 相图

3）三角相图

对于压力、温度一定，而组成变化的情况，则用三角相图表示（图 3-5）。三角形的三个顶点分别代表体系的三个组分（1 组分、2 组分、3 组分）。三角形的边 1-2 代表两种组分（1、2 组分）构成的混合物，而不含组分 3，依次类推。由三组分组成的各组分浓度不同的混合物，都会落在等边三边角形相图内，三种组分浓度之和均为 100%。

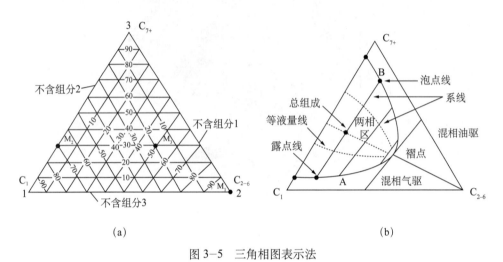

图 3-5　三角相图表示法

例如图 3-5（a）中的 M_1 点代表为组分 2 100% 的纯物质，点 M_2 代表组分 1、组分 3 分别占 70% 和 30% 的两组分混合物。点 M_3 代表组分 1、组分 2、组分 3 分别占 20%、50% 和 30% 的混合物。

与边平行的直线叫等量线。例如在与边 1-2 平行的直线上，组分 3 的浓度是相等的。

图 3-5（b）说明了用三角相图表示体系相态的方法。三角形内的曲线称为相包络线，曲线所包围的区域为两相区。相包络线内的直线称为系线，系线上任一点的组成由该点所在的坐标确定，系线与泡点线、露点线的交点则可确定气、液两相的组成。系线与等组成线并非完全平行。临界点右侧为超临界区，其中 A 区为混相气区，B 为混相油区。

三角相图一般应用于组成改变的情况，如研究地层条件下注气混相驱时，常采用三角相图。

二、单（双）组分体系的相态特征

1. 单组分体系的相态特征

1）乙烷的 $p-T$ 相图

以最简单的情况，单组分体系（即纯物质）的相图为例进行分析。图 3-3 表征了乙烷在 $p-T$ 图上的相态变化。对单组分乙烷来说，图 3-3 中曲线即为乙烷的饱和蒸汽压线，曲线上方为液相，下方为气相，曲线上的各点即为不同温度下乙烷的饱和蒸汽压，它表示气、液两相平衡共存的温度和压力条件。当温度一定，压力稍低于该温度下的饱和蒸汽压时，组分中便有气泡分离出来；反之，当压力稍高于该点的饱和蒸汽压时，组分中便有液滴凝结出。故对任何单组分来说，饱和蒸汽压线实际就是该组分的泡点和露点的共同轨迹线。所谓泡点，是在温度一定的情况下，开始从液相中分离出第一批气泡的压力，或压力一定的情况，开始从液相中分离出第一批气泡的温度；而露点则是开始从气相中凝结出第一批液滴的压力（温度一定时）。

由上述分析可以看出，对于单组分体系，其液、气两相能够共存的区域只是一条线，即饱和蒸汽压线，该曲线的终点 C 为临界点，它所对应的温度为临界温度（T_c），它所对应的压力为临界压力（p_c）。显然，临界点就是两相能够共存的最高温度点和最高压力点。高于此温度，无论对单组分体系施加多大的压力都不会有两相出现；或者高于此压力，无论如何降温也不会出现两相。此时，物质处于超临界状态。

现在来分析处于不同温度、压力点的相态变化，如图 3-3 中的 A 点，此时乙烷为气态；当温度不变，压力增高到 3.4MPa 时（即相应于饱和蒸汽压曲线上的 B 点），乙烷开始凝结为液体，整个体系呈现气、液两相；当压力继续增大而穿越饱和蒸汽压曲线到 D 点时，乙烷又全部处于液态。类似的是从 F 到 E（或从 E 到 F）的等压变温过程。

2）乙烷的 p—v 相图

图 3-4 表示的是乙烷的 p—v 相图，在 p—v 相图中，C 为临界点，表征气液两相能够共存的最高压力点。沿着 15.6℃ 这条等温线，可以看到随着外部压力从高压下降到 3.4MPa 左右时（B 点），乙烷从液相分离出气泡，因此曲线 B′C 是泡点线，继续改变乙烷的外部压力，则可以看到乙烷出现两相共存的现象且体系的体积越来越大，而其内部压力基本维持不变，直到所有的液体全部汽化为止（到达 B″点），之后继续降压则出现体积膨胀而内压也下降的现象。

3）几种常见物质的 p—T 相图

在油气藏中，常见的几种纯物质的蒸汽压曲线如图 3-6 所示。图 3-6 中两条点划线区表示绝大多数油藏的压力、温度范围。由图 3-6 可见，CO_2 和丙烷（C_3H_8）的临界点基本在这个范围之内，而 N_2 和 CH_4 的临界点远离该区，其临界温度远远低于一般油藏的温度。这说明 CO_2 和 C_3H_8 在油藏条件下比较容易液化，N_2 和 CH_4 很难液化，这就是为什么在混相驱提高采收率时，选择 CO_2 和 C_3H_8 作为混相剂而不是 N_2 和 CH_4 的主要原因。

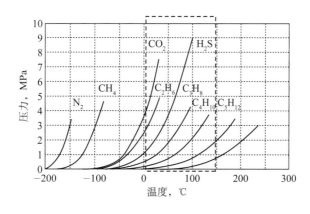

图 3-6 几种常见纯物质的蒸汽压

2. 双组分体系的相态特征

实际油藏几乎不存在两组分体系，但为了更好地理解多组分体系和对比单组分体，故先讨论两组分的情况。

1）双组分体系相图特点

图3-7是Ⅰ、Ⅱ两组分组成的烃类混合物的相图，图3-7中央的狭长环形曲线为这两组分体系相图的包络线，包络线两侧分别是Ⅰ、Ⅱ组分的饱和蒸汽压线。可以看出，两组分体系的相图有两个明显的特点。

（1）两组分体系的相图是一开口的环形曲线。

图3-7中，CE为露点线；CAF为泡点线；泡点线与露点线的汇合点为体系的临界点C，对应临界温度T_c和临界压力p_c。泡点线的左上方为液相区；露点线的右下侧为气相区，泡点线和露点线所包围的区域为两相区；两相区内的虚线为等液量线。

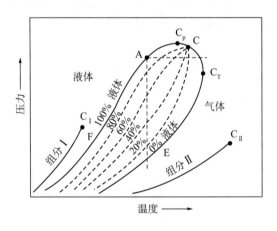

图3-7　双组分系统的压力—温度图

（2）存在临界凝析温度和临界凝析压力。

临界点所对应的温度和压力不再是两相共存的最高温度和最高压力，两组分体系相图包络线上的最高温度点为C_T，最高压力点为C_p。体系温度高于C_T点的温度时，无论加多大的压力，体系也不能液化，故将此温度称为临界凝析温度T_{C_T}；体系压力高于C_p点的压力时，无论温度如何增加，体系也不能气化，而以单相存在，故又将此压力称为临界凝析压力P_{C_p}。

两组分体系的临界点可认为是泡点和露点线的交汇点，在该点处，液相和气相的所有内涵性质（指与数量无关的性质）诸如密度、黏度等都相同。临界点理论是第二章中气体对比状态原理的基础。

2）组分比例对体系相图的影响

图3-8是两种性质差别较小的烃类（甲烷和乙烷）在不同比例情况下的p—T相图。从图3-8中可以得出如下结论。

（1）混合物临界点高于纯物质。混合物的临界压力都高于各组分的临界压力，混合物的临界温度则居于两纯组分的临界温度之间。

（2）环形曲线靠近含量优势一侧。甲烷的含量高，则曲线偏向甲烷，反之偏向乙烷。

（3）比例越接近，则两相区范围越大。

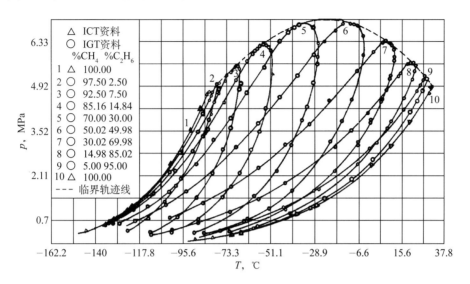

图 3-8　甲烷和乙烷混合物的相态图

图 3-9 表示不同性质烃类的相图，分别是甲烷、乙烷、丙烷、…、癸烷等烷烃的双组分相图。从图 3-9 中可以得出如下结论。

（1）性质差异越大，临界点越高；性质差异越小，临界点越低。

（2）性质差异越大，两相区范围越大。

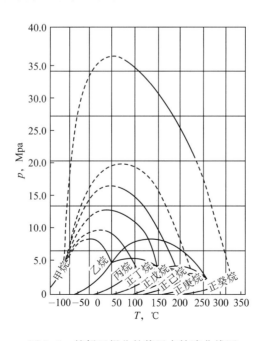

图 3-9　烷烃双组分的临界点轨迹曲线图

三、多组分体系的相态特征

实际地下油气藏是复杂的多组分烃类体系，在压力、温度一定时，它的相态特征取决于系统的组成和每一组分的性质。因此，对不同油气藏不同烃类体系，其相图也各不相同。尽管如此，它们也有许多共同的特征，尤其是当采用拟组分的概念而将实际油藏的烃类视为"轻烃"和"重烃"二组分时，多组分体系相图与两组分相图有不少相似之处，由两组分相图所得的结论也可用于多组分烃类相图。

1. 多组分烃类相图

图 3-10 为典型的多组分烃类体系的相图。图中相包络线 aC_pCC_Tb 把两相区和单相区分开。包络线内是两相区，其中的虚线代表液相所占的体积百分数，又称为等液量线。包络线外的所有流体都以单相存在。aC_pC 线为泡点线，它是液相区和两相区分界线，之上是液相区，之下是两相区，泡点线本身也表示液相体积分数为 100%。温度一定时，当压力降低到泡点线上压力值时，体系将出现第一批气泡，此压力又称为该烃类体系的饱和压力，所以泡点线又称为饱和压力线。CC_Tb 为露点线，它是气相区和两相区的分界线，之上是两相区，之下是气相区，露点线本身表示气相体积分数为 100%，一定温度下，当压力升高到露点线上压力值时，体系会出现第一批液滴。C 点为临界点，与两组分时的定义相同，它是泡点线和露点线的汇合点。相包络线上的 C_p 和 C_T 点，分别为体系中两相能共存的最高压力点和最高温度点。

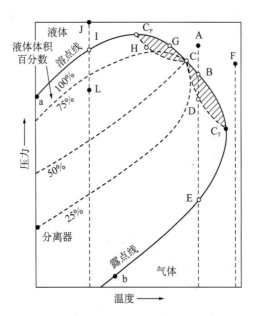

图 3-10 多组分烃类体系的相图

2. 不同类型油气藏在相图上的位置

假设当油藏流体的体系确定时，如果能够作出如图 3-10 的多组分烃类体系的 p—T 相图，则根据油气藏所处的温度和压力条件，利用该相图就能确定油气藏的类型。

图 3-10 中的 J 点表示油藏类型是什么呢？由于该点位于液相区，因此在该点的温度和压力条件下，属于油藏。同时，在等温降压的时候，压力降低至泡点压力时，会析出气体，因此该油藏还能够溶解气体，所以该油藏也称为"未饱和油藏"。

I 点位于泡点线上，在该温度和压力条件下，该点代表油藏，但当压力稍微下降一点的时候，气体就会从液体中分离出来，因此该点应该是"饱和油藏"。

L 点位于两相区，该温度和压力条件下，该点代表既有油，也有气，因为气体较轻，位于顶部，所以该类油气藏一般称为"气顶油藏"，由于该体系中气体不能全部溶解于油中，所以又称为"过饱和油藏"。

A 点和 F 点代表的是什么油气藏类型呢？

3. 等温逆行区（等温反凝析区）

图 3-10 中的两个阴影区——CBC_TDC 和 CGC_pHC 分别被称为等温逆行区和等压逆行区。由于在实际储层中，很难维持地层压力恒定（等压），故一般不研究等压逆行区。实际油田开发中普遍的情况是随着地层流体的采出，可视为地层温度不变（等温）而压力不断降低，故研究等温逆行区（又称等温反凝析区）更具有现实意义。为便于研究，将此区放大为图 3-11 所示情况。

考察图 3-11 中的 A 点，在该点的温度和压力条件下，位于气相区，所以该点应该表示的是气藏。在开采的时候，压力降低的过程为 A → B → D → E → F，此时相态变化可分为两个阶段。从 A → B 和从 E → F 均为气相而无相态变化，从 B → D 和 D → E 是两个完全相反的过程：从 B → B_1 → B_2 → B_3 → D，随压力降低，体系中液相含量会逐渐由 0% → 10% → 20% → 30% → 40% 而逐渐增加；但从 D → D_3 → D_2 → D_1 → E，随压力的降

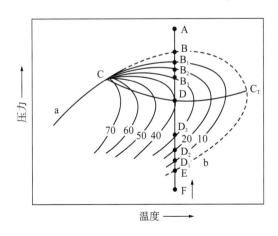

图 3-11　等温反凝析区

低，体系中液相含量会由最大的 40% → 30% → 20% → 10% → 0% 逐渐降低。由 D 至 E 随压力降低而蒸发是正常现象，故由 B → D 随压力降低而凝析则为反常现象（即逆行现象）。同理，可得出不同温度下的最大凝析液量点 D，将此连接为 CDC₁BC 区即为反凝析区。根据以上的分析，可以知道 A 点代表的是一类特殊的气藏，一般称之为"凝析气藏"。

怎样解释这种反凝析现象呢？目前有一种解释方法是从分子运动学的观点来考虑的。如当体系处于 A 点时，体系为单一气相。当压力降至 B 点时，由于压力下降，烃分子距离加大，因而分子引力下降，这时被气态轻烃分子吸引的（或分散到轻烃分子中的）液态重烃分子离析出来，因而产生了第一批液滴。而当压力进一步下降到 D 点时，由于气态轻烃分子的距离进一步增大，分子引力进一步减弱，因而就把液态重烃分子全部离析出来，这时在体系中就凝析出最多的液态烃而形成凝析油。但是值得注意的是，这种反凝析现象只发生在相图中靠近临界点附近区域的特定温度、压力的条件下。在远离临界点处，这种情况不会发生，因此，也可认为这是体系接近于临界状态时才出现的反常现象。

利用随着压力增大，气态轻烃分子引力增大而吸引重烃分子，直到液态重烃分子全部被吸引过去（或认为是液态重烃分子分散到气态轻烃分子中去），可解释逆行蒸发过程。

思考：凝析气藏应该采用什么样的开发方式，才能获得最优的开发效果？

四、典型的油气藏相图特征

根据图 3-10 介绍过在同一幅相图上不同油气藏的位置有所不同，实际上不同油气藏的相图也各不相同，那么不同油气藏的相图应该是什么样呢？如果在同一张图上把不同油气藏的相图画出来，可以得到如图 3-12 的示意图。

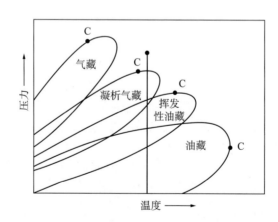

图 3-12　不同油藏相图的相对位置及其示意图

实践表明，不同油气藏的相图有如下几个不同之处：（1）相图的位置（温度、压力范围）不同；（2）两相区的范围、等液量线的分布特征不同；（3）临界点的位置与原始油气藏条件的相对关系不同；（4）分离器条件（p，T）在相图上的位置不同。从这几个方面，可以进一步来认识不同类型油气藏的相图特征及对应的生产特征。

1. 干气气藏相图

干气气藏是指甲烷含量占 70% ~ 98% 且无液相烃析出的气藏，其相图如图 3-13 所示。其特点是：两相区范围很窄；地层温度和油气分离器温度均在两相区之外，地层条件（点 1）和分离器条件（点 3）的连线不穿过两相区，地下和地面均无液烃产出，理论上讲气油比为无穷大，如果有液体的话，其气油比一般超过 18000m³/m³。

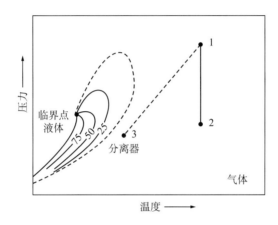

图 3-13　干气的相态图

垂线表示在恒定储层温度下储层压力下降过程，
虚线模拟流体采出时从储层条件到分离器条件的变化过程。图3-14至图3-17同理

2. 湿气气藏相图

湿气气藏的相图如图 3-14 所示，其两相区的范围比干气气藏的大；与干气气藏相同的是其油藏温度远高于临界温度。当油藏压力降低时，例如从点 1 降至点 2，流体始终处于气相。但是其分离器条件处于体系的两相区内，因此在分离器内会有一些液烃析出，是透明色浅的轻质油，相对密度小于 0.78。地面气油比比干气气藏小，一般小于 18000m³/m³。

3. 凝析气藏相图

图 3-15 是凝析气藏的相图，图中气藏条件所处位置（点 1）在包络线之外，温度界于临界温度与最高温度之间，两相区范围比常规气藏的大许多。原始地层条件下气藏为单相气体存在，随着气体产出，气藏压力降低，当压力降至上露点（点 2）时，液烃便开始凝析出。随着压力的继续下降，直到点 3，液烃析出量增大，直到最大凝析量。

凝析气藏的气油比可达 12600m³/m³，凝析油相对密度可小至 0.74，色浅且透明。在凝析气藏的开采过程中，气油比会趋于增加，这是由于某些较重组分在气藏中凝析的结果。

4. 轻质油藏相图

轻质油藏相图如图 3-16 所示，其两相区范围比凝析气藏的大，油藏条件（点 1）位于泡点线上方、临界点左侧的液相区，油藏内只含有液相的烃类。两相区内高等液量线的位置靠近泡点线一侧（靠上），多数时候分离器条件的等液量线较低，此时约有 65% 的液相原油，其相对密度小于 0.78，但呈深色，气油比小于 1800m³/m³。由于液体体积相对原始油藏条件缩小很多，所以轻质油藏也称为高收缩油藏。

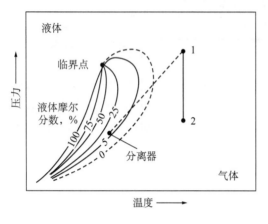

图 3-14　湿气藏相图　　　　　　图 3-15　反凝析气藏的相图

5. 常规重质油藏相图

常规重质油藏相图如图 3-17 所示，两相区范围大小和轻质油油藏相图相当，但两相区内的等液量线较密集地靠近露点线一侧。这表明：当油藏压力降低至泡点压力之后，虽有气体从油中分离出来，但气量不大，而回收的油量更多。因此，这类油藏的气油比为上述几种油气藏中最低者，一般气油比小于 90m³/m³。原油相对密度可达 0.876 以上，产出的地面油常为黑色或深褐色。显然，这种油藏所含重烃也较上述几种油气藏高，因此也称为低收缩油藏。

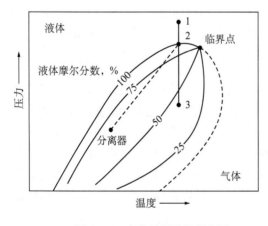
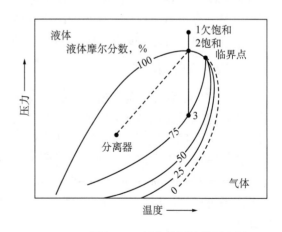

图 3-16　高收缩原油的相态图　　　　　图 3-17　低收缩原油的相态图

第二节　气—液相平衡

相图是认识油气系统的重要方法，那么如何制作相图呢？回顾一下相图的主要构成是什么——（1）横坐标是温度，纵坐标是压力；（2）泡点线和露点线，二者交点为临界点；（3）等液量线。只要把这三项内容确定下来，就可以得到体系完整的相图。怎么样才能确定这些参数呢？实际上，这些参数的确定都可以归结为计算一个确定组成体系在一定温度和压力时的液量和气量之比，这就需要了解气液相平衡方程。

一、理想溶液

理想溶液 [ideal solution (s)]，从宏观的角度，是指任一组分在全部浓度范围内都符合拉乌尔定律的溶液；从分子模型上讲，各组分分子的大小及作用力彼此相似，当一种组分的分子被另一种组分的分子取代时，没有能量的变化或空间结构的变化。

理想溶液实际上是不存在的，但在低压下同系物组成的液体混合物接近理想溶液状态，而且理想溶液的研究有助于进一步认识实际溶液的相态规律。

1. 理想溶液体系中气相分压与饱和蒸气压的关系

在一定的温度和压力条件下，理想溶液如果处于一个密闭的空间里面，则可能出现气液共存的情况，此时气相内的压力以及气相液相的分布服从拉乌尔定律和道尔顿定律。

1）拉乌尔定律

拉乌尔定律指出，在某一个确定温度下，气体中某一组分 j 的分压（p_j）等于液体中该组分的摩尔分数（x_j）与该纯组分饱和蒸气压（p_{vj}）的乘积。其中，饱和蒸气压是指当液体蒸发速率与凝结速率相等时，气相和液相达到平衡时所具有的压力，简称蒸气压。此时数学表达式为：

$$p_j = x_j p_{vj} \tag{3-2}$$

2）道尔顿定律

道尔顿定律则是指气体混合物的总压力等于各组分所作用的分压力之和，或各组分的分压（p_j）等于其气相内的摩尔分数（y_j）与气相总压力（p）的乘积，数学关系式如下：

$$p_j = y_j \cdot p \tag{3-3}$$

3）理想溶液气液比

理想溶液在平衡的状态下，拉乌尔定律与道尔顿定律计算气体组分（j）的分压力应该是相等的，因此可联立这两个定律的表达式，消去分压力，可得到平衡状态下气、液两相的组成与压力和纯组分蒸汽压的关系式：

$$y_j p = x_j \cdot p_{vj} \tag{3-4}$$

可表示为:

$$\frac{y_j}{x_j} = \frac{p_{vj}}{p} \text{ 或 } y_j = \frac{p_{vj}}{p} x_j \tag{3-5}$$

2. 理想溶液的气液平衡计算

已知一个理想溶液体系见表3-1,其中:

以 n 表示混合物的总摩尔数;

以 n_L 表示平衡条件下液相的总摩尔数;

以 n_g 表示平衡条件下气相的总摩尔数;

以 z_j 表示包括气、液两相在内的总混合物中第 j 组分的摩尔分数;

以 x_j 表示液相中第 j 组分的摩尔分数;

以 y_j 表示气相中第 j 组分的摩尔分数。

表3-1　理想溶液体系及气相和液相的构成

		总摩尔数	摩尔分数	组分 j 的摩尔分数	组分 j 的摩尔数
	整个体系	n	1	z_j	$z_j n$
	气相	n_g	$\bar{n}_g$	y_j	$y_j n_g$
	液相	n_L	$\bar{n}_L$	x_j	$x_j n_L$
	相互关系	$n = n_g + n_L$	$\bar{n}_L + \bar{n}_g = 1$		$z_j n = y_j n_g + x_j n_L$

可用混合物中第 j 组分的物质平衡原理来推导理想溶液混合物气液组成计算式。

首先,混合体系总的物质平衡关系为:

$$n = n_g + n_L \tag{3-6}$$

对于任一组分 j 来说,其物质平衡原理可表述为:j 组分在体系中的总摩尔数等于其在气相中的摩尔数加上其在液相中的摩尔数:

$$z_j n = y_j n_g + x_j n_L \tag{3-7}$$

把式(3-5)代入式(3-7)消去 y_j 得:

$$z_j n = x_j n_L + \frac{p_{vj}}{p} n_g x_j \tag{3-8}$$

或

$$x_j = \frac{z_j n}{n_L + \frac{p_{vj}}{p} n_g} \tag{3-9}$$

同理，式（3-5）代入式（3-7）消去 x_j 得：

$$y_j = \frac{z_j n}{n_g + \frac{p}{p_{vj}} n_L} \tag{3-10}$$

对于整个液相，各组分的摩尔分数之和应当为 1，即：

$$\sum_{j=1}^{m} x_j = \sum_{j=1}^{m} \frac{z_j n}{n_L + \frac{p_{vj}}{p} n_g} = 1 \tag{3-11}$$

式中 m——体系总的组分数。

对于整个气相，各组分的摩尔分数之和应当为 1，即：

$$\sum_{j=1}^{m} y_j = \sum_{j=1}^{m} \frac{z_j n}{n_g + \frac{p}{p_{vj}} n_L} = 1 \tag{3-12}$$

采用摩尔分数的形式，即可以得到液相组成方程（3-13）和气相组成方程（3-14）：

$$\sum_{j=1}^{m} x_j = \sum_{j=1}^{m} \frac{z_j}{1 + \overline{n}_g \left(\frac{p_{vj}}{p} - 1 \right)} = 1 \tag{3-13}$$

$$\sum_{j=1}^{m} y_j = \sum_{j=1}^{m} \frac{z_j}{1 + \overline{n}_L \left(\frac{p}{p_{vj}} - 1 \right)} = 1 \tag{3-14}$$

方程式（3-13）和式（3-14）中，x_j 和 y_j，n_g 和 n_L 都是未知的，所以该方程如何求解呢？显然得不到解析解，一般是采用试算的方法求解，详见例题 3-1。

试算过程：

(1) 在 0 与 1.0 之间选择一个 $\overline{n}_L$ 试算值；

(2) 由有关手册中查出体系各组分在给定温度下的饱和蒸汽压 p_{vj}；

(3) 计算 y_j 及 $\sum_{j=1}^{m} y_j$ 的值，如果 $\sum_{j=1}^{m} y_j$ 不等于 1.0，再重选 $\overline{n}_L$ 值，重复步骤①、②、③ 直至 $\sum_{j=1}^{m} y_j = 1.0$ 为止；

（4）求组分 j 在液相中的摩尔分数 $x_j = y_j (p/p_{vj})$；

（5）如体系的总摩尔数 n 已知，则体系的液相数量为 $n \cdot \overline{n}_L$ 气相数量为 $n \cdot \overline{n}_L$。

例题 3-1：已知 1.0mol 的理想混合物组成见表 3-2，试计算该混合物在 65.5℃ 和 1.36MPa 时的气液相组成。

表3-2　例题3-1参数及计算结果表

组分	摩尔分数	65.5℃时的 p_{vj}，MPa	y_j	x_j
丙烷	0.610	2.413	0.771	0.441
丁烷	0.280	0.724	0.194	0.370
戊烷	0.110	0.255	0.035	0.189
合计	1.000		1.000	1.000

解：（1）查烷烃和非烃的相图（图 3-6），可以知道题中各组分在 65.5℃ 时的饱和蒸气压 p_{vj}，列于表 3-2 中第三列。

（2）选择 $\overline{n}_L = 0.487$ 试算，结果列于第四列。

（3）判断 $\sum\limits_{j=1}^{m} y_j$ 是否等于 1.0，题中满足条件。

（4）利用式 $x_j = y_j (p/p_{vj})$ 计算 x_j，结果列于表 3-2 中第五列。

3. 泡点压力方程

泡点定义为第一个气泡形成时的压力点，考察理想溶液体系，会发现在泡点处，气体的含量近似为 0，即 $n_g \approx 0$，则 $n_L \approx n$，此时 $p = p_b$（泡点压力），将这些关系代入（3-14）式得：

$$\sum_{j=1}^{m} \frac{z_j n}{\dfrac{p_b}{p_{vj}} n_L} = 1 \tag{3-15}$$

即

$$p_b = \sum_{j=1}^{m} z_j p_{vj} \tag{3-16}$$

因此，给定温度下理想溶液的泡点压力就等于每一组分摩尔分数与其蒸气压乘积的总和。

4. 露点压力方程

露点为第一个液滴形成时的压力点，实际上其液量亦可忽略不计，故 $p = p_d$（露点压力），$n_L \approx 0$，则 $n_g \approx n$，代入（3-13）式得：

$$\sum_{j=1}^{m} \frac{z_j n}{\dfrac{p_{vj}}{p_d} n_g} = 1 \qquad (3-17)$$

即

$$p_d = \frac{1}{\displaystyle\sum_{j=1}^{m} \frac{z_j}{p_{vj}}} \qquad (3-18)$$

即在给定温度下理想气体混合物的露点压力可简单地表示为每一组分摩尔分数除以各自蒸汽压之商的总和的倒数。

二、实际气—液体系的相态方程

从前面的论述可以知道，推导理想溶液计算气液组成、泡点压力和露点压力公式的关键基础式（3-5），这里重复写一遍：

$$\frac{y_j}{x_j} = \frac{p_{vj}}{p}$$

但是，这个等式只有对理想溶液才适用，对真实溶液是不适用的。因此，为了计算真实溶液的气液平衡问题，人们定义了真实溶液的平衡比 K_j：

$$K_j = \frac{y_j}{x_j} \qquad (3-19)$$

式中，y_j、x_j 是在一定的压力和温度下处于平衡的气、液组成的实验测定值。平衡比习惯上称为平衡常数，或简称 K 值（以下按习惯称平衡常数）。从定义式（3-19）可以看出，平衡常数是指体系中某组分在一定的压力和温度条件下，气液两相处于平衡时，该组分在气相和液相中的分配比例。实验表明，实际溶液的平衡常数则不仅依赖于压力及温度，而且还与其他共存物质的种类及数量有关。也就是说，平衡常数的任何表达方法必须基于三个量：压力、温度及体系的物质组成，即 $K_j = f(p, T, 组成)$。

引入平衡比或平衡常数 K_j 后，就可得出非理想溶液气液平衡的有关相态方程。

1. 实际烃类系统气、液两相在平衡状态下的组成方程

分析式（3-19）后可看出，只要用实验测定的平衡常数 K_j 代替压力比，即由式（3-11）和式（3-12）得到：

$$\sum_{j=1}^{m} x_j = \sum_{j=1}^{m} \frac{n \cdot z_j}{n_L + n_g K_j} = 1 \qquad (3-20)$$

$$\sum_{j=1}^{m} y_j = \sum_{j=1}^{m} \frac{n \cdot z_j}{n_g + n_L \dfrac{1}{K_j}} = 1 \tag{3-21}$$

式（3-20）和式（3-21）即为真实物质气液体系的相态方程，利用这些方程，在已知体系的总组成（z_j）后，就可计算出在不同压力、温度下进行一次或多次脱气时所能分出的气、液数量 n_g 和 n_L，以及各组分 j 分别在气、液相中的比例 y_j 和 x_j。

上述各方程式计算时都是采用试算法，通常需对 n_g 或 n_L 连续取值作尝试，直至和数等于 1 为止。使和等于 1 的 n_g 或 n_L 值便是所求正确值。使用不同方程式，总和中的各项分别对应为液体或气体的组成。计算结果的精确度完全取决于平衡常数取值的精确度。

2. 实际烃类体系的泡点压力方程

这里还是假设在泡点压力下气量忽略不计。因此，可将 $n_g \approx 0$，$n_L \approx n$ 代入式（3-21），得出计算某一温度下的泡点压力方程：

$$\sum_{j=1}^{m} y_j = \sum_{j=1}^{m} \frac{n \cdot z_j}{n_g + n_L \dfrac{1}{K_j}} = \sum_{j=1}^{m} \frac{z_j}{\dfrac{1}{K_j}} = \sum_{j=1}^{m} K_j z_j = 1 \tag{3-22}$$

式（3-22）未明显出现压力项，但隐含在平衡比之中，所以式（3-22）就不能像理想溶液那样直接求解。某一温度下的泡点压力可利用求解平衡常数的压力选取值及式（3-21）的求和而算出。如和数小于 1，则应取一个较低压力重新计算，反之，若和数大于 1，则压力选取值应取一较高值。应用式（3-22）可算出泡点压力的近似值作为初始选取值。一旦用试算法求出了正确的泡点压力后，总和的各项分数（y_i）就是该泡点下无穷小量气体的组成。

3. 实际气体的露点压力方程

在露点下混合物完全呈气相，仅含极微量液体，故 $n_L \approx 0$，$n_g \approx n$，代入式（3-20）就可得到：

$$\sum_{j=1}^{m} x_j = \sum_{j=1}^{m} \frac{n \cdot z_j}{n_L + n_g K_j} = \sum_{j=1}^{m} \frac{z_j}{K_j} = 1 \tag{3-23}$$

显然，计算露点压力就是在一定温度下满足式（3-23）的压力。其计算也采用试算法。

根据以上各方程式就可以计算出相态图中所需要的泡点、露点压力和两相共存的温度、压力下处于平衡的气液比例，以及地面油气分离器中级次分离时气、液的数量。

真实物质的气液平衡计算，最关键的是平衡常数 K_j，可以通过查图版或者经验公式的方式确定，具体求取方法参考杨胜来教授的《油层物理学》。

第三节　油气体系中气体的溶解与分离

油层的烃类在温度和压力变化时出现的相态变化和平衡过程，是以气在油中的分离和溶解表现出来的。正是由于油气的分离和溶解，使得油气组成的性质也随之发生改变。本节重点讨论油气的分离，并阐明如何用相态方程来对油气分离时所得的气相、液相数量及组成等进行计算，以解决在油藏工程中有关油气相平衡的计算问题，知识点之间的关系如图 3-18 所示。

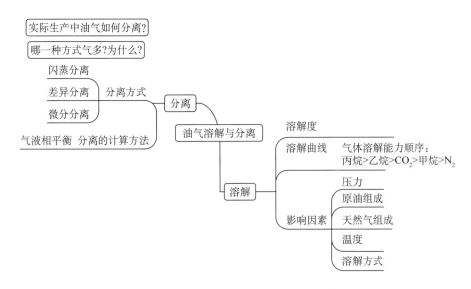

图 3-18　油气的溶解与分离知识点结构图

一、天然气从原油中的分离

油气分离，即伴随着压力降低而出现的原油脱气，是油气生产中最常见的现象，它既可在地面油气生产过程中出现，也可在地层中进行。在实际油气生产中，由于降压的形式不同（逐级降压或一次降压）、生产工艺过程及条件不同，油气的分离方式通常有两种基本类型——闪蒸分离和差异分离。

1. 闪蒸分离

闪蒸分离又称接触分离、接触脱气和一次脱气，油气分离过程中分离出的气体与油始终保持接触，体系的组成不变。

过程示意如图 3-19 所示，压力从 p_1 开始，直到 p_5 逐级降低。采用计量泵进行油气体系的降压脱气实验时，首先是将压力由地层压力逐渐降至饱和压力 p_b，然后逐渐进一步降压脱气，直至压力降至某一指定压力（如图中 p_5 或大气压），并达到气液相平衡。从 $p_1 \rightarrow p_5$ 整个降压过程中，油气体系一直保持接触，在把气排出体系之前的全部脱气过程中，总组成始终不变。这即为闪蒸分离的特点，也就是所以称为接触脱气和一次脱气的原因。按照脱气时所测得的压力—体积关系，可得出如图 3-20 所示的曲线，可以看出：当压力降至 p_b 前，压力降低仅仅是使液相油体积膨胀，所以 $\Delta V / \Delta p$ 值较小（曲线斜率小），而当压力低于 p_b 后，由于有气体分出，使得 $\Delta V / \Delta p$ 值（曲线斜率）比未脱气前的

$\Delta V/\Delta p$ 大得多。故两条斜率不同的直线的交点，即为气体开始脱出之点，它所对应的压力即为该油气体系的饱和压力 p_b。

测量地面大气压力下脱出的总自由气量 V_g 和地面油量 V_o，则可计算得到一次脱气时的气油比 $R = V_g/V_o$（R 的单位为 m^3/m^3）。

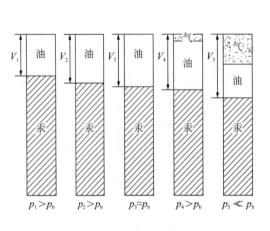

图 3-19　接触分离示意图

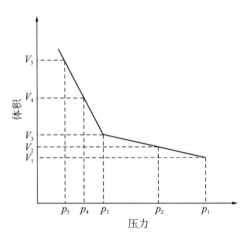

图 3-20　脱气过程的 p—V 图

2. 差异分离或级次脱气

差异分离又称为多级脱气，在脱气过程中，分几次降低压力，直至降到最后的指定压力（如大气压）时为止。和接触分离不一样的是，多级脱气时每次降低压力所分离出来的气体都及时地从油气体系中放出（图 3-21）。矿场实际脱气流程示意如图 3-22 所示。

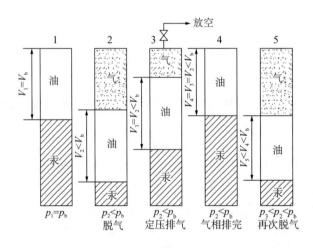

图 3-21　级次脱气示意图

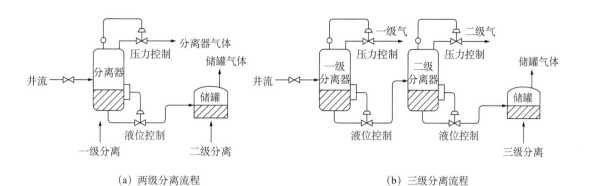

（a）两级分离流程　　　　　　　　　（b）三级分离流程

图 3-22　矿场脱气分离流程

3. 微分分离

微分分离又称微分脱气，过程如图 3-23 所示，在微分脱气过程中，微小压降产生自由气体后立即将气体放掉，使气液脱离接触，在不断降压、不断排气、系统组成也不断变化的条件下进行。在实验室中，要严格地进行微分脱气是难以做到的，因此，微分脱气常以多次脱气代替。

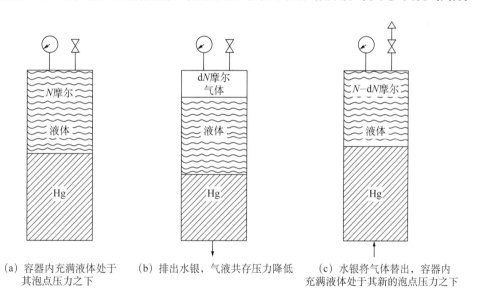

（a）容器内充满液体处于　　（b）排出水银，气液共存压力降低　　（c）水银将气体替出，容器内
　　其泡点压力之下　　　　　　　　　　　　　　　　　　　　　充满液体处于其新的泡点压力之下

图 3-23　恒温微分脱气示意图

4. 不同脱气方式的比较

1）一次脱气和多级脱气

同一地层油，尽管在相同的温度和压力下进行脱气试验，但由于其脱气方式不同，其所得结果也不相同（表 3-3）。一次脱气（闪蒸分离）和多级脱气时所得脱气量和油、气相对密度的差别见表 3-3 和表 3-4。

表3-3　脱气方式对脱出气量的影响

井底油样	气油比，m³/m³		两种脱气方式所得气量之差，%
	一次脱气	多级脱气	
罗马什金	59.6	41.4	30.6
次布仁斯克	83.0	71.5	13.9
新季米特里耶夫斯克	175.4	144.5	17.6

表3-4　闪蒸分离和多级分离结果对比

压力（p_1）MPa	温度 ℃	气油比，m³/m³		脱气油相对密度（15.5℃）	气体相对密度（15.5℃）
		在 p_1 处闪蒸	从 p_1 到 0 闪蒸		
0	25	273	—	0.7711	0.9737
0.4	25	229	10.3	0.7807	0.8559

注：该原油饱和压力为 12.6MPa，地层温度 82℃。

由表 3-3 和表 3-4 可以看出：通常一次脱气比多级脱气所分离出的气量多，油量少，即气油比高；同时，一次脱气分出的气体相对密度较高。

为什么一次脱气得到的气体多、相对密度大呢？

这可以从两者的分离过程来论述：一次脱气分离时油气始终接触，达到相平衡后，重烃和轻烃均按各自的平衡常数的比例进入气相中（$K_i = y_i/x_i$，y_i 和 x_i 分别为 i 组分在气相和液相中的摩尔分数），因此较重的烃类也能够进入气相；多级分离时，当整体压力较高时，轻组分更容易分离进入气相而先被带走，从而在后续降压的时候轻组分携带重组分进入气相的可能性大大减小，因此多级脱气时重组分更少地进入气相，从而分离出来的气相量少、重组分含量少，从而相对密度也小。

2）微分脱气和多级脱气

微分脱气实质上可以看成多级脱气的极限形式。脱气级数越多，获得的液体就越多，显然，微分脱气可以获得更多的液体。那么，是不是生产中可以多设置几级分离装置以获得更多的石油呢？答案显然也是否定的，因为还得考虑建设分离装置的投资、成本回收期等，只有综合考虑才能得到经济性的脱气方式。为了回收更多的原油，减少轻烃的损失，矿场尽量采用多次脱气分离方式，如常用二级、三级分离等。但是分离级数太多，不仅需要增加投资，而且在设备和工艺管理上也就相应要复杂得多，故一般矿场上均不超过三级。

综上所述，可以得到如下的认识：从油中分离出来气体的数量与组成除了与脱气温度、压力以及油气组成本身有关外，还与脱气方式有关。

5. 油田开发和生产过程中的脱气

1）油层渗流过程中的脱气

在地层及井筒中压力降低时，也会分出气体，那么此时属于哪种分离方式呢？在油藏压力低于饱和压力下进行开采时，一般认为在油层中的脱气过程接近于微分脱气。因为气从油中脱出后，由于气黏度低，气比油流得快，在流向井底的过程中会形成气体超越油的流动，这一过程接近于微分分离的情况，它类似于在实验室微分（级次）脱气时不断把分离出的气体排出的过程。但对于厚度较大或块状油藏，在垂直渗透性较好时，由于油气重力差异，此时的油气分离又接近于接触分离。

2）井筒流动过程中的脱气

在油井中的脱气过程，则和接触脱气过程较为接近。因为当地层油从井底自喷至地面时，由于流向井口时压力越来越低，使气不断从油中分离出来，直至井口为止。这一脱气过程在井中不断进行着，同时在井筒中油气接触的时间也较长，这就足以建立起热力学平衡。

实际上，油田开发和生产过程所遇到的脱气常常是介于上述两种脱气方式之间。因为就地层中而言，虽然脱气接近于微分脱气，但气体却始终与岩石孔隙中的原油接触，这一点又与接触分离的条件相似。在油井里，由于总是或多或少地存在着油气相对运动，也就是气体作超越原油而过的滑脱现象，所以脱气过程也不完全是接触脱气过程。因此可以说，在油田开发实践中，纯粹、单一的接触分离和微分分离是不存在的。

还需要注意的是，天然油藏中的脱气过程可能落后于压力降落的速度。在这种情况下，地层油在一段时间内将存在着气体的过饱和状态。而且在油层中，由于多孔介质岩石固相的存在也会对脱气过程有一定的影响，这些都使得实际的脱气过程远较实验室脱气过程更为复杂，造成室内测定与实际脱气的差异。

二、天然气向原油中的溶解

天然气的分离和溶解是相态变化的两个方面，可以认为是相互逆转的两个过程。

1. 溶解度和溶解系数

由物理化学知道，单组分气体在液体中的溶解服从亨利定律，即在温度一定时，溶解度和压力成正比，其比值为溶解系数：

$$R_s = \alpha \cdot p \tag{3-24}$$

式中　R_s——溶解度，表示当压力为 p 时，单位体积液体中溶解的气量，m^3/m^3；

　　　p——溶解时的体系压力，MPa；

　　　α——溶解系数，表示温度一定，增加单位压力时单位体积液体中溶解气量的增加值，$m^3/（m^3 \cdot MPa）$。

溶解度反映了液体中溶解气量的多少，而溶解系数则反映了液体溶解气体的能力。

2. 溶解度和压力的关系

如果溶解系数为常数，则溶解度与压力成直线关系。但实验测试结果表明，天然气在原油中的溶解，其溶解系数并不是一个常数，其溶解度随压力的关系曲线如图 3-24 所示。

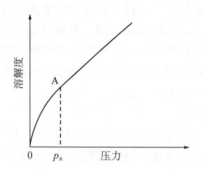

图 3-24　天然气在原油中的溶解曲线

3. 溶解度和气体类型的关系

不同类型的气体在原油中的溶解度相差很大，图 3-25 是几种气体在原油中的溶解曲线，可以看出，乙烷、丙烷和 CO_2 等气体的溶解度远远高于甲烷和 N_2，这些气体溶解于原油中的能力大小次序是丙烷＞乙烷＞ CO_2 ＞甲烷＞ N_2。

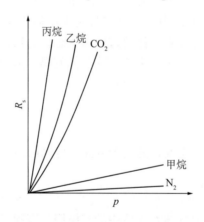

图 3-25　单组分在原油中的溶解曲线

4. 溶解度与原油性质的关系

天然气在原油中的溶解度大小还与原油本身的性质有关（图 3-26）：同温同压时，同类型的气体在轻质石油中的溶解度比在重质油中的溶解度要大。

综合溶解度与天然气、石油的关系，可以知道：若天然气的密度越大，它在石油中的溶解度也越大；石油的密度越小，它越容易溶解更多的天然气，这是因为石油密度越小，天然气密度越大，则油、气组分的性质越接近，就越容易互相溶解。

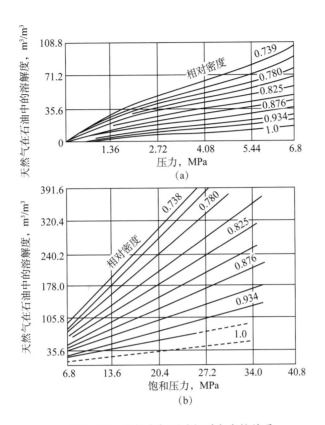

图 3-26 溶解度与原油相对密度的关系

5. 溶解度与温度的关系

由图 3-27 可见，随温度的增加，溶解系数稍有降低；高压时这种降低更大些。这种现象可解释为：由于温度的增加而使烃类气体的饱和蒸汽压也随之增加的结果。

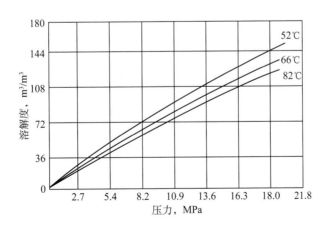

图 3-27 溶解度与温度的关系

6. 溶解度与接触方式（脱气方式）的关系

在溶解过程中，天然气和石油的接触时间和接触面的大小都将影响气体的溶解度。当地层油样进行脱气后，再将分离出来的全部气体在与脱气时完全相同的条件下，使其全部再溶回到石油中去，所得到的溶解曲线和脱气曲线是不一定相同的，图 3-28 表明了这种差别。图 3-28 中闪蒸脱气和接触溶解曲线重合，为曲线①，这是因为两个过程中系统的总组成并没有改变，所以溶解和分离都满足相平衡原理。多级溶解曲线②和多级脱气曲线③不相重合，这是因为多级脱气时，系统组成不断变化，分离出的气少，即溶解的气多，故溶解度大。

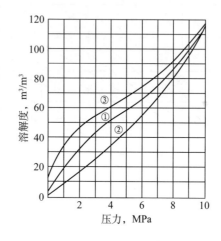

图 3-28　溶解、脱气方式对溶解度的影响曲线

①—闪蒸脱气和接触溶解；②—多级溶解；③—多级脱气

综上所述，可以清楚地看出，影响天然气在石油中的溶解和分离因素很多，但主要的影响因素还是油气组成、溶解或分离时的压力、温度、脱气方式等。

思考题

1. 试分析多组分烃类体系相图中等温逆行蒸发和等温逆行凝结的相变现象。
2. 研究多组分烃类体系相图对凝析气田的开发有何重要意义？
3. 相态变化的原因是什么？
4. 画出纯组分的 $p—T$ 相图及多组分的 $p—T$ 相图，比较其异同点。
5. 什么是泡点？什么是露点？什么是临界点？
6. 画出典型油气藏的相图，描述其气油比、地面油密度等性质。
7. 叙述一次脱气和多级脱气，并说明哪一种脱气方式获得的气体量多，原因是什么？
8. 有一凝析气藏，其流体的高压物性分析得压力—温度关系如图 1 所示，图中 A 点代表气藏压力及温度。

（1）分析此气藏在开采过程中的相态变化；

（2）为了减少凝析油的损失，可采取什么措施？为什么？

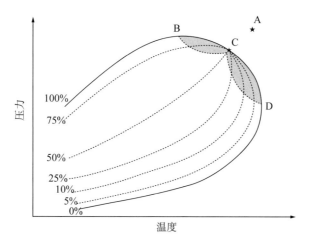

图 1　某气藏流体的压力—温度关系图

9. 根据某油藏所取油样的高压物性实验，得到如图 2 所示的压力—温度关系图，油藏压力及温度如 A 点所示，试说明此油藏是饱和油藏还是不饱和油藏，并分析开采过程中相态的变化情况。

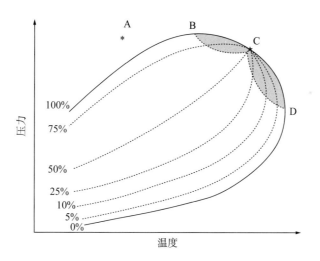

图 2　某油藏流体的压力—温度关系图

第四章

地层液体的高压物性参数及测算方法

前面已经介绍了天然气的高压物性参数，因此本章主要的内容是地层油和地层水的高压物性参数，以及这些高压物性参数的实验测算和经验预估方法，最后一节介绍了高压物性参数在石油工程领域的综合应用。

第一节　地层油的高压物性

地层油有很多别称，如地层原油，从地层开采到地面的过程中，其性质会发生较大的变化，需要重点了解的知识点如图 4−1 所示。

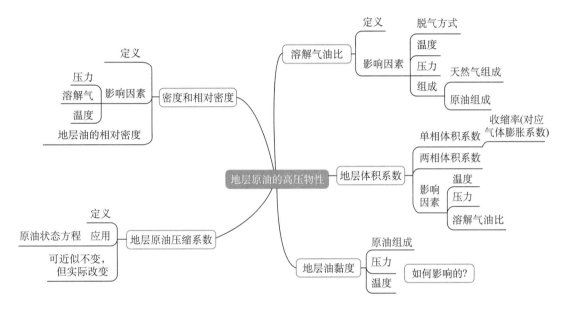

图 4−1　地层原油高压物性相关概念联系示意图

一、地层油的密度和相对密度

1. 地层油的密度

地层油的密度是指单位体积地层油的质量，其数学表达式为：

$$\rho_o = \frac{m_o}{V_o} \tag{4−1}$$

式中　ρ_o——地层油的密度，g/cm^3；

$\quad\quad m_o$——地层油的质量，g；

$\quad\quad V_o$——地层油的体积，cm^3。

2. 地层油密度的影响因素

地层油密度主要受到溶解天然气、温度和压力的影响。

地层油由于溶解有大量的天然气，其密度与地面脱气原油相比有很大差别，通常要低百分之几到百分之十几，有时还更低。

地层油密度与地层温度的关系是随温度的增加而下降的，如图 4-2 所示。

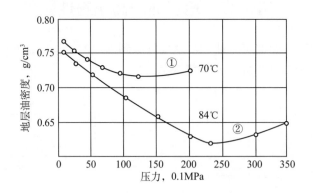

图 4-2 地层油密度与温度、压力关系图

①—70℃阿赫提尔斯克原油；②—84℃新季米特里耶夫斯克原油（据卡佳霍夫，1956）

图 4-2 也反映了地层油密度与压力的关系，当压力小于饱和压力时，随压力的增加，溶解的天然气量增多，地层油体积增大，因而石油密度减小；当压力高于饱和压力时，随压力增加，石油密度增大，原因在于此时不会再进入新的天然气，地层油在单相情况下在压力作用下体积缩小。

3. 地层油密度估算例题

例题 4-1：已知某井地面脱气石油密度为 $0.876 \mathrm{g/cm^3}$，地层油气比（天然气溶解度）为 $138 \mathrm{m^3/m^3}$，天然气相对密度 0.75，饱和压力时地层石油的体积系数为 1.42，试求地层压力等于饱和压力时的地层石油密度。

解：$1 \mathrm{m^3}$ 脱气石油质量 $= 10^6 \times 0.876 = 876 \times 10^3$（g）$= 876$（kg）

$138 \mathrm{m^3}$ 天然气的质量 $= \dfrac{138 \times 10^3}{22.4} \times 0.75 \times 29 = 134 \times 10^3$（g）$= 134$（kg）

地下石油的质量 $= 876 + 134 = 1010$（kg）

地下石油体积 $= 1.42 \times 1 = 1.42$（$\mathrm{m^3}$）

饱和压力下石油的密度 $\dfrac{1010}{1.42} = 711$（$\mathrm{kg/m^3}$）$= 0.711$（$\mathrm{g/cm^3}$）

4. 地层油的相对密度

地层油的相对密度的严格定义是石油的密度与同一温度和压力下水的密度之比，即：

$$d_o = \rho_o / \rho_w \tag{4-2}$$

式中 d_o——石油的相对密度；

ρ_o——石油的密度，$\mathrm{g/cm^3}$；

ρ_w——水的密度，$\mathrm{g/cm^3}$。

习惯上石油的相对密度在中国和苏联是指 0.1MPa、20℃时的石油与 4℃纯水单位体积的质量比，用 d_4^{20} 表示。在欧美各国则以 0.1MPa、60°F（15.6℃）石油与纯水单位体积的质量比，用 γ_o 表示；但在商业上常以°API 表示，它与 60°F（15.6℃）石油相对密度（γ_o）的关系，可用式（4-3）换算：

$$°API = \frac{141.5}{\gamma_o} - 131.5 \tag{4-3}$$

由于定义石油相对密度所使用的温度标准不一样，欧美各国的石油相对密度（γ_o）与中国和苏联使用的石油相对密度（d_4^{20}）数值是不完全相等的，所以使用时应注意区分，以免造成误差。

二、地层原油的溶解气油比

1. 概念

地层原油的溶解气油比，是指天然气溶解在石油中的数量多少，以 R_s（又称天然气在石油中的溶解度）表示。通常把某一压力、温度下，地下含气原油在地面脱气后，得到 1m³ 脱气原油时所分离出的气量，称为该压力温度下天然气在石油中的溶解度，即：

$$R_s = V_{gs}/V_{os} \tag{4-4}$$

式中　V_{gs}——地层油在地面条件分离出的气体体积，m³；

　　　V_{os}——地面脱气原油（或称储罐油）的体积，m³；

　　　R_s——在一定压力温度条件下天然气在石油中的溶解度，m³/m³。

也可认为，R_s 表示了单位体积的地面原油，当其处于地层条件时所溶解的天然气体积。原始油藏条件下的溶解气油比用 R_{si} 表示。

溶解气油比越大，表明石油中溶解气量越多。

2. 溶解气油比的影响因素

本书第三章第三节已经介绍过，天然气在石油中溶解的时候，其主要影响因素为油气本身的组成和性质、溶解或分离时的压力、温度、脱气方式等（图 4-3）。

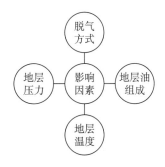

图 4-3　地层油溶解气油比的影响因素

1）地层压力

对于一个确定的油藏，体系的组成保持不变，因此溶解气油比与地层压力的关系如图4-4所示。当从原始地层压力 p_i 下降到饱和压力 p_b 过程中，所有的轻组分都已溶解在原油中，溶解气油比保持不变；当地层压力从 p_b 开始进一步下降时，溶解气油比逐渐减少，直至达到地面标准状态，所有的溶解气都从原油中溢出，溶解气油比为0。

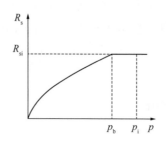

图4-4　地层压力与溶解气油比关系曲线

2）天然气的组成与性质

单组分烃的分子量越大，在石油中的溶解度也越大。所以天然气中重烃组分越多，天然气的相对密度越大，溶解气油比也越大。

非烃气体的含量对溶解气油比有影响。CO_2 在石油中的溶解度是甲烷的 3.5 倍，而 N_2 的溶解度却只是甲烷的 0.25 倍。因此，在其他条件都相同时，含有 CO_2 的天然气在石油中的溶解度相对要大，而含有 N_2 的天然气在石油中的溶解度则会有所下降。

3）原油的组成与性质

相同温度、压力下，同一种天然气在轻质油中的溶解度要大于在重质油中的溶解度。

4）地层温度

压力一定时，随温度的升高，溶解度下降。这是由于温度升高使烃类气体组分的饱和蒸汽压升高导致的。

5）脱气方式

前面已经介绍过，一次脱气比多级脱气的溶解气油比高。因此通常评价溶解气油比时都采用一次脱气方式获得。

三、地层油的体积系数

1. 地层油的（单相）体积系数

地层油体积系数定义为地下石油体积与其在地面脱气后的体积之比。因为只考虑了地下石油液相体积与其地面脱气后的石油体积的比值，故又称单相石油体积系数。用式（4-5）表示为：

$$B_o = \frac{V_o}{V_{os}} \tag{4-5}$$

式中 B_o——地层油的体积系数；

V_o——在地层一定压力、温度下石油的体积，m^3；

V_{os}——地层油在地面脱气后的体积，m^3。

体积系数表示地层油脱气后体积变化的大小，还可采用收缩率这一概念，收缩率的定义是 $1m^3$ 地层油采到地面后，经过脱气而产生体积收缩的百分数，即：

$$E_o = \frac{V_o - V_{os}}{V_o} \times 100\% \qquad (4-6)$$

或

$$E_o = \frac{B_o - 1}{B_o} \times 100\% \qquad (4-7)$$

式中 E_o——地下石油的收缩率，%。

地层油的体积系数一般都大于1。原因在于地层油的体积主要与石油中的溶气量，油层的压力以及温度等因素有关，一般情况下，溶解气和热膨胀的影响远超过压力引起的弹性压缩的影响，因此地层油的体积总是大于它在地面脱气后的体积。

2. 地层油体积系数的影响因素

影响地层油体积系数的主要因素是压力、温度和溶解气。

图4-5给出了地层油体积系数与压力的关系。从中可以看出，当压力小于饱和压力 (p_b) 时，随着压力的增加，溶解于石油中的气量也随之增加，故地层油的体积系数随压力的增加而增大；当压力等于饱和压力时，溶解于石油中的天然气量达到最大值，这时地层油的体积系数最大；当压力大于饱和压力时，压力的增加使石油受到压缩，因而石油的体积系数将随之减小。

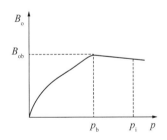

图4-5　地层石油体积系数和压力的关系

温度增加，液体体积增加，因此地层油体积系数略有增大。

地层油中溶解的气量越多，其体积系数越大，这一点从表4-1可以得到证实。

表4-1 某些油田的溶解气量和体积系数

油田名称	油层温度 ℃	油层压力 10^{-1}MPa	饱和压力 10^{-1}MPa	溶解气量 m^3/m^3	体积系数	收缩率 %
赫列布诺夫卡(苏联)	23	72	72	50.5	1.12	10.7
罗马什金(苏联)	40	170	85	50.0	1.15	13.0
阿赫蒂尔卡(苏联)	58	162	152	96.7	1.28	21.8
新季米特里耶夫斯克(苏联)	103	345	238	216.7	1.68	40.5
爱尔克-茜齐(美国)	82	307	238	506.0	2.62	61.9
大庆	45	70~120	64~110	45	1.09~1.15	8.3~13.0

3. 地层油的两相体积系数

当压力降到饱和压力以下时,天然气大量析出,地层出现明显的油气两相状态。为了描述地层中油气两相的体积与地面脱气原油体积的关系,引入了地层油的两相体积系数 B_t,定义为"当油层压力低于饱和压力时,地层油和析出气体的总体积与其地面脱气石油体积的比值",即:

$$B_t = \frac{V_o + V_g}{V_{os}} \tag{4-8}$$

式中 B_t——地层油的两相体积系数;

$\quad V_o$——油层压力为 p 时,原油在地层条件下的体积,m^3;

$\quad V_g$——油层压力为 p 时,分离出的天然气在地层条件下的体积,m^3;

$\quad V_{os}$——地面脱气原油的体积,m^3。

直接采用定义式计算 B_t 时,天然气体积没有办法直接得到,可以采用溶解气油比来计算地层油的两相体积系数,推导过程如下。

设 R_{si} 为原始溶解气油比,R_s 为目前地层压力 p 下的溶解气油比,当 p 小于 p_b 时,从石油中分离出的气体在地面条件下的体积为:

$$(R_{si} - R_s) V_{os}$$

若分离出的气体的体积系数为 B_g,则分离出来的气体折算到目前地层压力 p 下的体积为:

$$(R_{si} - R_s) V_{os} \cdot B_g$$

显然,根据定义式可以得到:

$$B_t = \frac{V_o + V_g}{V_{os}} = \frac{V_o + (R_{si} - R_s)V_{os}B_g}{V_{os}}$$

$$= B_o + (R_{si} - R_s)B_g \qquad (4-9)$$

式中　B_o——压力为 p 时地层油的体积系数。

　　可以把地层油的单相体积系数、两相体积系数都作在同一张图上（图4-6），图4-6中实线部分表示两相石油体积系数随压力的变化情况，$B_t - p$ 曲线只在 p 小于 p_b 时才存在[19]。可以看出，当压力 p 等于饱和压力 p_b 时，$R_s = R_{si}$，即 $R_{si} - R_s = 0$，$B_t = B_{ob}$，此时石油两相体积系数就与单相体积系数相等；当压力降到 0.1MPa 时，$R_s = 0$，$B_g = 1$，$B_o = 1$，故 $B_t = 1 + R_{si}$ 为最大值。

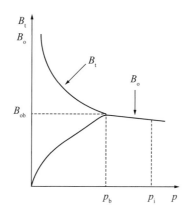

图4-6　地层油两相体积系数、单相体积系数与压力的关系

四、地层原油等温压缩系数

　　一般地层油中溶解有大量的天然气，因此比地面脱气石油具有更大的弹性。地层油的弹性大小通常用压缩系数 C_o 来表示，其含义为单位体积的地层油在压力改变一个单位时，体积的变化率，即：

$$C_o = -\frac{1}{V_o}\left(\frac{\partial V_o}{\partial p}\right)_T \qquad (4-10)$$

式中　C_o——地层油的压缩系数，1/MPa；
　　　V_o——地层油的体积，m³；
　　　$\dfrac{\partial V_o}{\partial p}$——地层油体积随压力的变化率，m³/MPa。

　　式（4-10）取等温变化率是由于油层开采通常近似在恒温条件下进行。

　　地层油的压缩系数主要决定于石油和天然气的组成、溶解气量以及压力和温度条件。地层油的温度越高，石油的轻组分越多，溶解的气量越多，则石油的压缩系数也就越大。一般地面脱气石油的压缩系数 $(4 \sim 7) \times 10^{-4}\mathrm{MPa}^{-1}$，而地层油的压缩系数 $(10 \sim 140) \times 10^{-4}\mathrm{MPa}^{-1}$。

一般情况下，地层油的压缩系数不是一个定值，它随压力的变化而变化（图4-7）。但工程计算时为了简化，在压力的一定合理变化范围内使用一个不变的平均压缩系数；而在不同的压力区间，平均压缩系数则不同，见表4-2。

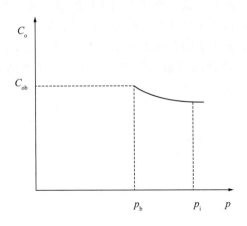

图4-7　地层原油压缩系数与压力关系曲线

表4-2　某原油不同压力区间的平均压缩系数

压力区间，MPa	平均压缩系数$\overline{C}_\mathrm{o}$，$10^{-4}\mathrm{MPa}^{-1}$
19.0 ~ 19.4	38.9
19.4 ~ 24.2	36.0
24.2 ~ 29.2	30.2
29.2 ~ 34.4	24.7

地层油的压缩系数在油田上一般由实验室直接测定。若不具备测定条件时，也可利用有关图表作近似估算。

五、地层原油的黏度

原油黏度是影响油井产量的重要因素之一。地层原油黏度的变化范围极大，从零点几到成千上万毫帕秒不等。实践表明，决定地层油黏度的因素是原油的化学组成，其他影响地层油黏度的主要因素包括地层的温度和压力（图4-8）。

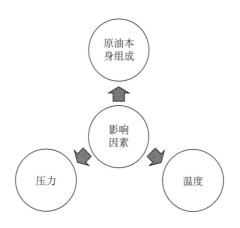

图 4—8 地层原油黏度的影响因素

1.压力对原油黏度的影响

压力对于地层原油黏度的影响可以从图 4—9 中看出。以饱和压力 p_b 为界，在不同区间段压力对黏度的影响是不同的。

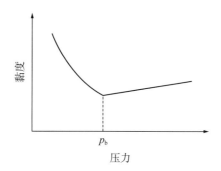

图 4—9 地层压力对原油黏度影响

当压力高于饱和压力（即 $p > p_b$）时，随压力的增加，使地层油弹性压缩，油的密度增大，液层间摩擦阻力增大，原油的黏度相应增大，只是增大幅度不是很高。但当地层压力小于饱和压力时，随着地层压力的降低，油中溶解气不断分离出去，地层原油黏度急剧增加。因此，在压力低于饱和压力时，压力对原油黏度的影响可归结为压力使油中溶解气气量改变的缘故。

2.温度对原油黏度的影响

黏度对于温度的变化很敏感。如从胜利油田某些原油所作出的黏度–温度关系曲线（简称黏温曲线）可粗略地得出：每当温度升高 10℃ 则原油黏度会降低一半的结论，由此可见温度对原油黏度的影响。原油黏度与压力、温度间的关系可进一步由图 4—10 中看出。

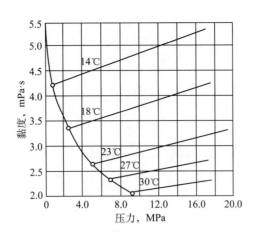

图 4—10　原油黏度与压力、温度的关系

3.原油组成对地层油黏度的影响

原油本身的物质组成是决定黏度高低的内因，是决定性的影响因素。原油中重烃、胶质和沥青质的含量越高，原油黏度越大。胶质和沥青质本身会形成胶体结构，具有非牛顿流体的特性，从而增大液层分子的内摩擦，大大增加了原油的黏度。

表 4—3 是胜利油田某些地面脱气原油黏度与胶质沥青含量及原油相对密度间的对比关系。可以看出，辛－6 井所产原油胶质沥青含量高（64.5%），而原油黏度也特别高，达 6400mPa·s。

表4—3　脱气原油黏度与胶质沥青含量和原油相对密度的关系

井号	胶质沥青含量，%	原油相对密度	原油黏度，mPa·s
辛－1	27.6	0.8876	58.5
坨－2	36.7	0.9337	490.0
管－12	41.9	0.9414	885.0
辛－2	49.5	0.9521	5120.0
辛－6	64.5	0.9534	6400.0

溶解气量是原油组成的一部分，因此也是影响原油黏度的主要因素。溶解气油比越高，则地层原油黏度越低（表 4—4）。因为溶解气会使液体分子间的引力部分地转变为气—液分子间的引力，而后者的引力远比前者小得多，从而导致地层内溶气油内摩擦阻力减小，因而地层油的黏度也就随之相应地降低。

表4—4　溶解气油比与地层油黏度关系

油层	原始溶解油气比 R_s，m^3/m^3	地层原油黏度 μ_o，mPa·s
孤岛 G 层渤 26－18 井	27.5	14.20
大港层西区 44 井	37.3	13.30
大庆油田 P 层	48.2	9.30
玉门油田 L 层	68.5	3.20
胜利油田营 4 井	70.1	1.88

重点总结：地层原油的高压物性参数随压力的变化关系

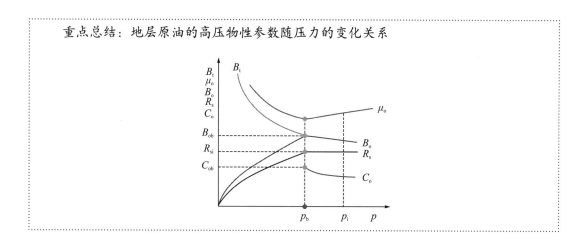

第二节　地层水及其高压物性

广义上的地层水是指一切埋藏在地下岩层中的水。由于石油工程领域考虑的地层水是和油层相关的，因此本书选择其狭义定义，即地层水是指油藏边部的边水和底部的底水、层间水以及与原油同层的束缚水的总称。

地层水中，边水和底水常作为驱油的动力；束缚水尽管不流动，但它在油层微观孔隙中的分布特征直接影响着油层含油饱和度及其分布，也影响原油在地层内的流动，因此认识地层水有助于更有效地开发油藏。

图 4-11 是与地层水有关的概念和相关知识。

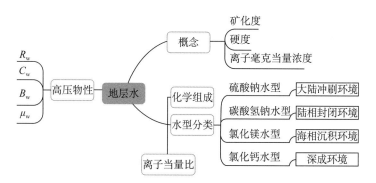

图 4-11　地层水相关知识点思维导图

一、地层水的化学组成及地层水的分类

1. 化学组成及评价参数

1）化学组成

地层水在地层中长期与岩石和原油接触，通常含有相当多的金属盐类，如钾盐、钠

盐、钙盐、镁盐等，尤其以钾盐、钠盐最多，故称为盐水。地层水中含盐是它有别于地面水的最大特点。地层水中的含盐量的多少用矿化度来表示。

地层水溶液中：

（1）常见的阳离子为 Na^+、K^+、Ca^{2+}、Mg^{2+}。

（2）常见的阴离子为 Cl^-、SO_4^{2-}、HCO_3^-、CO_3^{2-}、NO_3^-、Br^-、I^- 等。

（3）不同种类的微生物，其中最常见的是非常顽固的厌氧硫酸还原菌，它们助长了油井套管的腐蚀，在注水过程中导致地层堵塞。这些微生物的来源尚不十分清楚，它们可能存在于封闭油藏中，或由于钻井而带入地层。

（4）微量有机物质，如环烷酸、脂肪酸、胺酸、腐殖酸和其他比较复杂的有机化合物等。因为这些有机酸对注入水洗油能力有直接影响，所以，在油田注水的水质选择上要对它们予以重视。

2）矿化度

代表水中矿物盐的总浓度，用 mg/L 来表示。地层水的总矿化度表示水中正、负离子含量之总和。

原始地层条件下，高矿化度的地层水处于饱和溶液状态，当由地层流至地面时，会因为温度、压力降低，导致盐从地层水中析出，严重时还可在井筒中结盐，给生产带来困难。

3）离子毫克当量浓度

离子毫克当量浓度等于某离子的浓度除以该离子的当量。

例如，已知氯离子（Cl^-）的浓度为 7896mg/L，Cl^- 的化合当量为 35.3，则 Cl^- 的毫克当量浓度为 7896/35.3 = 225.6mg/L。

4）硬度

地层水的硬度是指地层水中钙、镁等二价阳离子含量的大小。在使用化学驱（如注入聚合物或活性剂等）时，若水的硬度太高，则注入化学剂会产生沉淀而影响驱替效果。所以，在油田生产中必须对地层水的硬度有清楚的认识。

2. 地层水的水型分类

1）苏林分类法

目前，较常采用苏林分类法对油田水进行分类。

自然界的水根据其成因、特征和分布，可分为大陆淡水、大洋海水和地下水。地下水实际上是由不同时代的大陆淡水或大洋海水在沉积物中保存下来的水。油田水是在油气区保存下来的地下水。因此，水按形成环境分大陆淡水和大洋海水两大类。淡水与海水的主要区别在于：淡水中碳酸氢钠占优势，并含有硫酸钠，而海水中不存在硫酸钠。地下水的化学成分取决于自然环境条件，苏林认为可以把地下水按化学成分分成四个水型，以表征相应的地质环境。

（1）硫酸钠（Na_2SO_4）水型。

代表大陆冲刷环境条件下形成的水，出现此水型则表明环境封闭性差，不利于油气聚集和保存。

（2）碳酸氢钠（NaHCO$_3$）水型。

NaHCO$_3$ 型水在油田中分布很广，代表了大陆封闭环境条件下形成的水型，它的出现可作为含油良好的标志。

（3）氯化镁（MgCl$_2$）水型。

氯化镁水型存在并形成于海洋环境，如果是油藏则多数情况下代表海相沉积储层。

（4）氯化钙（CaCl$_2$）水型。

氯化钙水型则是地壳内部深成环境中的主要类型。所代表的环境封闭性好，很有利于油、气聚集和保存，是含油气良好的标志。

苏林认为油田水的化学类型大都属于氯化钙水型和碳酸氢钠水型。但实践表明也存在不符合苏林分类的地方，如中国地表水浅层水常见氯化镁水型或氯化钙水型，深部地层也能见到硫酸钠水型或碳酸氢钠水型。另外苏林分类法也缺乏区分油田水和非油田水的特征参数，而仅仅是依据地层水盐类成分的分类。虽然存在这些缺点，但苏林分类法仍然是判断地层水类型的一种重要方法。

2）水型划分

苏林分类法的依据是离子的当量比。本书用 [x^+] 或 [x^-] 来表示化合物的离子当量，如 [Na$^+$] 表示 Na$^+$ 的离子当量，[Cl$^-$] 表示 Cl$^-$ 的离子当量。阴、阳离子的结合顺序是按离子亲合能力的大小来组合的，如图 4-12 所示。

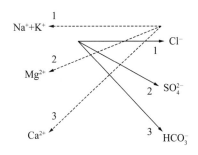

图 4-12 离子化合物顺序简图

当 $\dfrac{[\text{Na}^+]}{[\text{Cl}^-]}>1$ 时，说明水中 Na$^+$ 当量数大于 Cl$^-$，多余的 Na$^+$ 将与 SO$_4^{2-}$ 或 HCO$_3^-$ 化合，形成 Na$_2$SO$_4$ 水型或 NaHCO$_3$ 水型。

当 $\dfrac{[\text{Na}^+]}{[\text{Cl}^-]}<1$ 时，则多余的 Cl$^-$ 与 Ca^{2+} 或 Mg^{2+} 化合形成 MgCl$_2$ 水型或 CaCl$_2$ 水型。在此之后，用 [Na$^+$] 和 [Cl$^-$] 反应之后剩余离子与其他离子的当量进行比较，进一步判断属于哪一种水型（表 4-5）。

表4-5　苏林对水型的划分

[Na$^+$] 与 [Cl$^-$] 当量比	剩余离子当量比	水型	环境
$\dfrac{[Na^+]}{[Cl^-]}>1$	$\dfrac{[Na^+]-[Cl^-]}{[SO_4^{2-}]}<1$	硫酸钠型	大陆冲刷环境（地面水）
	$\dfrac{[Na^+]-[Cl^-]}{[SO_4^{2-}]}>1$	碳酸氢钠型	大陆环境（油、气田水）
$\dfrac{[Na^+]}{[Cl^-]}<1$	$\dfrac{[Cl^-]-[Na^+]}{[Mg^{2+}]}<1$	氯化镁型	海洋环境（海水）
	$\dfrac{[Cl^-]-[Na^+]}{[Mg^{2+}]}>1$	氯化钙型	深层封闭环境（气田水）

对表 4-5 进一步解释如下。

（1）当 $\dfrac{[Na^+]-[Cl^-]}{[SO_4^{2-}]}<1$ 时，表明 Na$^+$ 除了与 Cl$^-$ 离子化合外，还有多余的 Na$^+$ 与 SO$_4^{2-}$ 化合，由于此值小于 1，故没有多余的 Na$^+$ 与 HCO$_3^-$ 化合了，所以 Na$^+$ 与全部阴离子化合后，最终形成 Na$_2$SO$_4$，故是 Na$_2$SO$_4$ 水型。

（2）当 $\dfrac{[Na^+]-[Cl^-]}{[SO_4^{2-}]}>1$ 时，说明 Na$^+$ 除了与 Cl$^-$ 和 SO$_4^{2-}$ 离子化合外，还有多余的 Na$^+$ 可以和 HCO$_3^-$ 化合，生成 NaHCO$_3$，故最终形成 NaHCO$_3$ 水型。

（3）当 $\dfrac{[Cl^-]-[Na^+]}{[Mg^{2+}]}<1$ 时，说明 Cl$^-$ 除了与 Na$^+$ 化合外，还有多余的 Cl$^-$ 与 Mg^{2+} 化合后形成 MgCl$_2$，由于比值小于 1，故没有多余的 Cl$^-$ 与 Ca^{2+} 化合了，所以是 MgCl$_2$ 水型。

（4）当 $\dfrac{[Cl^-]-[Na^+]}{[Mg^{2+}]}>1$ 时，说明 Cl$^-$ 除了与 Na$^+$ 和 Mg^{2+} 化合外，还有多余的 Cl$^-$ 和 Ca^{2+} 化合而生成 CaCl$_2$，故为 CaCl$_2$ 水型。

有关中国和外国油田地层水化学成分和水型见表 4-6。

表4-6　中国和外国油田地层水化学成分和水型

油田名称	总矿化度	Na$^+$+K$^+$	Mg^{2+}	Ca^{2+}	Cl$^-$	SO$_4^{2-}$	HCO$_3^-$	CO$_3^{2-}$	水型
大港 S 层	16316	5917	11	95	7896	18	2334	45	CaCl$_2$
孤岛 M 层	3228	1038	13	25	1036	0	1116	0	NaHCO$_3$
胜利 M 层	17960	4952	836	620	10402	961	187	0	CaCl$_2$
任丘 P$_2$ 层	178	21	9	20	43	18	67	0	CaCl$_2$

续表

油田名称	总矿化度	Na$^+$+K$^+$	Mg^{2+}	Ca^{2+}	Cl$^-$	SO$_4^{2-}$	HCO$_3^-$	CO$_3^{2-}$	水型
东得克萨斯油田（美国）	64725	23029	536	1360	39000	216	578	0	CaCl$_2$
加奇萨兰油田（伊朗）	95313	33600	30	1470	55000	4920	—	293	CaCl$_2$
风尔马斯油田	5643	1739	59	54	1780	—	2001	—	MgCl$_2$

例题 4-2： 已知某油田一口井地层水的化学组成见表4-7，试判断其水型

表4-7 某井地层水的化学组成

离子类型	Na$^+$+K$^+$	Mg^{2+}	Ca^{2+}	Cl$^-$	SO$_4^{2-}$	HCO$_3^-$	CO$_3^{2-}$
浓度，mg/L	23029	536	1360	39000	216	518	0
离子当量	Na$^+$23.00K$^+$39.10	12.15	20.04	35.45	48.03	61.01	30.00
离子毫克当量	1001.26	44.12	68.16	1100.14	4.50	8.49	0

解： 首先判断最容易结合的一价离子的当量比 $\dfrac{\left[Na^+ + K^+\right]}{\left[Cl^-\right]} = \dfrac{1001.26}{1100.14} < 1$，可先判定可能

是 MgCl$_2$ 或 CaCl$_2$ 水型。其次，再根据 $\dfrac{\left[Cl^-\right] - \left[Na^+ + K^+\right]}{\left[Mg^{2+}\right]} = \dfrac{1100.14 - 1001.26}{44.12} > 1$，说明 Cl$^-$ 除

与 Mg^{2+} 形成化合物外，还有剩余的 Cl$^-$ 离子与 Ca^{2+} 化合，生成 CaCl$_2$，故可判断该油田

水型为 CaCl$_2$ 水型。

二、地层水的高压物性

地层水与油、气同样是处于高压、高温条件，这使得地层水在地下与在地面的溶解油气量、体积大小、压缩性、黏度等均不相同。为此，也需要对地层水的体积系数、天然气的溶解度、水的压缩率、黏度等加以研究（地层水的高压物性参数如图 4-13 所示）。

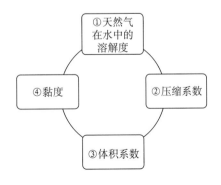

①天然气在水中的溶解度

④黏度

②压缩系数

③体积系数

图 4-13 地层水的高压物性

1. 天然气在地层水中的溶解度

天然气在地层水中的溶解度是指地面 1m³ 水，在地层压力、温度条件下所溶解的天然气体积，单位仍为 m³/m³。天然气在水中的溶解度随着压力和温度的变化如图 4-14 所示。图 4-14（a）表示天然气在纯水中的溶解度，由图示看出，天然气的溶解度随着压力增加而增加，但温度对溶解度影响不太明显。图 4-14（b）是当地层水含盐时，对天然气溶解度的校正关系图，由图可见，随着地层水矿化度的增加，溶解气量在下降。总的结论是：与原油相比，天然气在水中的溶解度一般都很低。

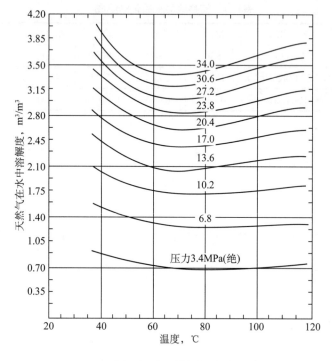

（a）纯水中天然气的溶解度

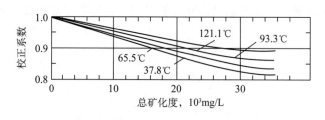

（b）含盐度校正

图 4-14　地层水中天然气溶解度与压力、温度及矿化度的关系

通常认为，在较低温度时（如低于 70 ~ 80℃），天然气在水中的溶解度随着温度的上升而下降；在温度较高时，天然气在水中的溶解度可随温度的上升而上升。因此，在某些

情况下，当地层中温度和压力很高时，地层水中可溶解大量的甲烷，如果水的体积又很大，则溶解于水中的天然气的储量就相当可观，由此可形成水溶性气藏而具有工业开采价值。

地层水除溶有天然气外，还可能含有其他非烃类气体，如二氧化碳、氧气及硫化氢等。

2. 地层水的体积系数

地层水的体积系数是指地层水在地下压力、温度条件下的体积与其在地面条件下的体积之比值，即：

$$B_w = \frac{V_w}{V_{ws}} \tag{4-11}$$

式中　B_w——地层水的体积系数；

　　　V_w——在地层条件下，地层水的体积，m^3；

　　　V_{ws}——地层水在地面条件下的体积，m^3。

地层水的体积系数和温度、压力以及溶解气的关系如图 4-15 所示。由图 4-15 看出，地层水的体积系数随着温度的增加而增加，随着压力的增加而减小；溶解有天然气的水比纯水的体积系数更大。

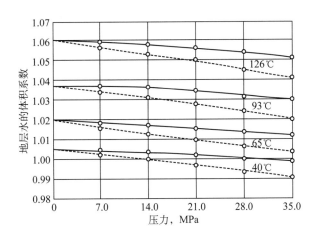

图 4-15　地层水体积系数与压力、温度的关系

—溶解有天然气的水；– – –纯水

由于地层水溶解的天然气不多，因此地层水的体积系数不大，一般在 1.01 ~ 1.02，有时也近似地取为 1。

3. 地层水的压缩系数

与油、气的压缩系数相同，地层水的压缩系数是指单位体积地层水在单位压力改变时的体积变化值，即有：

$$C_{\mathrm{w}} = -\frac{1}{V_{\mathrm{w}}}(\partial V_{\mathrm{w}}/\partial p)_T \qquad (4-12)$$

式中　C_{w}——地层水的压缩系数，$\mathrm{MPa^{-1}}$；

　　　V_{w}——地层水的体积，L；

　　　$(\partial V_{\mathrm{w}}/\partial p)_T$——恒温下地层水体积随着压力的变化值，L/MPa。

地层水的压缩系数 C_{w} 与压力、温度和溶解气量的关系表示在图 4—16 上。

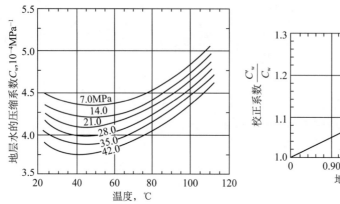
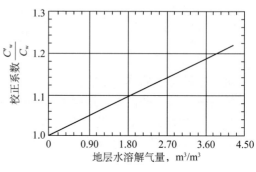

（a）不含有溶解气的水的压缩系数　　　　（b）含有溶解气时水的压缩系数校正

图 4—16　地层水的压缩系数

怎样利用图表求得地层水的压缩系数呢？一般是先确定无溶解气时地层水的压缩系数，这可由已知地层压力和温度从图 4—16（a）查得该值；然后利用图 4—14，求出地层温度、压力下的溶解气量；最后根据溶解气量，由图 4—16（b）查出压缩系数的校正系数，对地层水的压缩系数进行修正，求得经校正后的压缩系数的大小。

例题 4—3：　试计算油藏压力为 20.4MPa，油藏温度为 93℃，含盐量为 30000mg/L 的地层水的压缩系数。

解：首先根据油藏压力 20.4MPa 和油藏温度 93℃，在图 4—14（a）中采用线性内插法查得天然气在纯水中的溶解度为 $2.7\mathrm{sm^3/m^3}$，再根据含盐量 30000mg/L，在图 4—14（b）中查得校正系数为 0.88。然后可以算出天然气在地层水中的溶解度为：

$$R_{\mathrm{w}} = 2.7 \times 0.88 = 2.4\mathrm{sm^3/m^3}$$

其次，再根据 20.4MPa 和 93℃ 在图 4—16（a）中查得该水在未溶解气时的压缩系数为 $4.53 \times 10^{-4}\mathrm{MPa^{-1}}$；根据地层水的溶解气量 $2.4\mathrm{sm^3/m^3}$ 在图 4—16（b）中查得校正系数为 1.12。最终，可以算出该地层水的压缩系数为：

$$C'_{\mathrm{w}} = 4.53 \times 10^{-4} \times 1.12 = 5.07 \times 10^{-4}\mathrm{MPa^{-1}}$$

地层水的压缩系数一般在 $(3.0 \sim 5.0) \times 10^{-4}\mathrm{MPa^{-1}}$ 之间，与原油的压缩系数类似，

在不同的压力、温度区间，其值也不同。

4. 地层水的黏度

地层水的黏度在水驱油过程中具有十分重要的意义。地层油水黏度比（μ_o/μ_w）越大，对驱油越不利，会引起油井过早见水而被水淹掉。因此，从某种意义上讲，希望水的黏度大一些更好（对原油，则希望其黏度越小越好）。

在物理意义上，地层水的黏度与油气一样，都表示了流体内摩擦阻力的大小。

地层水的黏度与压力、温度和含盐量的关系如图 4-17 和图 4-18 所示。由图可以看出：地层水的黏度随着温度的增高而大大降低，但随着压力的增加却几乎不变。例如，在0.1MPa 时与在 50MPa 时，水的黏温曲线几乎完全一致（见图 4-17 中曲线①和②所示情况）。含盐量对地层水的黏度也影响不大，例如，含盐量为 60000mg/L 的水与纯水的黏温曲线也相差无几。

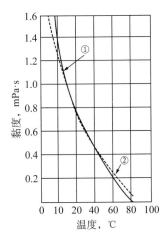

图 4-17　地层水的黏度与温度、压力关系

①—在0.1MPa压力下；②—在50MPa下。

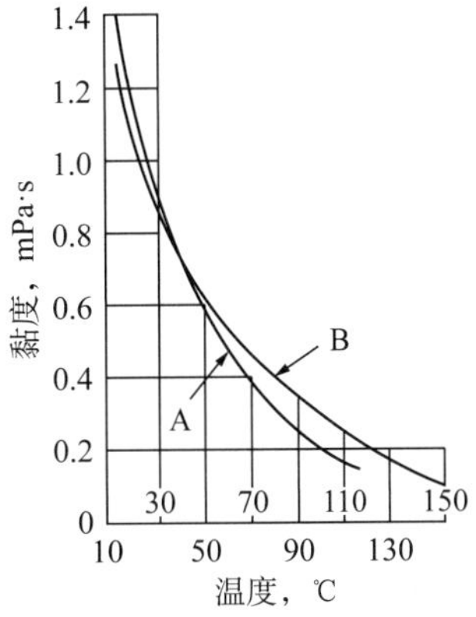

图 4-18　地层水的黏度与温度、含盐量关系

A—纯水；B—含盐量为60000mg/L的水

由于地层水中溶解气很少，故天然气在水中的溶解度对水的黏度影响不大，一般都不需要对此进行修正。

第三节　地层油气高压物性的参数测算

储层油、气、水的高压物性参数如饱和压力、溶解油气比、体积系数、压缩系数和黏度等对于一系列有关油气的计算（如储量、产量等）都是不可少的。如何获取这些参数，以及获取这些参数时需要注意什么问题，是本节要重点研究的问题。

在矿场实际中，研究原油 PVT 关系，获得原油高压物性参数的主要途径是直接用高压物性仪测定，这是最直接、最精确的方法。此外，查阅相关的图版，也是工程上常采用的方法之一。

一、油气高压物性实验测定

目前，国内外对原油和天然气的分析，从取样开始直至最终完成报告都已形成了比较定型的分析流程，其中一种原油的分析流程如图 4-19 所示。

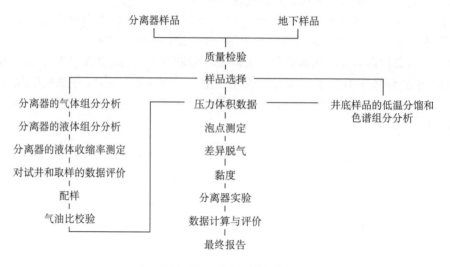

图 4-19　原油分析流程

1. 实验仪器和分析流程

用来研究油气高压物性的装置称为高压物性仪，或简称为 PVT 仪。国内外所设计和使用的这类仪器在传压介质、承受高压高温的能力及测定仪器等方面虽有所不同，但基本上大同小异。图 4-20 为高压物性分析仪器的示意图，其中：

（1）PVT 筒 3、5——用作充装油气及在高温、高压下油气体系达到相平衡的高压容器；

（2）高压计量泵 13、14——进行加压，并可计量高压下油气烃类体系的体积，其动力来自电动控制箱体 9 内的电动传动系统或人工手动；

（3）测试仪器仪表或压力传感器 11、12——测量高压容器内的流体压力；

（4）油气分离器 2 和气量计 1——差异分离脱气实验时，进行油气分离并测量产出的气体体积；

（5）高压黏度计——由毛细管 4 和压差传感器 6 组成，在线测量高压含气油的黏度；

（6）恒温箱——实现对油气的加热和恒温；

（7）外部转样设备——包括取样器 7、转样器恒温水浴 8、转样泵 10 以及配置的工作液储罐 9。

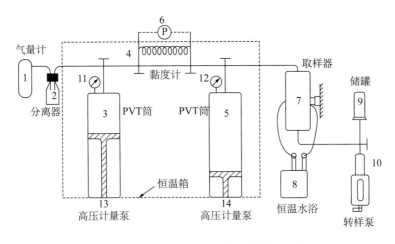

图4-20 地层油高压物性实验装置流程图

近年来，为了测试更加精确、便于观察，国内外在仪器上进行了不少改进工作，如采用无级调速泵，在PVT筒体上安装高强度的玻璃观察窗。它不仅可研究油气在PVT筒内的相态关系，而且能在充满固体颗粒介质（不同粒度、不同渗透率的多孔介质）的细长管中研究油气的混相等。

2. 油气样品准备

1）取样

取样，是指取到能代表地层流体的样品，要求所取样品要能尽量保持流体在地层中的状态（如相态及组成不变等）。取样的方法有地面取样法和地下取样法两种。

2）转样

是指把井下取样器所取得的油气样品，在保持取样时的地层压力、温度状况下转至PVT筒中的过程。

3. 原油的各种高压物性测定

实验可测定的参数很多，包括地层原油饱和压力、油气比、体积系数、压缩系数和黏度等。

1）地层原油饱和压力和压缩系数

测定地层原油饱和压力和压缩系数可采用同一流程。原油在地层压力条件下开始测定，然后逐级降低压力，分别读出表压力值为 p_1，p_2，…，p_5；与此同时，从泵的标尺刻度上读得相应压力下的油样体积为 V_1，V_2，…，V_5。根据对应的 p 和 V 值，便可绘出 p—V 关系图，图中曲线拐点压力即为该地层油的脱气压力，即原油饱和压力。

根据上述过程中所测得的饱和压力以上的 p、V 值，即可按式（4-13）计算出地层原油的压缩系数 C_o：

$$C_o = -\frac{1}{V_f}\frac{V-V_f}{p-p_f} = -\frac{1}{V_f}\frac{V_b-V_f}{p_b-p_f} = -\frac{1}{V_f}\frac{\Delta V_f}{\Delta p} \qquad (4-13)$$

式中 C_o——地层油样在某一压力区间内的压缩系数，MPa^{-1}；

p_f，p_b，p——分别为地层压力、饱和压力和任一压力（$p > p_b$），MPa；

V_f，V_b，V——分别为地层压力下、饱和压力下、任一压力下的油样体积，mL。

2）地层油溶解气油比和体积系数

在保持油藏温度、压力条件下开始测量地层溶解气油比和体积系数。

首先在尽量确保 PVT 筒内压力不降的情况下，将其中一定量油样放入油气分离瓶中。放油前后 PVT 筒内体积的变化量即为放出油的地下体积 ΔV_f；放出油的气体体积（V_g）由气量计计量；脱气原油体积为脱气后原油质量 W_o 除以脱气原油密度 ρ_o。

按式（4-14）和式（4-15）分别计算出原油体积系数和原始溶解气油比：

$$B_{oi} = \frac{\Delta V_f \rho_o}{W_o} \tag{4-14}$$

$$R_{si} = \frac{V_g \rho_o}{W_o} \tag{4-15}$$

式中 B_{oi}、R_{si}——分别为原油原始体积系数和原始溶解气油比；

ΔV_f——放出油的地下体积（已校正）；

ρ_o——脱气原油在 20℃ 下的密度；

W_o——脱气原油的质量；

V_g——放出油样所分离出的气体折算到标准状况下的体积。

3）地层油黏度

首先将 PVT 筒内的油样在保持地层压力、温度及溶气情况下转至黏度计中。毛细管式黏度计通常为赛氏黏度计，其工作原理是：样品容器（包括流出毛细管）内充满待测样品，处于恒温浴内，液柱高度为 h；打开旋塞，样品开始流向受液器，同时开始计算时间，到样品液面达到刻度线为止。样品黏度越大，这段时间越长。因此，这段时间直接反映出样品的黏度。

4）凝析气的相图及物性

凝析气相图测定的关键是测定不同温度下的露点。在露点处，凝析气体系中的液滴很小，肉眼观察比较困难，因此需要在带玻璃窗及显微镜或反射放大镜的 PVT 筒内进行测定。英国帝国理工学院采用电视录像放大系统，以直接测量出凝析油的微小体积，并将直接观察得到开始凝析出液滴时的压力，且将此压力定为该温度下的露点压力或凝析压力。

二、图版法求地层原油的高压物性参数

在矿场实践比较容易得到原油相对密度、天然气相对密度、溶解气油比、脱气原油黏度及地层温度等参数，可以采用图版法来获得不太容易得到的参数。下面就以求地层油饱和压力、体积系数和地层原油黏度等为例来说明如何查用有关的图版。

1. 查图版求地层原油的饱和压力

矿场上常用的查地层油饱和压力的图版如图4-21所示。该图中与饱和压力相关的参数有溶解气油比、地面油相对密度、气体相对密度、地层温度等。该图版考虑的相关因素多，具有较高的精度，可认为满足工程计算的需要。

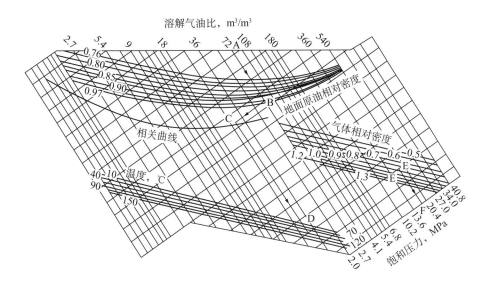

图4-21 地层油泡点压力图版

该图版的使用方法如下：

（1）在图版上找到已知目前溶解气油比的点，假设 $R_s = 72m^3/m^3$，为A点；

（2）从A点开始出发，沿平行坐标轴的方向找到表示地面原油相对密度的点，假设 $\gamma_0 = 0.88$，为B点；

（3）从B点出发，平行另一个坐标轴方向，找到相关曲线上的C点；

（4）从C点出发，平行于坐标轴方向，找到表示地层温度的点，假设地层温度为 $T = 93.3℃$，代表点为D；

（5）从D点出发，再次平行另一个坐标轴，找到表示天然气相对密度的点，假设 $\gamma_s = 0.8$，则应为E点；

（6）最后从E点出发，平行坐标轴方向找到代表饱和压力的区域，得到图中的F点，对应值即为已知条件下的地层油饱和压力，图中显示为16.6MPa。

如果已知的是饱和压力，则可以采用反过程来查读溶解气油比，过程为从（6）至（1），要求压力必须等于或低于油藏原始压力下的饱和压力。因为，高于饱和压力的溶解气油比与饱和压力下的溶解气油比相等。

2. 查图版求地层油体积系数

常用的求地层原油体积系数的图版示于图4-22。它表示出地层原油体积系数与溶解气油比、天然气相对密度、地面脱气原油相对密度以及地层温度间的相关关系。若已知油藏流体以下相关参数：地层溶解气油比 $R_s = 72\text{m}^3/\text{m}^3$；天然气相对密度 $\gamma_s = 0.8$；地面脱气油相对密度 $\gamma_o = 0.88$；地层温度 $T = 93.3℃$。则按图 4-22 中箭头所指方向沿 $A \rightarrow B \rightarrow C \rightarrow D \rightarrow E$，可查得该地层油体积系数 $B_o = 1.245$。

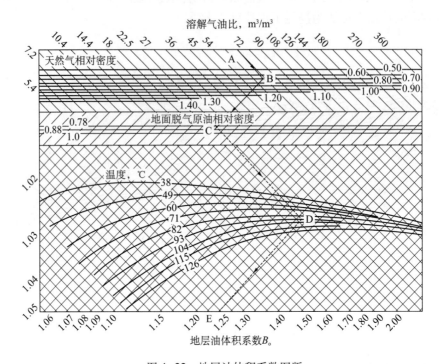

图 4-22　地层油体积系数图版

除了上述给出的单相原油体积系数图版外，还有类似的油气两相体积系数图版，可在有关石油流体性质的书中或手册中找到。

3. 利用图版求地层油黏度

结合图 4-23、图 4-24 可由已知的地面脱气原油相对密度、脱气原油黏度、地层温度、溶解气油比等，查出地下原油黏度。

例题 4-4：已知地面原油相对密度 $\gamma_o = 0.850$，地层温度 $T = 87.8℃$，溶解汽油比 $R = 72\text{m}^3/\text{m}^3$，由图表查地层原油黏度。

可由图 4-23 和图 4-24 查得地层原油黏度为 0.5mPa·s。由于地层原油的黏度与组成（特别是原油中的胶质、沥青含量）关系极为密切，使原油黏度变化范围很大，相差可达几十倍到几百倍，因此，使用一般的图版不够精确。对于组成特殊的原油，应尽量争取在实验室进行测定。

三、经验关系式

除了实验测定和查图版之外，也可以在大量统计的基础上，找到不同情况下的各种参数之间的相关关系式，从而计算得到油气的高压物性数据。但由于这种方法对油品性质依赖性较强，因此代表性并不能满足要求，因此在选择、使用或者建立经验关系式的时候，需要注意目标油田和这些公式基于的油品之间的匹配度。本书不做详细介绍，请参阅相关内容。

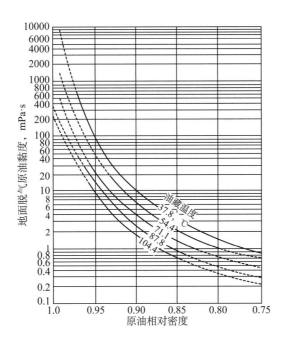

图 4-23 脱气原油黏度与温度以及地面原油相对密度关系

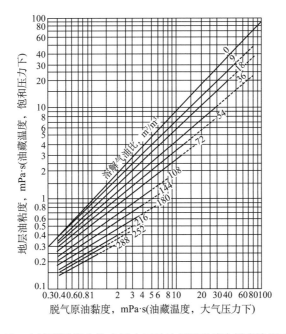

图 4-24 在油藏温度和泡点压力下的地层油黏度与溶解气油比的关系

第四节　流体高压物性参数应用示例——油气藏物质平衡方程

在油田实际开发过程中，油藏流体高压物性参数的用途很广，如在油藏数值模拟中及有关油藏工程的各种计算中，这些参数都是必不可少的、最基础的资料，它对于正确认识油层、评价油层、提出合理的开发方案起着重要作用。

下面就以带气顶并有水侵入油藏为例，推导和分析该油藏的物质平衡方程，一方面可了解高压物性参数到底有什么用途，另一方面也便于加深和巩固对油气高压物理概念的进一步理解。

一、物质平衡方程的推导

1. 油气藏物质平衡的基本概念

一般的油气藏中，都可能存在三种流体，分别是油、气和水。可以认为存在三种拟组分，分别是水组分、油组分和气组分，假设水组分只存在于水相中，油组分只存在于油相中，而气组分既存在于气相中也存在于油相中。

所谓的物质平衡原理，简单来说就是被取走物质的数量加上剩下物质的数量，应该等于原来物质的总量。本节以油气藏中的气体组分为目标建立物质平衡方程。设有一定容积的油气藏，开发一段时间后，采出一部分气体组分的量和油组分的量（简称为气量和油量），根据物质平衡原理，采出的气量与剩余在地下的气量应当等于开发前油气藏中原有的气量（图4-25）。

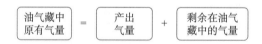

$$\boxed{\text{油气藏中原有气量}} = \boxed{\text{产出气量}} + \boxed{\text{剩余在油气藏中的气量}}$$

图 4-25　气体组分的物质平衡

2. 物质平衡方程的导出示例

在推导物质平衡方程的过程中，要涉及以下各种参数和符号：

N———原始储油量，m^3（指在地面可以得到的体积量）；

G———原始储气量，m^3；

R_{si}———原始溶解气油比，m^3/m^3；

N_p———累计产油量，m^3；

R_p———累计平均生产气油比，m^3/m^3；

R_s———在油气藏压力降至 p 时的溶解气油比，m^3/m^3；

W———在油气藏压力降至 p 时侵入油藏的总水量，m^3；

W_p———累计总产量，m^3；

$m = V_g/V_o$——原始气顶容积与油带容积之比；

B_{oi}——在原始油气藏压力下地层油体积系数；

B_o——在压力为 p 时，原油的体积系数；

B_{gi}——在原始油气藏压力下，气体的体积系数；

B_g——在压力为 p 时，气体的体积系数；

B_{ti}——在原始油气藏压力下，油气两相体积系数；

B_t——在压力为 p 时，油气两相体积系数；

B_w——在压力为 p 时，地层水体积系数。

以开发过程中有水侵入（是指边水、底水或注入水的总称）且带气顶的油气藏为例（油气藏在开发前后采出油、气、水压力变化情况也示于图 4-26 中），来讨论怎样去建立它的物质平衡方程。

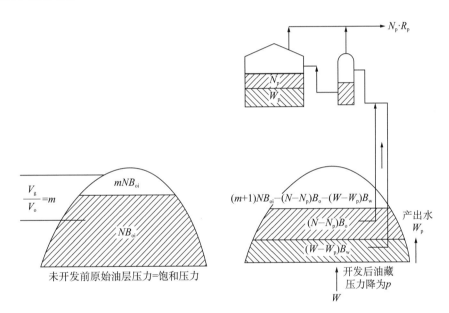

图 4-26 油气藏开发前后变化图

为便于理解，下面采用框图的形式，来写出其推导过程（图 4-27）。在读图时，宜注意每项推导的步骤及物理意义，每个符号及各项的含义，由上到下，逐步读懂。

从框图，最终得到：

$$mNB_{oi} \div B_{gi} + NR_{si} = N_pR_p + [(NB_{oi} + mNB_{oi}) - (N - N_p)B_o - (W - W_p)B_w]$$
$$\div B_g + (N - N_p)R_s \tag{4-16}$$

整理后可得：

$$\frac{mNB_{oi}}{B_{gi}} + NR_{si} = N_pR_s + \frac{(m+1)NB_{oi} - (N - N_p)B_o - (W - W_p)B_w}{B_g} + (N - N_p)R_s \tag{4-17}$$

采用两相体积系数 $B_t = B_o + (R_p - R_{si}) B_g$ 及 $B_{ti} = B_{oi}$ 代入式 (4-17)，简化得：

$$N = \frac{N_p \left[B_t + (R_p - R_{si}) B_g \right] - (W - W_p) B_w}{(B_t - B_{ti}) + m B_{ti} \left(\dfrac{B_g - B_{gi}}{B_{gi}} \right)} \tag{4-18}$$

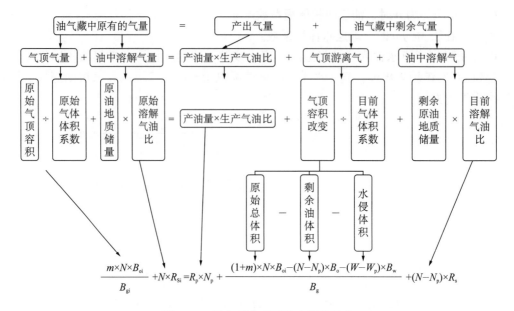

图 4-27 油气藏物质平衡方程的导出

式 (4-18) 是油气藏物质平衡的一般形式。针对不同油气藏实际情况，式 (4-18) 可以简化为：

（1）当油气藏无气顶时则 $m = V_g / V_o = 0$，可简化方程式的分母；

（2）当油气藏无边水、底水、注入水时，则 W、W_p 均等于零，可简化方程式的分子。

二、物质平衡方程特征及参数

由式 (4-18) 还可看出，该方程中包括了三类数据，在获取这些参数的过程中也存在相应的误差。

第一类是油、气高压物性参数，如 R_{si}、R_s、B_{gi}、B_g、B_{oi}、B_o、B_{ti}、B_t、B_w 等，通常可以由实验或者理论、经验公式得到这些参数和压力 p 的关系，这样在获得较准确的目前地层压力 p 的基础上就可以得到相应的油气高压物性参数值。这些参数值的准确性取决于两个方面的因素，一是获取地层压力 p 时存在一定误差，二是实验或者理论公式得到的高压物性参数与压力 p 的关系与实际油气藏会有偏差。这些都会给储量计算带来误差。

第二类是生产统计资料，如 N_p、W_p、R_p。在这些矿场生产统计资料中，原油产量是最重要的商业指标，所以一般来说比较准确。伴生的天然气和水并不受重视，因此产气、产水量的统计数据精度有可能很低，误差可达 10% 以上，处理数据时应特别注意。

第三类是未知数，如地质储量 N、气油体积比 m 和水侵量 W。理论上 m 值可以靠地质和测井资料求出，但实际地层中油气界面常不明显，存在油、气过渡带，要准确地划分出气顶和油带就会十分困难。水侵量 W 可以由渗流解析法和统计分析法确定。当 m 和 W 能够确定之后，未知地质储量 N 可以确定下来。另外，也可以采用最小二乘法，利用不同开发时期（即不同地层压力 p 下）的物质平衡方程组，同时计算出原始储量 N 和水侵量 W。

实践表明，物质平衡方程只能用于已开发相当长时期的油气藏，即已积累了足够的生产统计资料、压力也有明显降低的油气藏。关于物质平衡方程法的详细应用可以参考相关的油气藏工程书籍。

思考题

1. 何谓原油的饱和压力？其影响因素有哪些？

2. 影响地层原油的黏度有哪些因素？这些因素都是如何影响的？

3. 简述泡点压力前后原油高压物性是如何变化的？从中能得出影响原油高压物性的主要因素是哪些？

4. 画出未饱和油藏高压物性参数 R_s，B_o，B_t，μ，ρ 随油藏压力的变化曲线，并做简要说明。

5. 表1 中的结果是在 93.33℃ 下根据 PVT 分析结果求的。

表1 PVT分析结果

压力，MPa	27.579	20.684	17.237	13.790	10.342
系统体积 V，cm^3	404	408	410	430	450

系统再次压缩，然后膨胀到 13.790MPa 时，放出游离气后得液体体积 388cm³，在标准状况下测得放出气体的体积为 5.275L。最后将体系压力降到 0.1MPa，温度降至 20℃，测得残余液体体积 295cm³，气体在标准状况下的体积为 21L。估算泡点压力，并计算：在 20.684MPa 下的 C_o 和 B_o；在 17.237MPa 下 B_o、B_t、R_s，以及泡点压力为 13.790MPa 时的 B_g 和 Z。

6. 在饱和压力下，1m³ 密度为 876kg/m³ 的原油中溶解相对密度为 0.75 的天然气 138m³，在饱和压力下体积系数为 1.42，求饱和压力下原油的密度。

7. 有一原油，地层油体积系数为 1.340，溶解气油比为 89.05m³/m³，所溶解的天然气的相对密度为 0.75，在 20℃ 时地面原油相对密度 0.8251，问地层液体的相对密度是多少？

8. 试用物质平衡原理导出如下条件的油藏储量的计算公式，该油藏原始状态是一个无气顶边水的溶解气驱油藏，在开发一段时间后，地层压力降至饱和压力以下，产生次生气顶，但油藏孔隙体积不变，如图1所示。

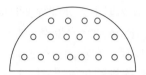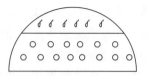

(a) 开发前 $p > p_b$ (b) 开发后 $p < p_b$

图 1　开发前后油藏流体状态变化示意图

9. 某油井的生产油气比为 16.75m³/m³，油罐原油相对密度为 0.8179，油层温度 t 为 84.5℃，油层压力 23.56MPa。该油井样品实验室 PVT 分析结果见表 2。

表2　某油井样品PVT分析结果

p（实验室），MPa	B_o（石油地层体积系数），m³/m³	R_s（溶解气油比），m³/m³	B_g（气体地层体积系数），m³/m³
34.01	1.498	167.5	
30.61	1.507	167.5	
27.21	1.517	167.5	
23.81	1.527	167.5	
23.13	1.530	167.5	
22.45	1.532	167.5	
21.77	1.534	167.5	
21.09	1.537	167.5	
20.77（p_b）	1.538	167.5	0.004858
18.37	1.484	145.8	0.005464
16.33	1.441	130.3	0.006115
14.29	1.401	115.0	0.007023
12.24	1.361	100.0	0.008275
10.20	1.323	85.6	0.010069
8.16	1.287	71.2	0.012818
6.12	1.252	57.1	0.017435
4.08	1.215	42.7	0.026703
2.04	1.168	24.4	0.054321

计算：

（1）$p = 16.33$MPa 时总体积系数；

（2）当地层压力为 22.45MPa 时，假设油井日产 40m³ 地面原油，则地面日产气多少？

（3）当地层压力为 4.08MPa 时，如果油井的地面产出物为天然气 450m³，地面原油 2m³，问在地层条件下这些产出物中原油、天然气各占多少？

（4）在 23.81 ~ 27.21MPa 之间，原油的等温压缩系数为多少？

第五章

储层岩石的组成、孔隙性、压缩性和流体饱和度

油气储层是地下碳氢化合物储存的空间。之所以能够储存流体，在于储层内的岩石是多孔介质，既存在连续的颗粒骨架，更存在连续的空隙空间。这些空隙空间的大小、形态、分布等决定了流体储存量的多少，流体在其中流动的难易程度，也就是说，空隙的结构和性质决定了油藏储量的大小、油井的产能大小，控制着最终开发的效果。本章以砂岩油藏为例，分析油气储层的构成、空隙的特点、表征空隙大小的参数（孔隙度）及其测量方法。

第一节　储层岩石的组成

油层物理学与矿物学和地质学有着密切的关系。目前绝大多数的石油是在具有孔隙性的沉积岩中发现的。沉积岩的形成过程包括风化、搬运、沉积、成岩作用，因此其物理性质依赖于沉积环境，决定着岩石的矿物成分、粒度、方向性、填充、胶结和压实程度。

一、岩石的矿物成分

岩石的物理性质是矿物成分的反映。一般组成岩石的矿物成分是指天然存在的化学单质元素或者几种元素组成的无机化合物。研究矿物化学成分的方法包括发射光谱仪和X射线扫描电镜分析。表5-1是Crocker等人研究6个砂岩得到的成分，可以看出其中砂岩中主要化学组成为二氧化硅，还有主要存在于黏土矿物中的三氧化二铝等。统计也表明，单质元素中氧、硅、铝、铁、钙、钠、镁、钾等8种元素占地壳总质量的99%以上。

表5-1　Crocker等人测得的6个砂岩样品的成分平均值

元素化合物	光谱仪，%	扫描电镜，%	元素化合物	光谱仪，%	扫描电镜，%
二氧化硅（SiO_2）	84.10	69.60	氧化钙（CaO）	0.70	2.10
三氧化二铝（Al_2O_3）	5.80	13.60	氧化镁（MgO）	0.50	0
氧化钠（Na_2O）	2.00	0	氧化钛（TiO）	0.43	1.90
三氧化二铁（Fe_2O_3）	1.90	10.90	氧化锶（SrO）	0.15	0
氧化钾（K_2O）	1.10	3.00	氧化锰（MnO）	0.08	2.00

二、储层岩石的类型

依据岩石的成因可分成火成岩、沉积岩和变质岩三大类。其中火成岩约占地壳全部岩石的20%。火成岩包括两类，一类是侵入岩，是岩浆侵入地壳冷凝形成，如花岗岩、闪长岩，辉长岩；另一类是喷出岩（火山岩），是岩浆喷出地表后冷凝形成的岩浆岩，如玄武岩等。

变质岩约占地壳全部岩石的14%。变质岩是由于地壳运动、岩浆活动等所造成的物理和化学条件的变化，即在高温、高压和化学性活泼的物质（水气、各种挥发性气体和热水溶液）渗入的作用下，在固体状态下改变了原来岩石的结构、构造甚至矿物成分，形成一种新的岩石。

沉积岩约占地壳全部岩石的66%。沉积岩是由成层堆积于陆地或海洋中的碎屑、胶体和有机物等疏松沉积物团结而成的岩石。沉积岩主要包括碳酸盐岩和碎屑岩（砂岩、页岩等）。

表5-2列出了主要的储层及其岩石类型，其中碎屑岩和碳酸盐岩是主要的岩石类型，约占已发现储层的95%以上。

表5-2 主要储层及岩石类型示例

沉积类型	岩性	分类	典型油气田举例
碎屑岩	砂岩	疏松砂岩	萨尔图油田、胜坨油田、涩北气田
		粉砂岩	文东油田
		致密砂岩	枣园油田、靖安油田
		裂缝性砂岩	延长油田
	砾岩	砾岩	克拉玛依油田
	砂砾岩	砂砾岩	曙光油田
		裂缝性砂砾岩	蒙古林油田、火烧山油田
	泥岩	裂缝性泥岩	松辽盆地北部古龙油田
碳酸盐岩	白云岩	裂缝孔洞白云岩	任丘油田
		裂缝孔隙泥质白云岩	风城油田
	石灰岩	裂缝孔洞灰岩	苏桥油田、塔河油田
		生物灰岩	桩西油田
		孔隙裂缝藻灰岩	义东油田
其他岩石	火成岩	裂缝孔隙安山岩	风化店油田
		裂缝性凝灰岩	哈达图油田
		火山岩	车排子油田、石西油田
		玄武岩、安山岩	克拉玛依油田417断块
	变质岩	古潜山裂缝性变质岩	鸭儿峡油田
		块状底火裂缝性变质岩	静安堡油田

第二节 砂岩的构成及其表示方式

虽然各种类型的岩石都有可能成为油气储层，但最多的还是沉积岩。沉积岩包括碳酸盐岩和碎屑岩。本节以碎屑岩中的砂岩为例，分析表征砂岩骨架颗粒的特征参数及其主要的特征，知识点结构如图5-1所示。

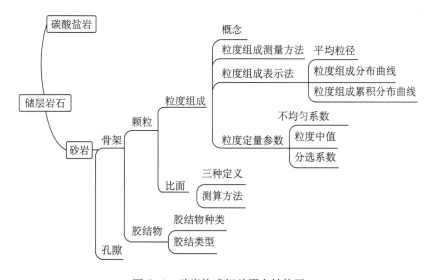

图 5-1 砂岩构成相关概念结构图

碎屑岩颗粒的组成和组合关系，控制着空隙的形状和大小，因此有必要以砂岩为例深入了解颗粒骨架的大小和分布。

砂岩是指颗粒经胶结物胶结而成，砂含量大于50%的陆源碎屑岩。储层砂岩颗粒大小一般为0.01～1mm，见表5-3。

表5-3　碎屑岩粒级的分类

粒级划分	泥（黏土）	粉砂		砂			砾			
		细粉砂	粗粉砂	细砂	中砂	粗砂	细砾	中砾	粗砾	巨砾
颗粒直径,mm	< 0.01	0.01～0.05	0.05～0.1	0.1～0.25	0.25～0.5	0.5～1	1～10	10～100	100～1000	> 1000

研究发现，砂岩的骨架是由性质不同、形状各异、大小不等的砂粒经胶结而成。颗粒的大小、形状、排列方式，胶结物的成分、数量、性质以及胶结方式必将影响到储层的性质。岩石的粒度和比表面积是反映岩石骨架构成的最主要指标，也是划分储层、评价储层的重要物性参数。

一、岩石的粒度组成

1. 粒度组成的概念及其测定方法

粒度指岩石颗粒直径的大小，用"目"或"毫米"表示。目为每英寸长度上的孔数，1in = 2.54cm。

粒度组成是指构成砂岩的各种大小不同颗粒的含量，通常以百分数来表示。因此，测定粒度组成的问题就归结为如何测定不同粒级颗粒占全岩颗粒的百分数问题。目前，粒度组成的测定方法较多，例如，对大颗粒（如砾石），可在野外直接测定；对于较致密的细粒岩石，可制成岩石薄片用显微镜观测和图像分析仪测定；更常采用的是将砂岩捣碎成单个的砂粒，再用筛析法和沉降法来测定。

1）筛析法

筛析法是指用成套的筛子对经捣碎的岩石砂粒进行筛选，按不同粒级将它们分开（图5-2），从而得到粒度组成的方法。筛子的大小有两种表示方法：一种是以英制单位每英寸长度上的孔数表示，称为目或号；另一种则是以毫米直径来表示筛孔孔眼的大小。目前两种方法都在使用。此外，成套筛子的孔眼大小有一定的规定，例如，相邻的两级筛孔孔眼大小可相差 $\sqrt{2}$ 或 $\sqrt[4]{2}$ 的级差。

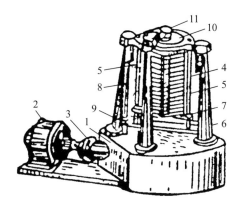

图 5-2 振动筛示意图

1—机座；2—电动机；3—联接器；4—筛子；
5—导柱；6—底盘；7—卡箍；8—小轴；
9—卡箍上横架；10—顶盖；11—撞击器

2）沉降法

通过最小筛孔（即最细一层筛子，400 目，37μm 孔径）筛下的颗粒非常细小，无法进一步筛选，如果需再分析其粒级的含量时，可采用沉降法。沉降法的原理是：不同大小的颗粒在液体中具有不同的沉降速度［式（5-1）］，测定各自的速度之后，颗粒的大小可按照斯托克公式（5-2）计算。

$$v = \frac{gd^2}{18v}\left(\frac{\rho_s}{\rho_L} - 1\right) \tag{5-1}$$

故

$$d = \sqrt{\frac{18vv}{g\left(\dfrac{\rho_s}{\rho_L} - 1\right)}} \tag{5-2}$$

式中　d——颗粒直径，cm；

　　　v——粒径为 d 的颗粒在液体中的下沉速度，cm/s；

　　　ρ_s——颗粒密度，g/cm³；

　　　ρ_L——液体密度，g/cm³；

　　　v——液体的运动黏度，cm²/s；

　　　g——重力加速度，981cm/s²。

在推导公式（5-2）时，斯托克曾作了如下假设：

（1）颗粒坚硬，并具有光滑的球形表面；

（2）在黏性和不可压缩液体中颗粒的运动相当缓慢，且距离容器壁及底为无穷远；

（3）颗粒沉降应以恒速进行；

（4）在运动着的颗粒与分散介质之间的界面上，不发生滑动等。

因此，式（5-2）有一定的使用范围。研究表明，当颗粒直径为 50 ～ 100μm 时，实测值具有足够的精度。此外，颗粒的浓度对颗粒在分散液中下沉速度影响较大，为保证颗粒在沉降时呈单粒分散下沉，在测定时要求岩石颗粒在悬浮液中的质量浓度不得超过 1%。

从式（5-2）可看出，当选定了悬浮液（常用清水）后，v 便为已知，颗粒密度 ρ_s 可用比重瓶等方法测得。因此，只需要测定颗粒在液体中的下降速度 v，便可按（5-2）式求得相应的颗粒直径 d 并测出相应于直径 d 的颗粒含量。

3）平均粒径的计算方法

筛析法和沉降法所得出的粒径 d 并不是一个定值，而是一个范围，其平均直径 d_i 比上一级筛孔的直径 d_i' 小，又比下一级筛孔的直径 d_i'' 大，该平均粒径可用式（5-3）求得：

$$\frac{1}{d_i} = \frac{1}{2}\left(\frac{1}{d_i'} + \frac{1}{d_i''}\right) \tag{5-3}$$

式中 d——颗粒的平均直径；

     d_i'，d_i''——分别为相邻的两层筛子的孔眼直径。

根据以上方法在求得某一粒级的颗粒及其质量后，又如何表示其粒度呢？

2. 粒度组成的表示方法

粒度的表示方法有两种：数字列表法（表 5-4）和作图法（图 5-3 和图 5-4）。其中作图法具有直观明了的优点，可以比较清楚地了解岩石粒度的均匀程度，以及颗粒按大小分布的特征，是常用的表示粒度组成的方法。

表5-4   粒度分析表

粒径，μm	区间频率，%	累计频率，%	粒径，μm	区间频率，%	累计频率，%
0 ～ 0.3	34.67	34.67	1 ～ 2	3.70	96.46
0.3 ～ 0.4	22.04	56.71	2 ～ 3	1.05	97.51
0.4 ～ 0.5	25.09	81.8	3 ～ 4	0.98	98.49
0.5 ～ 0.6	6.19	87.99	4 ～ 5	0.69	99.18
0.6 ～ 0.7	1.66	89.65	5 ～ 6	0.19	99.37
0.7 ～ 0.8	1.12	90.77	6 ～ 8	0.63	100.00
0.8 ～ 0.9	0.94	91.71	8 ～ 10	0	100.00
0.9 ～ 1	1.05	92.76	10 ～ 12	0	100.00

作图法可以根据坐标取值方法及表示不同的参数，采用不同的图式，如直方图、频

率曲线图、累积曲线图和概率曲线图等。粒度组成分布规律大多为正态分布或近似正态分布。目前矿场上常用的是粒度组成分布曲线（图5-3）和粒度组成累积分布曲线（图5-4），中俄和欧美在作这两种曲线图时习惯有所不同，中俄习惯上颗粒直径由细到粗，欧美习惯为由粗到细。

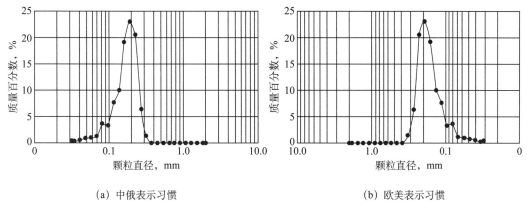

(a) 中俄表示习惯　　　　　　　　　　(b) 欧美表示习惯

图5-3　粒度组成分布曲线

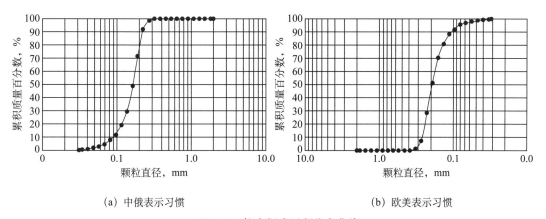

(a) 中俄表示习惯　　　　　　　　　　(b) 欧美表示习惯

图5-4　粒度组成累积分布曲线

粒度组成分布曲线表示了各种粒径的颗粒所占的百分数，可用它来确定任一粒级在岩石中的含量。一般根据曲线的位置和形态来判断颗粒的大小和均匀程度。曲线尖峰越高，说明该岩石以某一粒径颗粒为主，即岩石粒度组成越均匀；曲线尖峰越靠右，说明岩石颗粒越粗（中俄表示习惯）。一般储油砂岩颗粒的大小均在 0.01 ~ 1mm 之间。

粒度组成累积分布曲线也能较直观地表示出岩石粒度组成的均匀程度。上升段直线越陡，则说明岩石越均匀。该曲线最大的用处是可以根据曲线上的一些特征点来求得粒度参数，进而从定量上来表示岩石粒度组成的均匀性。

3.粒度参数的计算

有几种可用来定量表征岩石组成均匀程度的参数，如不均匀系数 α，粒度中值、分选系数、标准偏差、偏度、歪度等。

1）不均匀系数 α

指累积分布曲线上某两个质量百分数所代表的颗粒直径之比值。常用累积质量 60% 的颗粒直径 d_{60} 与累积质量 10% 的颗粒直径 d_{10} 之比，即：

$$\alpha = d_{60}/d_{10} \tag{5-4}$$

显然，不均匀系数越接近于 1，则表明粒度的组成越均匀，一般储层岩石的不均匀系数在 1 ~ 20 之间。不均匀系数小于 2 时可认为是均质颗粒。

2）粒度中值 d_{50}

累积分布曲线上累积质量 50% 所对应的颗粒直径称为粒度中值，单位为 mm。

3）分选系数 S

欧美国家往往以累积质量 25%，50%，75% 三个特征点，将累积质量分布曲线划分为四段，然后按特拉斯特方程式（5-5）求出分选系数，即

$$S = \sqrt{\frac{d_{75}}{d_{25}}} \tag{5-5}$$

式中 d_{25}——累积分布曲线上，25% 处的粒级直径；
   d_{75}——累积分布曲线上，75% 处的粒级直径。

按特拉斯特规定：$S = 1 \sim 2.5$，分选好；$S = 2.5 \sim 4.5$，分选中等；$S > 4.5$，分选差。

4）标准偏差 σ

用标准偏差 σ 的大小来划分岩石分选性的等级，由福克、沃德提出，其计算公式：

$$\sigma = \frac{\left(\phi_{84} - \phi_{16}\right)}{4} + \frac{\left(\phi_{95} - \phi_5\right)}{6.6} \tag{5-6}$$

式中 ϕ_i——第 i 种粒级处对应于以 2 为对数曲线上所取值，按 $\phi_i = -\log_2 d_i = \log_2 \dfrac{1}{d_i}$ 计算；
   d_i——第 i 种粒级处的颗粒直径。

由标准偏差的计算式（5-6）可看出，这种方法既包括了粒度组成累积分布曲线的绝大部分（$\phi_{16} \sim \phi_{84}$），也包括了曲线中的最开始和最后的尾部处的粒级直径（ϕ_{95} 和 ϕ_5），用该参数评价岩石颗粒的分选性是比较理想的。正因为如此，福克、沃德参数是中国目前应用最广泛的粒度参数之一。

根据标准偏差来划分岩石的分选等级示于表 5-5 中，偏差 σ 愈小，岩石分选性愈好。

表5-5 按标准偏差划分的分选等级(据福克和沃德,1957)

福克和沃德标准偏差 σ	分选等级
< 0.35	分选极好
0.35 ~ 0.50	分选好
0.50 ~ 0.71	分选较好
0.71 ~ 1.00	分选中等
1.00 ~ 2.00	分选差
2.00 ~ 4.00	分选很差
> 4.00	分选极差

其他有关参数的计算公式,如偏度、峰态等,此处从略。对于碳酸盐岩如石灰岩和白云岩等,由于其骨架颗粒、胶结物及孔隙充填物基本上都是同样的物质,事实上无法将它们分为单个的颗粒,故对于碳酸盐岩不讨论其粒度问题。

> 思考:分布曲线的形态如何反映出岩石粒度组成?下面哪种分布曲线表示的粒度大、粒度均匀?

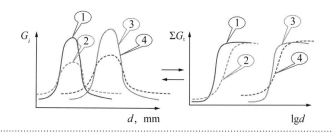

二、岩石的比表面积

粒度组成是表示岩石骨架分散性的一种指标,组成砂岩的砂粒越细,则表明其骨架分散程度越高。除了粒度组成这一指标外,还可以用岩石的比表面积来描述储层岩石骨架的分散程度。

1. 比表面积的概念及研究它的意义

1)基于外观体积的定义

比表面积是指单位体积岩石内岩石骨架的总表面积或单位体积岩石内总孔隙的内表面积。当颗粒间为点接触时,即为所有颗粒的总表面积。比表面积的数学表达式为:

$$S = \frac{A}{V} \tag{5-7}$$

式中 S—— 岩石比表面积,cm^2/cm^3 或 cm^{-1};

A——岩石颗粒的总表面积或岩石孔隙的总内表面积，cm²；

V——岩石外观体积（或视体积），cm³。

2）基于颗粒骨架体积的定义

还可以采用颗粒骨架体积 V_s 为基准来定义比表面积，即：

$$S_s = \frac{A}{V_s} \tag{5-8}$$

式中 S_s——以岩石骨架体积为基准的比表面积，cm²/cm³。

3）基于空隙体积的定义

第三种是以空（孔）隙体积 V_p 为基准定义比表面积：

$$S_p = \frac{A}{V_p} \tag{5-9}$$

式中 S_p——以岩石空隙体积为基准的比表面积，cm²/cm³。

4）三种定义的关系

岩石外观体积，颗粒骨架体积和空隙体积之间的关系如图 5-5 所示。

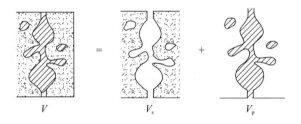

图 5-5 岩石外观体积、颗粒骨架体积和空隙体积的关系

因为

$$\begin{cases} \phi = V_p / V \\ V_s = (1-\phi)V \end{cases} \tag{5-10}$$

式中 ϕ——孔隙度，%。

由此可得出按以上三种不同体积定义的比表面积关系：

$$S = \phi \cdot S_p = (1 - \phi) S_s \tag{5-11}$$

一般情况下，如果未加注明，岩石比表面积是指以岩石外观体积为基准的比表面积。

5）基于颗粒质量的定义

实践中也有采用"岩石单位质量"来定义比表面积的，即单位质量岩石颗粒的表面积。其中，砂岩按单位质量定义的比表面积为 500 ~ 5000cm²/g，页岩的比表面积大小为

$100m^2/g$（$1000000cm^2/g$）。

2. 比表面积的影响因素及作用

影响比表面积大小的关键因素是颗粒的大小及其分布。由理想颗粒模型可估算比表面积大小，例如假设由半径为 R 的等圆球按立方体排列所组成的多孔介质，其比表面积应为 $S = 8 \times 4\pi R^2 / (4R)^3 = \pi/2R$。因此，细颗粒物质的比表面积显然要比粗粒物质的比表面积大得多，如砂岩（粒径为 0.25 ~ 1mm）其比表面积小于 $950cm^2/cm^3$；细砂岩（粒径为 0.1 ~ 0.25mm）比表面积为 950 ~ $2300cm^2/cm^3$；泥砂岩（粒径为 0.01 ~ 0.1mm）其比表面积大于 $2300cm^2/cm^3$。岩石比表面积越大，说明其骨架的分散程度越大，颗粒越细。

岩石比表面积的大小还受颗粒排列方式及颗粒形状等因素的影响。扁圆形颗粒的比表面积要比圆球形颗粒大；颗粒间胶结物含量少的要比胶结物含量多的比表面积大。

比表面积的大小对流体在油藏中的流动影响很大，岩石与流体接触时会产生表面现象，比表面积增大则会增强流体在岩石中的流动阻力，降低岩石的渗透性；岩石表面对流体具有吸附作用，比表面积增加还会增加颗粒表面的吸附量。

3. 比表面积的测定

比表面积的测定有直接法和间接法两种。岩石的性质（如胶结情况）不同，采用的方法也不同。不同的方法，所得结果也会不同，因为用不同的方法测量的是意义不同的比表面积。在任何情况下，都应当根据岩石的实际情况，按照所要解决的问题来选择比表面积的定义及测量方法。下面介绍几种测定比表面积的方法。

1）透过法

根据流体对岩石（或其他粉末颗粒层）的透过性来求比表面积的方法称为透过法。以空气作为流体较为常见。对较粗的、且遇水不分散的和不膨胀的颗粒，也可用水作为流体。

假设岩石中的流体通道为连续的颗粒间隙，即毛管束，流体以层流状态通过其中时，被润湿了的管壁面积即为岩石的表面积。流体通过时的压力降 Δp 可由实验时测得的水柱压差 H 代替。

实验所用仪器如图 5-6 所示。它主要由马略特瓶（1）、岩心夹持器（2）和水压计（3）组成。实验开始前，通过漏斗（4）向马略特瓶中灌水。此时，开关（5）必须打开以便放出瓶内空气。当瓶内的水面升到一定高度后，关闭开关（5）和（6）。实验测定时，打开开关（7）并用它来控制流出的水量。待水压计的压差稳定在某一高度 H 值后，用量筒计量流出的水量 Q_o，此时通过岩心的空气量等于从瓶中流出的水量。有了相应的 H 和 Q_o 值，即可按式（5-12）计算出比面。该法适用于测定粒径为 0.001 ~ 0.1mm 的多孔介质的比表面积。

$$S = 14\sqrt{\phi^3}\sqrt{\frac{AH}{Q_o\mu L}} \qquad (5-12)$$

式中　S——以岩石外表体积为基准的比表面积，cm^2/cm^3；

　　　ϕ——岩心孔隙度，%；

　　　A——岩心截面积，cm^2；

　　　L——岩心长度，cm；

　　　Q_o——通过岩心的空气量，它相当于从马略特瓶中流出的水量，cm^3/s；

　　　μ——室温下空气的黏度，$mPa \cdot s$；

　　　H——空气通过岩心稳定后的压差（以水柱高度表示），cm。

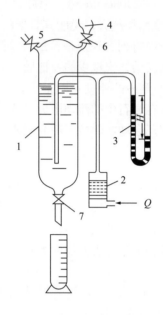

图 5-6　多孔介质比表面积测定仪

1—马略特瓶；2—岩心夹持器；
3—水压计；4—漏斗；5，6，7—开关

2）吸附法（如 BET 法）

吸附法是一种通过测定某种吸附在颗粒表面的单分子（通常是气体分子）层的吸附量，再计算岩石比表面积的方法。应用最广泛的是用氮（N）、氪（Kr）、氙（Xe）等惰性气体在低温下物理吸附的 BET（Brunauer-Emmett-Teller）法。

气体吸附法测出的比表面积既包括外表面积也包括颗粒的裂隙、空洞等内表面积，以及颗粒与颗粒间的接触面。而透过法只能测出颗粒的外表面积。因此，吸附法测出的比表面积值要比透过法大得多。所以，在提供或应用比表面积的测定值时，一定要注明所使用的测定方法。此外，还可将上述方法所测得的结果与用其他方法测得的结果相比较，例如与电子显微镜测定颗粒的大小再计算出的比表面积相对比，误差若在 5% ~ 10%，则为满意。

3）由岩石的粒度组成资料估算比表面积

该法适用于胶结疏松或不含黏土颗粒的岩石。

考虑问题的思路如图 5-7 所示：①先假设岩石是由等大小的球形颗粒组成的理想模型；②随后，再假设岩石是由不同大小球形颗粒组成的理想模型；③最后再考虑颗粒形状不规则的情况，添加校正系数。

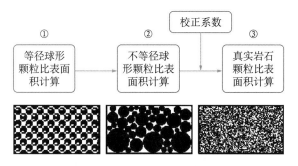

图 5-7　根据粒度组成估算比表面积流程

第一步，针对等大小球形颗粒理想模型，假设单位球形颗粒组合中，有 n 个直径为 d 的颗粒，则每个球形颗粒的表面积为 $S_i = \pi d^2$，每个球形颗粒的体积为 $V = \frac{1}{6}\pi d^3$。

设每个球形颗粒组合体的孔隙度为 ϕ，则在单位体积岩石颗粒所占的总体积为 $V = 1 - \phi$，故单位体积岩石颗粒的数量为：

$$N = \frac{1-\phi}{V_i} = \frac{6(1-\phi)}{\pi d^3} \tag{5-13}$$

由此可以求出单位体积岩石颗粒的总表面积，即比表面积为：

$$S = N \cdot S_i = N \times \pi d^2 = \frac{6(1-\phi)}{d} \tag{5-14}$$

第二步，针对不等大小球形颗粒的理想模型，可以计算每一个粒度级别颗粒的比表面积，最后将所有粒度级别颗粒的比表面积求和即得到岩石的比表面积，此时必须根据粒度组成的分析结果来求比表面积。假设粒度组成已知，若：

颗粒平均直径为 d_1 的含量为 $G_1\%$

颗粒平均直径为 d_2 的含量为 $G_2\%$

......

颗粒平均直径为 d_n 的含量为 $G_n\%$

则单位体积岩石中，每个粒度级别的岩石颗粒的比表面积分别为：

$$S_1 = \frac{6(1-\phi)}{d_1} \cdot G_1\%$$

$$S_2 = \frac{6(1-\phi)}{d_2} \cdot G_2\%$$

$$\cdots\cdots$$

$$S_n = \frac{6(1-\phi)}{d_n} \cdot G_n\%$$

故单位体积岩石所有的颗粒总表面积（即比表面积）为：

$$S = \sum S_i = \frac{6(1-\phi)}{100} \sum_{i=1}^{n} \frac{G_i}{d_i} \qquad (5-15)$$

第三步，由于自然界中真实岩石的颗粒不完全为球形，为了更接近于实际情况，在式（5-15）的基础上，引入一个颗粒形状校正系数 C（一般情况下，C 值取 $1.2 \sim 1.4$），则式（5-15）可改写为：

$$S = C \cdot \frac{6(1-\phi)}{100} \sum_{i=1}^{n} \frac{G_i}{d_i} \qquad (5-16)$$

当砂岩胶结性很差而接近松散砂粒，且颗粒磨圆程度很高时，按公式（5-16）估算可得到较好的结果。

4. 统计法估算比表面积

此法由 chalkey 等人（1949）提出，用于测量固结多孔介质的比表面积。它是在一张放大的多孔介质断面的显微照片上，多次随意地投掷一根长度为 L 的钢针，记录针尖落入孔隙空间的次数（α）及针与孔隙周界相交的次数（β），当投掷次数足够多时，由式（5-17）可计算出比表面积。

$$S = 4\phi \beta m/L\alpha \qquad (5-17)$$

式中　m——显微照片的线性放大率。

该方法被认为是一种较合适的统计方法。岩石骨架的其他许多性质如孔隙度等，也可用与此类似的方法来确定。

三、砂岩的胶结物及胶结类型

岩石骨架除了颗粒本身之外，还包含有胶结物，而且胶结物的数量、矿物组成及胶结方式对于储层都有重要的影响。

1. 胶结物

储层岩石的胶结物是除碎屑颗粒以外的化学沉淀物质，一般是结晶的与非结晶的自生矿物，在砂岩中含量小于50%，它对岩石颗粒起胶结作用，使之变成坚硬的岩石。

砂岩中存在的胶结物质总是使储层物性变差，随着胶结物成分变化与胶结类型的不同，对储层的影响亦不同，而粒间孔隙可变为充填残留物的孔隙，使孔隙度变小。

影响碎屑岩胶结致密程度的是胶结物的成分。胶结物的成分可分为泥质、钙质（石灰质）、硫酸盐、硅质和铁质，但最常见的是泥质、石灰质及硫酸盐等。

2. 胶结类型

胶结物在岩石中的分布状况以及它们与碎屑颗粒的接触关系称为胶结类型。它通常取决于胶结物的成分和含量的多少、生成条件以及沉积后的一系列变化等因素。胶结方式可分为基底胶结、孔隙胶结及接触胶结（图5-8）。

(a) 基底胶结　　　(b) 孔隙胶结　　　(c) 接触胶结

图5-8　碎屑岩胶结类型示意图

1）基底胶结

胶结物含量最高。碎屑颗粒孤立地分布于胶结物之中，彼此不相接触或很少有颗粒接触。由于胶结物与碎屑颗粒同时沉积，故称原生胶结，胶结强度很高。孔隙类型全为胶结物内的微孔，其储油、气物性很差。

2）孔隙胶结

胶结物含量不多，充填于颗粒之间的孔隙中，颗粒呈支架状接触。胶结物多是次生的，分布不均匀，多充填于大的孔隙中，胶结强度次于基底胶结。

3）接触胶结

此种类型的胶结物含量很少，一般小于5%，仅分布于颗粒互相接触的地方，颗粒呈点状或线状接触，胶结物多为原生或碎屑风化物质，常见的为泥质。此种胶结的储油物性最好。

胶结类型在储层中往往不是单一出现的，而是混合式胶结，在非均质的储层中还出现胶结物不均匀的凝块式胶结岩。

3. 胶结类型与岩石渗透率的关系

胶结类型对油层物性参数影响很大，胶结物越少的胶结类型，孔隙度和渗透率相对越高。例如中国华北坳陷古近—新近系储油岩接触胶结孔隙度约为23%～30%，渗透率50～1000mD；孔隙胶结孔隙度为18%～28%，渗透率为1～150mD；基底胶结孔隙度为8%～17%，渗透率小于1mD。

第三节　储层岩石的孔隙性

储层岩石孔隙的概念和对孔隙的相关认识很多，如图 5-9 所示。

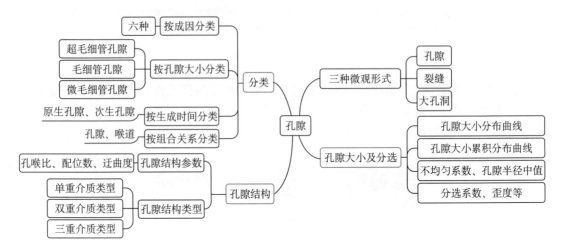

图 5-9　孔隙概念及其关系

一、储层岩石的孔隙及其类型

岩石中除有固体物质外，还有未被固体物质所占据的空间，称为孔隙或空隙（图 5-10）。微观上，按照空隙的大小、形态，可以分为三种形式，即：孔隙、裂缝、大裂缝或大孔洞。由于孔隙最常见，所以常把空隙统称为孔隙。

孔隙是岩石中重要的储存空间和流动通道，因此其大小、形状、连通及发育程度就直接影响岩石中储集油气的数量和生产油气的能力。

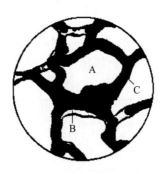

图 5-10　储层岩石的孔隙

A—颗粒；B—孔隙；C—喉道

认识孔隙，需要从不同的方面着手，因此本节从以下几个方面介绍岩石的孔隙类型。

1. 按成因分类

1) 粒间孔隙

岩石为颗粒支撑或杂基支撑，含少量胶结物。由颗粒围成的孔隙称为粒间孔（图5-11）。该种孔隙是砂岩中最主要、最普遍的孔隙。以粒间孔隙为主的砂岩储层，孔隙大、喉道粗、连通性好。

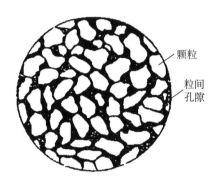

图 5-11 粒间孔隙示意图

2) 杂基内微孔隙

杂基内微孔隙主要指杂基沉积物在风化时收缩形成的孔隙及黏土矿物重结晶的晶间孔隙，如图 5-12 所示。杂基内微孔隙极为细小，宽度一般小于 0.2μm，渗透能力极差，几乎在所有的砂岩中都有分布。

3) 晶体次生晶间孔

主要由石英结晶次生加大充填原生孔隙后的残留孔隙。石英次生加大后明显降低孔隙空间，使孔隙变小，喉道变窄，造成岩石的渗透能力下降，如图 5-12 所示。

4) 纹理及层理缝

在具有层理和纹理构造的砂岩中，由于不同砂层的岩性或颗粒排列方位的差异，沿纹理或层理常有微缝隙，如图 5-12 所示。

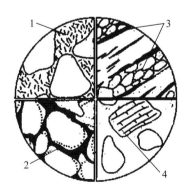

图 5-12 几种孔隙镜下示意图（据王允诚，1984）

1—粒间孔隙；2—杂基内微孔隙；3—晶体次生晶间孔；4—纹理及层理缝

5）裂缝孔隙

在砂岩储层中，由于地应力作用而形成微裂缝。砂岩储层中裂缝宽度从零点几微米到几十微米，虽然所占份额很少，但能极大改善岩石的渗透性。

6）溶蚀孔隙

溶蚀孔隙是由岩石中的碳酸盐、长石、硫酸盐或其他可溶性成分溶蚀后形成的。

2. 按孔隙大小分类

1）超毛管孔隙

指毛管孔径大于 0.5mm（500μm）或裂缝宽度大于 0.25mm（250μm）的孔隙。岩石中的大裂缝、溶洞及未胶结或胶结疏松的砂层孔隙多属此类。孔隙中流体可以自由流动，毛细管力不存在或很小。

2）毛细管孔隙

指毛管孔径介于 0.0002 ~ 0.5mm（0.2 ~ 500μm）之间，裂缝宽度介于 0.0001 ~ 0.25mm（0.1 ~ 250μm）之间的孔隙。一般砂岩的孔隙属此类孔隙。此类孔隙中流体主要是渗流，两相流或多相流时毛细管力发挥重要作用。

3）微毛细管孔隙

孔径小于 0.0002mm（0.2μm），裂缝宽度小于 0.0001mm（0.1μm）。此类孔隙中，流体很难运动，移动以渗流和扩散形式进行，泥页岩中的孔隙一般属于此类型。

3. 按生成时间分类

分为原生孔隙和次生孔隙。原生孔隙是与沉积过程同时形成的孔隙，如粒间孔隙；次生孔隙是沉积后作用（成岩作用和风化作用）的结果，如溶蚀、起裂等方式形成的孔隙。

4. 按组合关系分类

分为孔隙和喉道。孔隙是指相对宽敞、较大的空隙，喉道是指相对狭长的、孔隙间的通道（图 5-13）。

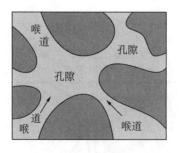

图 5-13 孔隙与喉道

5. 按连通性分类

分为连通孔隙和死孔隙。

二、孔隙大小及其分选性

孔隙半径大小及其分选性是认识储层的一个很重要的基础资料。表示孔隙大小分布的方法与表示颗粒大小分布方法相类似，即可表示为孔隙大小分布曲线和孔隙大小累积分布曲线。图5-14纵坐标表示某一孔隙半径的孔隙体积百分含量；横坐标表示孔隙半径，作出孔隙大小分布的直方图或分布曲线。也可用纵坐标表示孔隙体积累积百分数而作出孔隙大小累积分布曲线（图5-15）。

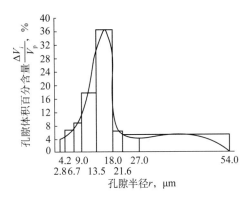

图5-14 孔隙大小分布曲线

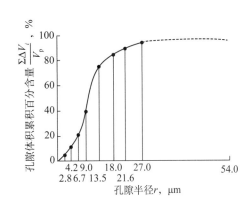

图5-15 孔隙大小累积分布曲线

与颗粒大小累积分布曲线一样，利用孔隙大小累积分布曲线上某些特征点的数据，还可定量表示岩石孔隙的大小组成及其分选性。

（1）不均匀系数 α。

和粒度累积分布曲线的不均匀系数一样，孔隙分布的不均匀系数是指孔隙大小累积分布曲线上60%对应的孔隙半径 r_{60} 和10%对应的孔隙半径 r_{10} 的比值，即：$\alpha = r_{60}/r_{10}$。

（2）孔隙半径中值 r_{50}。

指孔隙大小累积分布曲线上累积体积50%对应的孔隙半径，单位 μm。

（3）其他。

分选系数（S_p）、标准偏差、歪度（S_{Kp}）以及平均孔隙直径等参数，可以参考粒度组成中的计算方法或其他参考书，本节略。

三、孔隙结构

1. 含义

岩石的孔隙结构直接影响岩石的储集和渗流特性。所谓岩石的孔隙结构，实质是岩石的孔隙构成，包括岩石孔隙的大小、形状、孔间连通情况、孔隙类型、孔壁粗糙程度等全部孔隙特征和它的构成方式。

2. 孔隙结构参数

目前，研究孔隙结构的方法包括高倍显微镜观察岩石薄片、铸体或用电视显像的图像分析仪等，目的是确定以下孔隙结构参数。

1）孔喉比

孔喉比是指孔隙直径与喉道直径的比值。

2）孔隙配位数

每个孔道所连通的喉道数。如一个孔道与三个喉道相连，则配位数为3。一般砂岩的配位数约为 2 ~ 15 之间或更多些。

3）孔隙迂曲度

用以描述孔隙弯曲程度的一个参数。迂曲度又为流体质点实际流经的路程长度 l 与岩石外观长度 L 之比值（图5-16），一般无法直接测定，可从 1.2 ~ 2.5 之间选用。

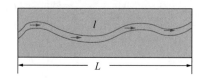

图 5-16　孔隙迂曲度的计算

3. 孔隙结构类型

储层岩石的微观空隙按大小和形态可以分为三种类型：孔隙、裂缝、大孔洞（或大裂缝）。按照这三种微观空隙的不同组合关系，可以将储层分成三大类不同的孔隙结构类型。

1）单重孔隙结构类型

只含有一种微观空隙类型的储层。一般情况下大孔洞或者大裂缝不可能单独成为储层，因此单重孔隙结构类型储层可能是只含有孔隙的储层，或者只含有微裂缝的储层。只含有孔隙则称为粒间孔隙结构，其中的粒间孔隙既是储油的空间，也是油流动的通道；只含有裂缝则称为纯裂缝结构，微裂缝是储油的空间和油流动通道。

2）双重介质结构类型

含有两种微观空隙称为双重介质结构类型。一般情况下，孔隙和裂缝可能共同存在，孔隙和孔洞也可能共同存在。前者称为孔隙—裂缝结构，后者为孔隙—孔洞结构。双重介质结构类型中孔隙与裂缝或孔洞的尺度不一样，数量也相差巨大，因此这种结构类型总是存在两种储存空间和两个不同的渗流场。

3）三重介质结构类型

含有三种微观空隙的称为三重介质结构类型。例如孔隙—裂缝—大裂缝，或者孔隙—裂缝—孔洞，目前实践中三重介质结构类型的油气藏并不典型，其渗流机理还处于探索阶段。

4. 砂岩储层的主要喉道类型

喉道是砂岩储层重要的因素，其形状对储层的渗流能力和油水分布都具有重要的影响作用，常见的喉道类型有缩径、点状、片状和管束等形态，如图 5-17 所示。

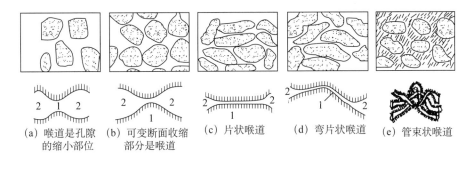

(a) 喉道是孔隙　(b) 可变断面收缩　(c) 片状喉道　(d) 弯片状喉道　(e) 管束状喉道
　　的缩小部位　　　部分是喉道

颗粒　杂基　微孔隙　喉道　孔隙

图 5-17　砂岩储层的主要喉道类型

5. 页岩气的孔隙结构

储层孔隙是页岩气的主要赋存介质。国内外学者基于不同的分类依据（孔隙成因、孔隙发育位置、孔隙尺度等）提出了不同的分类方法。以成因为划分依据，北美地区的海相页岩储层中孔隙分类最为典型的是 Loucks（2012）三分法：粒间孔、粒内孔、有机孔三类。2014 年，何建华等人运用扫描电镜对页岩微观孔隙的大小、形态、分布以及渗流特征进行了研究，将孔隙成因及发育位置定为孔隙分类的主次依据，分为原生沉积型、成岩后生改造型以及混合成因型等三个大类，以及粒间孔、晶内孔、古生物化石孔、有机质孔等 10 个亚类（表 5-6）。

表5-6　页岩储层孔隙分类及特征

孔隙类型		成因	成因类型	常见分布特征	尺度
有机质	组织孔	动植物细胞	原生孔隙	早期动植物体腔、细胞残余孔隙	200nm ~ 2μm
	沥青孔	沥青质残余孔	次生孔隙	多见于未成熟的有机沥青质内部	50nm ~ 1μm
	气孔	有机质生烃	次生孔隙	孔多呈圆形，呈网络状互相沟通	2 ~ 200nm
无机质	粒间孔	矿物颗粒堆积	原生孔隙	孔隙构造不规则	500nm ~ 2μm
	粒内孔	成岩转化	原生孔隙	多见于黏土矿物层间	2 ~ 200nm
	晶间孔	晶体生长	原生孔隙	见于骨架颗粒或胶结物晶体之间	500nm ~ 2μm
	溶蚀孔	溶蚀作用	次生孔隙	见于石英、长石、方解石等矿物	50nm ~ 1μm
微裂缝		沉积构造作用	次生孔隙	多数被长石、方解石等矿物填充	50nm ~ 5μm

6. 煤层气的孔隙结构

煤层是一种双孔隙岩石，由基质孔隙和裂隙组成。其中裂隙是指煤中自然形成的裂缝，由这些裂缝围限的基质块内的微孔隙称基质孔隙。裂隙对煤层气的运移和产出起决定作用，基质孔隙主要影响煤层气的赋存。本节简要介绍基质孔隙的类型。和常规砂岩储层一样，其基质孔隙可定义为煤的基质块体单元中未被固态物质充填的空间。按成因可将孔隙分类为气孔、残留植物组织孔、溶蚀孔、晶间孔、原生粒间孔等。也可按多孔介质孔隙大小进行的分类，常见的分类方案见表5-7。

表5-7　煤岩基质孔隙的分类　　　　　　　　　　　　　　　　　　　单位：nm

研究者	微孔	小孔（或过渡孔）	中孔	大孔
B.B. 霍多特（1961）	< 100	100 ~ 1000	1000 ~ 10000	> 10000
Can 等（1972）	< 12	—	12 ~ 300	> 300
朱之培（1982）	< 120	120 ~ 300	—	> 300
抚顺所（1985）	< 80	80 ~ 1000	—	> 1000
Girish 等（1987） （国际理论和应用化学联合会）	< 8（亚微孔）	8 ~ 20（微孔）	20 ~ 500	> 500

其中 Girish 等人的分类是依据煤的等温吸附特性进行的，并得到国际理论与应用化学联合会的认可。霍多特的分类是依据工业吸附剂研究提出的，认为微孔构成煤的吸附容积，小孔构成煤层气毛细凝结和扩散区域，中孔构成煤层气缓慢层流渗透区域，而大孔则构成剧烈层流渗透区域，这是目前煤层气领域普遍采用的方案。

第四节　储层岩石的孔隙度

一、孔隙度的定义

1. 定义式

所谓孔隙度是指岩石中孔隙体积 V_p（或岩石中未被固体物质充填的空间体积）与岩石总体积 V_b 的比值。用希腊字母 ϕ 表示，其表达式为：

$$\phi = \frac{V_{孔隙}}{V_{岩石}} \times 100\% = \frac{V_p}{V_b} \times 100\% \tag{5-18}$$

图 5-18 可形象地说明岩石总体积 V_b 与孔隙体积 V_p 及固相颗粒体积 V_s（基质体积）三者之间的关系。故式（5-18）又可改写为：

$$\phi = \frac{V_p}{V_b} \times 100\% = (1 - \frac{V_s}{V_b}) \times 100\% \qquad (5-19)$$

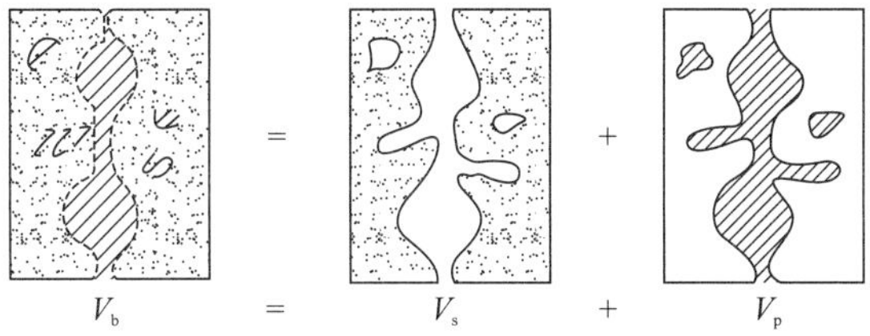

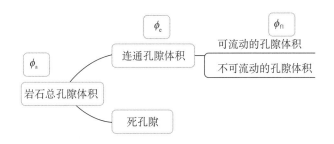

图 5-18　储层岩石的总体积 V_b 与基质体积 V_s 和孔隙体积 V_p

2. 绝对孔隙度、有效孔隙度和流动孔隙度

图 5-19 说明了岩石几种孔隙度之间的关系。

图 5-19　孔隙的类型及对应孔隙度

1）岩石的绝对孔隙度 ϕ_a

岩石的总孔隙体积 V_a 与岩石的外表体积 V_b 之比，$\phi_a = \dfrac{V_a}{V_b} \times 100\%$。

2）岩石的有效孔隙度 ϕ_e

岩石中的有效孔隙体积 V_e 与岩石的外表体积 V_b 之比，$\phi_e = V_e/V_b \times 100\%$。

3）岩石的流动孔隙度 ϕ_{fl}

流体能在其内流动的孔隙体积 V_f 与岩石的外表体积 V_b 之比，$\phi_{fl} = V_f/V_b \times 100\%$。

在实际工业评价中，一般均采用有效孔隙度，因为对储层的工业评价只有有效孔隙度才具有真正的意义。习惯上人们把有效孔隙度称为孔隙度。

二、储层按孔隙度分级

孔隙度反映了岩石中孔隙的发育程度，表征储层储集流体的能力。储层的孔隙度越大，能容纳流体的数量就越多，储集性能就越好。

砂岩储层的孔隙度变化在 5% ~ 30% 之间，一般为 10% ~ 20%。碳酸盐岩储层的孔隙度一般小于 5%。莱复生按孔隙度的大小将砂岩储层分为五级（表 5-8）。孔隙度小于 5% 的砂岩储层，一般可认为是没有开采价值的储层。

表5-8 储层孔隙度分级(砂岩)

孔隙度, %	评价
20 ~ 25	极好
15 ~ 20	好
10 ~ 15	中等
5 ~ 10	差
0 ~ 5	无价值

三、双重介质岩石孔隙度

裂缝性储集岩石可能是裂缝—孔隙双重介质或溶洞—孔隙双重介质,即由具有一般孔隙结构的岩块和分隔岩块的裂缝系统组成。它们具有两种孔隙系统:第一类是岩石颗粒之间的孔隙空间构成的粒间系统(图5-20);第二类是裂缝和孔洞的空隙空间形成的系统(图5-21)。因此,对裂缝岩石就必须用两种(双重)孔隙度来描述。上述第一类被称为原生孔隙度,是砂岩或石灰岩典型的孔隙度;第二类被称为次生孔隙度,也被称为孔洞孔隙度或裂缝孔隙度。

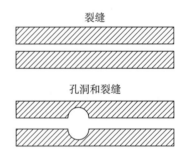

图 5-20 固结颗粒的孔隙空间(基质)　　图 5-21 孔洞和裂缝空隙空间的简化图形

在裂缝性储层中,总孔隙度 ϕ_t 是原生孔隙度 ϕ_p 和裂缝孔隙度 ϕ_f 直接相加的结果。

$$\phi_t = \phi_p + \phi_f \qquad (5-20)$$

根据对各类岩石大量实验测定的结果表明,裂缝孔隙度 ϕ_f 明显小于原生孔隙度 ϕ_p,这两种孔隙度的表达式如下:

$$\phi_p = 基质孔隙体积 / 岩石外表体积$$

$$\phi_f = 裂缝空隙体积 / 岩石外表体积$$

需要注意, ϕ_p 和 ϕ_f 都是相对于岩石外表体积(即总体积)而言的。

实践上,由于取心很难获得带有裂缝的岩心,实验测定的岩心大都只是裂缝岩石的基质部分,因而人们又常用基质孔隙度 ϕ_m 这一概念。基质孔隙度 ϕ_m 仅是对基质总体积而言。

$$\phi_m = \frac{\text{基质孔隙体积}}{\text{基质总体积}} \tag{5-21}$$

因为岩石基质的总体积小于岩石外表体积，则上述的原生孔隙度 ϕ_p 一定小于基质孔隙度 ϕ_m，即：

$$\phi_m > \phi_p$$

若设岩石外表体积为 1，则基质总体积为 $1-\phi_f$，基质孔隙体积为 $(1-\phi_f)\phi_m$，原生孔隙体积作为基质孔隙体积的函数，可表示为：

$$\phi_p = (1-\phi_f)\phi_m \tag{5-22}$$

则式（5-20）为：

$$\phi_t = (1-\phi_f)\phi_{m} + \phi_f \tag{5-23}$$

图 5-22 为双重孔隙度示意图，图的上方标出了总岩石外表体积，下方标出了基质总体积单元，在基质孔隙度 ϕ_m 内，一部分饱和水，一部分饱和油，每部分分别用基质外表体积为单位 1 来表示。

从岩石储集空间的观点出发，精确地评价 ϕ_f 并无多大意义，因为与基质孔隙度 ϕ_m 相比，ϕ_f 一般可忽略不计。根据各种经验对比关系，最大裂缝孔隙度与总孔隙度之间的关系为：当 $\phi_t < 10\%$ 时，最大的裂缝孔隙度 $\phi_{fmax} < 0.1\phi_t$；当 $\phi_t > 10\%$ 时，最大的裂缝孔隙度 $\phi_{fmax} < 0.04\phi_t$；只有当 $\phi_t < 5\%$ 时，评价 ϕ_f 值才是重要的。

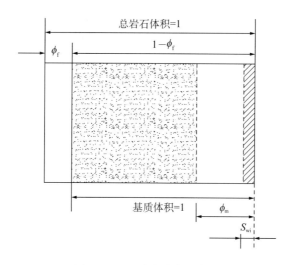

图 5-22 双重孔隙度示意图

四、岩石孔隙度的测量

岩石孔隙度的测量方法很多，本节只介绍最简单常用的方法——常规岩心分析法。该方法的基本原理是按照孔隙度定义，只要知道了岩石的外观体积、孔隙体积、颗粒体积这三者中的两个，即可计算孔隙度。

1. 岩石外表（视）体积 V_b 的测定方法

1）直接量度法

用钻头钻取一小段岩心，并把两端磨平，成为规则的岩心柱，然后用千分卡尺直接量得岩心的直径 d 和长度 L，便可按式（5-24）计算出岩心的外表体积 V_b，即：

$$V_b = \pi d^2 L/4 \tag{5-24}$$

此法最常用，且适用于胶结较好，钻切过程中不垮、不碎的岩石。

2）封蜡法

封蜡法适用于较疏松的易垮、易碎的岩石。其过程是：将外表不规则但仍光滑的岩样称其重量为 w_1，再浸入熔化的石蜡中让其表面覆盖一层蜡衣，再称其重量为 w_2，最后将已封蜡的岩样置于水中称重得 w_3，按式（5-25）计算 V_b：

$$V_b = \frac{w_2 - w_3}{\rho_w} - \frac{w_2 - w_1}{\rho_p} \tag{5-25}$$

式中　ρ_w，ρ_p——分别为水和石蜡的密度，g/cm³。

w_1，w_2，w_3 的单位为 g，V_b 的单位为 cm³。

3）饱和煤油法

该法适用于外表不规则的岩心，其过程为：将岩心抽真空后饱和煤油，再将已饱和煤油的岩心分别在空气和在煤油中称重得 w_1 和 w_2，利用阿基米德浮力原理，按式（5-26）计算 V_b 值：

$$V_b = \frac{w_1 - w_2}{\rho_{煤油}} \tag{5-26}$$

式中　$\rho_{煤油}$——煤油的密度，g/cm³。

4）水银法

对于不规则的岩心，以及准备用压汞法测定毛细管压力曲线的岩心常用此法。借助于水银体积泵来测定岩样的总体积。原理是：分别记录岩心装入岩样室前、后水银到达某一固定标志时泵上刻度盘读数值大小，其差值即为岩样的外表体积。当水银不侵入岩样的孔隙时，该法相当可靠且测量迅速。缺点是水银会污染岩样，岩样不能重复利用。

2. 岩石孔隙体积 V_p 的测定

V_p 的测量一般是通过计量进入岩石中的流体体积总量得到的。因此采用不同方法、不同工作介质（如空气、水）测量同一岩样得到的 V_p 值可能不相同。下面介绍最常用的两种测定岩石孔隙体积的方法。

1）气体孔隙度仪

气体孔隙度仪的原理是波义耳（Boyle）定律，具体装置见示意图 5-23。

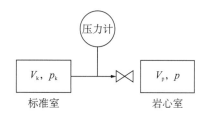

图 5-23　气体孔隙度仪原理示意图

实验流程如下：

（1）将岩心放入岩心室，并包紧，则岩心室里只剩下孔隙体积 V_p；

（2）岩心室内抽真空；

（3）标准室增压，记录其体积 V_k 和对应压力 p_k；

（4）打开阀门将岩心室和标准室贯通，标准室内的气体进入岩心室，则气体膨胀，记录对应的压力 p；

（5）根据波义耳定律，得到孔隙体积 V_p 的计算式式（5-27）。

$$V_k \cdot p_k = p \cdot (V_p + V_k)$$

$$V_p = \frac{V_k(p_k - p)}{p} \tag{5-27}$$

此方法所用气体为氮气或氦气。因氦气分子量低，对岩石具有较高的渗透能力，而有利于氦气进入岩石孔隙中，故对于较为致密的石灰岩和孔隙较小的岩样采用氦气测定岩石孔隙体积比用氮气更精确。

2）液体（水或煤油）饱和法

将已抽提、洗净、烘干、表面经平整的岩样在空气中称重为 w_1，然后在真空下使岩样饱和煤油，在空气中称出饱和煤油后的岩样重为 w_2，若煤油密度为 $\rho_{煤油}$，则岩石孔隙体积为 V_p 为：

$$V_p = (w_2 - w_1) / \rho_{煤油} \tag{5-28}$$

此种方法装置简单，操作方便。当实验过程中需要将岩心饱和液体时，常用此法测定岩心孔隙度。如用煤油饱和岩心，则在测量过程中动作应迅速，以防煤油挥发引起误差。为预防岩心遇水膨胀，不能用淡水来饱和岩心。

3. 岩石颗粒体积 V_s 的测定方法

仅介绍两种较常用的方法。

1）氦气孔隙度仪法

其原理与气体孔隙度仪相同，也是利用波义耳定律，故从略。

2）固体体积计法（又名固体比重计法）

该体积计由底瓶和带刻度管的立瓶两部分组成（图5-24）。测定时，首先将岩样捣碎成颗粒（注意保持颗粒形态）放入底瓶内。将立瓶倒置，在其中注入煤油，使油面到达一定刻度点（如刻度上标明"5"的刻度处）。因为该刻度以下液体的体积与底瓶至零刻度的体积相等，再将底瓶连接起来并装好，由立瓶上的刻度值可直接读出颗粒的体积。

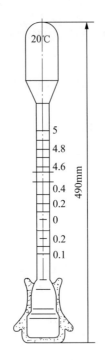

图5-24　固体比重计

五、影响孔隙度大小的因素

一般碎屑颗粒的矿物成分、排列方式、分选程度、胶结物的类型和数量以及成岩后的压实作用是影响这类碎屑岩孔隙度的主要因素。

1. 颗粒的大小和排列方式

利用土壤模型分析表明：（1）理想岩石的孔隙度和颗粒大小无关；（2）理想岩石的孔隙度与颗粒的排列方式有关（图5-25）。但是，这个结论仅适用于理想岩石，即颗粒是球体的情况，真实岩石的孔隙度与粒径有关，统计表明：真实岩心孔隙度随着粒径的增加而减小。

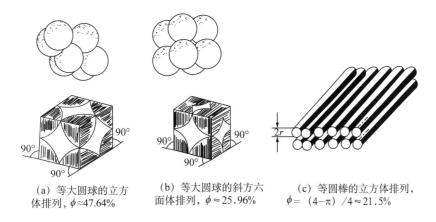

（a）等大圆球的立方
体排列，$\phi \approx 47.64\%$

（b）等大圆球的斜方六
面体排列，$\phi \approx 25.96\%$

（c）等圆棒的立方体排列，
$\phi = (4-\pi)/4 \approx 21.5\%$

图 5-25　土壤模型颗粒堆积方式及相应的孔隙度

2. 颗粒的分选性

真实岩石的颗粒有大有小，小颗粒会充填大颗粒间的孔隙空间，降低岩石的孔隙度，岩石颗粒分选系数越高，则孔隙度越小（图 5-26）。

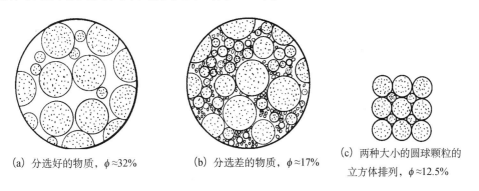

（a）分选好的物质，$\phi \approx 32\%$

（b）分选差的物质，$\phi \approx 17\%$

（c）两种大小的圆球颗粒的
立方体排列，$\phi \approx 12.5\%$

图 5-26　分选程度对孔隙度的影响

3. 岩石的矿物成分

颗粒矿物成分影响颗粒形态，如石英为粒状而云母则为片状，因此会影响孔隙度。另外，不同的胶结物成分、含量、胶结类型也会影响孔隙度，如黏土矿物遇水发生膨胀而降低孔隙度；胶结物越多，岩石孔隙度越小。

4. 埋藏深度对孔隙度的影响

无论是砂岩，还是碳酸盐岩，埋藏深度的增加都会导致孔隙度的降低。以砂岩为例，随着上覆岩层的加厚和深埋，地层静压力和温度均增加，使得岩石排列更加紧密，颗粒间发生非弹性的、不可逆的移动，使孔隙度迅速下降（图 5-27）。当颗粒紧密排列到达最大限度时，上覆地层压力的进一步增加，就会促使颗粒在接触点上的局部溶解，溶解的矿物（如石英）则在孔隙空间形成新的结晶，进一步导致孔隙度的降低，严重时可导致孔隙的消失，成为不渗透层。

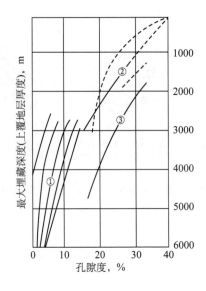

图 5-27 孔隙度与最大埋藏深度关系图

①—泥质砂岩（含云母）；②—侏罗—白垩纪石英砂岩；
③—古近—新近纪石英砂岩

5. 成岩后生作用

成岩后生作用主要是构造运动、溶蚀和沉淀。构造运动使得岩石出现裂缝，增加孔隙度；溶蚀颗粒和胶结物使得孔隙度增加；地下水矿物质沉淀充填孔隙空间，造成孔隙度减小。

第五节 储层岩石的压缩性

一、岩石压缩系数

储层岩石受到来自上覆岩层压力 p_{up} 和储层内的流体压力 p，这二者之间的压力差即为岩层骨架受到的静压力 p_{eff}。

$$p_{eff} = p_{up} - p \tag{5-29}$$

原始条件下，这个有效压力和骨架的弹性力平衡；当油藏开发后，地层压力逐渐降低，岩石骨架的有效应力增加，整个岩石的外表体积也缩小 ΔV_b。岩石外表体积改变可能来自两个方面：①固体骨架颗粒被压缩；②由于骨架颗粒形变填塞了孔隙空间，使得岩石的孔隙体积缩小 ΔV_p。由于固体颗粒的压缩性相对非常小，可以忽略，所以储层压力改变后外表体积的变化量应等于岩石的孔隙体积改变量，即 $\Delta V_b = \Delta V_p$。

和液体的等温弹性压缩类似，也可以定义岩石的等温压缩系数 C_f，定义式为：

$$C_f = -\frac{1}{V_b}\frac{\partial V_b}{\partial p_{eff}} = \frac{1}{V_b}\frac{\partial V_p}{\partial p} \tag{5-30}$$

式中　C_f——岩石压缩系数，$1/MPa$；

　　　V_b——岩石外表体积，m^3；

　　　V_p——岩石孔隙体积，m^3；

　　　p_{eff}——岩石有效压力，MPa；

　　　p——地层流体压力，MPa。

由式（5-30）C_f 的定义看出，岩石的压缩系数表示：当油层压力每降低单位压力时，单位体积岩石中孔隙体积的缩小值。根据该定义式，可以知道储层岩石在地层压力下降 Δp 时孔隙体积的改变量为：

$$\Delta V_p = C_f V_b \Delta p$$

正是由于压力降低时孔隙体积的缩小，才使油不断地从油层中流出。因为，从驱油的角度讲，这是驱油动力，它驱使地层岩石孔隙内的流体流向井底。

二、综合弹性压缩系数

实际生产过程中，不仅仅是岩石孔隙体积发生改变，储层流体的体积同样也会变化。假设当储层流体压力下降 Δp 的时候，岩石孔隙体积缩小量为 ΔV_p，储层流体体积膨胀量为 ΔV_L，显然这时候会有这两部分体积的流体被排挤出岩石，因此有如下等式成立：

$$\Delta V = \Delta V_p + \Delta V_L \tag{5-31}$$

式中　ΔV——压力下降 Δp，从岩石中排出的流体总体积。

根据液体弹性压缩系数的性质，可以知道压力下降时 Δp，流体弹性膨胀体积为：

$$\Delta V_L = C_L V_L \Delta p \tag{5-32}$$

在岩石中只有液体的时候，岩石孔隙体积就等于液体体积，即 $V_L = V_p = \phi V_b$，这样可以得到：

$$\Delta V_L = C_L V_p \Delta p \tag{5-33}$$

所以

$$\Delta V = C_f V_b \Delta p + C_L V_b \phi \Delta p = V_b \Delta p (C_f + C_L \phi) \tag{5-34}$$

根据式（5-34），可以定义 $C_t = C_f + \phi C_L$，C_t 是地层综合弹性压缩系数，其物理意义是：地层压力每降低单位压力时，单位体积岩石中孔隙及液体总的体积变化。它代表了岩石和流体弹性的综合影响。可以看出岩石压缩性的大小，也直接影响到岩石的储集能力大小。

第六节　储层流体的饱和度

一、流体饱和度的定义

储层的孔隙空间里面可以只含有一种流体，也可以同时含有两种或两种以上的流体，由于需要表征每一种流体的数量多少，因此定义了流体饱和度的概念——储层岩石孔隙中某种流体所占的体积百分数。这个概念也表征了孔隙空间为某种流体所占据的程度。

1. 含油饱和度、含水饱和度和含气饱和度

根据定义，则含油饱和度、含水饱和度和含气饱和度可以分别表示为：

$$S_o = \frac{V_o}{V_p} = \frac{V_o}{\phi V_b} \tag{5-35}$$

$$S_w = \frac{V_w}{V_p} = \frac{V_w}{\phi V_b} \tag{5-36}$$

$$S_g = \frac{V_g}{V_p} = \frac{V_g}{\phi V_b} \tag{5-37}$$

式中　S_o，S_w，S_g——含油饱和度、含水饱和度、含气饱和度，%；

　　　V_o，V_w，V_g——油、水、气在岩石孔隙中所占体积，cm^3；

　　　V_p，V_b——岩石孔隙体积和岩石外表体积，cm^3；

　　　ϕ——岩石孔隙度，%。

根据饱和度概念，当油、气、水三相共存于岩石时，有如下关系：

$$S_o + S_w + S_g = 1 \tag{5-38}$$

总之，岩石中由几相流体充满其孔隙，则这几相流体饱和度之和就为 1（即 100%）。

流体饱和度是继岩石孔隙度之后的储层岩石又一重要参数。随着油田的开发，不同时期地层中油、气、水饱和度的大小是不同的，它直接反映了地层油气储量的变化。为此，在勘探阶段所测的流体饱和度可以分为原始含油饱和度、原始含气饱和度和原始含水饱和度。

2. 原始含水饱和度

原始含水饱和度 S_{wi} 是当油藏投入开发以前储层岩石孔隙空间中原始含水体积 V_{wi} 与岩石孔隙体积 V_p 的比值。

原始含水饱和度在油藏含油部位则又称作共存水饱和度、残余水饱和度、束缚水饱和度、原生水饱和度、封存水饱和度、不可再降低的水饱和度、临界饱和度或平衡饱和度等，之所以有以上的各种叫法，那是从不同角度来考虑的。例如，从成因角度上讲，称原始含水饱和度为残余水饱和度更为恰当，因为这可理解为油藏的形成过程中是油驱水，最终不能被驱走而保留在地层中的水，因此成为残余水饱和度；而从流动能力来说，这部分水不能流动，因此称为束缚水饱和度；从目前的赋存状态来说，因这些水与油共同存在于储层中，因此可称为共存水饱和度。

大量的岩心分析表明，束缚水普遍存在，常环绕于颗粒表面，且充填在细小的孔隙中，而油则占据大孔隙中心。

对于不同的油藏，因为岩石及流体性质的不同、油气运移条件的差异，束缚水饱和度的大小常存在着很大的差别，其数值常介于 20% ~ 50% 之间。对于粗粒砂岩，粒状、孔洞石灰岩及所有大孔隙岩石，S_{wi} 较低。反之，粉砂岩、含泥质较多的砂岩，S_{wi} 则较高。

3. 原始含油饱和度

油藏投入开发以前储层岩石中原始含油体积 V_{oi} 与岩石孔隙体积 V_p 的比值，称为原始含油饱和度 S_{oi}，用式（5–39）表示：

$$S_{oi} = V_{oi}/V_p \tag{5-39}$$

油藏刚投入开发时，地层中通常只存在油和束缚水两相，故当测定出束缚水饱和度 S_{wi} 时，则有：

$$S_{oi} = 1 - S_{wi} \tag{5-40}$$

若油藏存在气顶或含气域时，则还具有原始含气饱和度。

4. 目前油、气、水饱和度

是指在油田开发的不同时期，不同阶段所测得的油、气、水饱和度，也称含油饱和度、含气饱和度、含水饱和度。

5. 剩余油饱和度

剩余油是指已投入开发的油层、油藏或油田中尚未采出的石油，剩余油体积占总孔隙体积的百分数称为剩余油饱和度。

剩余油分布主要受静态储层（地质的）和动态注采状况（开发的）双重因素影响。储层因素是根本的、内在的因素，注采状况是影响剩余油分布的外部因素。地质因素主要由储层的非均质性决定，如储层砂体的孔隙结构、渗流系数、存储系数、矿物成分、韵律类型、润湿性、沉积相等。注采状况指层系的组合与划分、井网布置、射孔方案、注采强度以及开发方式、开采时间等剩余油分布影响因素。

石油工程最重要的任务之一是降低储层原油剩余油饱和度，提高原油的采收率。

6. 残余油饱和度

残余油指经过某一采油方法或驱替作用后，仍然不能采出而残留于油层孔隙中的原油。其体积在岩石孔隙中所占体积的百分数称为残余油饱和度，用 S_{or} 表示。一般认为，驱替结束后残余油是处于束缚、不可流动状态的。属于剩余油的一部分。

石油工程中提高采收率理论和技术的核心，就在于降低储层的残余油饱和度。

二、测定油、气、水饱和度的方法

目前，研究油、气、水饱和度有许多方法，如常规岩心分析方法及专项岩心分析方法（如由相对渗透率曲线和毛细管压力曲线等确定油水饱和度）、油层物理模型及数学模型等研究方法。

另一方面，地质上一些新的测井技术如脉冲中子俘获测井、核磁测井等也开始应用于测定井周围地层的含油、气、水饱和度。此外，根据地层不同孔隙度值而得到的一些统计经验方程式和经验统计图版也得到应用。但任何图版和经验公式都只适用于一定的地层条件而具有局限性。因此，目前矿场确定储层含油、气、水饱和度最直接、最常用的方法仍然是对取样岩心进行饱和度的室内测定。下面讨论目前国内外最常用的三种测定流体饱和度大小的方法——常压干馏法、蒸馏抽提法及色谱法。

1. 常压干馏法

又称为干馏法或蒸发法，矿场俗称为热解法。干馏法所用装置如图 5-28 所示。

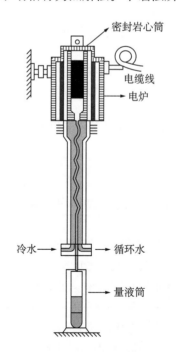

图 5-28 岩石油、水饱和度测定用的干馏仪

干馏法的原理是：在电炉高温（50～650℃）下，将岩心中的油水加热，蒸发出来的油、水蒸气经冷凝管冷凝为液体而流入收集量筒中，即可由此直接读出油、水体积，然后根据饱和度定义式即可算出岩石中的含油饱和度、含水饱和度。

干馏法的特点：

（1）比较简单；

（2）存在油体积 V_o 测定误差（＞30%）——干馏过程中存在蒸发损失、结焦及裂解；

（3）存在水体积 V_w 测定误差——温度过高易导致岩石结晶水被干馏出。

2. 溶剂抽提法（蒸馏抽提法）

实验装置如图 5-29 所示。

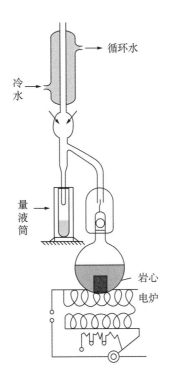

图 5-29　蒸馏法岩心油、水饱和度测定仪

1）方法的原理

通过水的蒸发——冷凝，测定冷凝得到的水量，即为岩心中含水量，用差减法间接计算含油体积及油、气饱和度。

2）方法的流程

（1）称取含油岩样的质量 w_1；

（2）将岩样置于有机溶剂中加热抽提；

（3）收集、测量岩样中蒸发出的水体积 V_w，计算含水饱和度 S_w；

（4）抽提洗净烘干后测量干岩样的质量 w_2；

（5）由水的体积 V_w 计算油体积 V_o，$V_o = (w_1 - w_2 - V_w\rho_w)/\rho_o$，其中 ρ_o 为油密度，ρ_w 为水密度；

（6）计算含油饱和度、含气饱和度。

3）方法的优点

岩心清洗干净后，可继续用作其他研究；方法简单、操作容易，能精确测出岩样内水的含量，故最适用于油田开发初期测定岩心中的束缚水饱和度，也是清洗岩心最常用的方法。

溶剂抽提法需要注意两个问题。（1）在溶剂抽提法中，应以不改变岩心润湿性为原则，对不同润湿性的岩心，采用不同的溶剂，如对亲油岩心，可用四氯化碳；亲水岩心，可用 1 : 2、1 : 3、1 : 4 的酒精苯；对中性岩心及沥青质原油可用甲苯等作溶剂进行抽提。（2）对于含有结晶水的矿物，为了防止结晶水被抽提出，所选用溶剂的沸点应比水的沸点更低。

此外，为了将岩心清洗干净，抽提时间的长短非常重要，对致密岩心的抽提，有时需要 48h 或更长的时间。

3. 色谱法

该方法的原理是基于水可以与乙醇无限量溶解的特点，将已知质量的岩样中的水溶解于乙醇中，然后用色谱仪分析充分溶解有水分的乙醇。互溶后的水与乙醇通过色谱柱后，分离成水蒸气与乙醇蒸汽，逐次进入热导池检测器，分别转换为电信号，并被电子电位差计记录水峰和乙醇峰，根据峰高比查出岩样含水量 V_w。与溶剂抽提法相同，岩样经除油并烘干后，用差减法得出含油量，再根据孔隙体积 V_p 分别计算出岩心的油、水饱和度值。

一般根据岩心所测出的含油饱和度都比实际地层的小，这是由于岩心取至地面，压力降低，岩心中流体收缩、溢流和被驱出所致。误差的大小与原油的黏度和溶解油气比有关，可从 0 变化到 70% ~ 80%。因此，实际应用中，常根据实验室测得的数据，乘以原油的地层体积系数，再乘以校正系数 1.15，以校正由于流体的收缩、溢流和被驱出所引起的误差。

三、孔隙度、饱和度的应用

本章讨论了评价储层储集特性的两个最主要的岩石物性参数：孔隙度与饱和度。这两个参数最重要的用途之一是用于计算储层中储油量、储气量的大小。应用例题 5-1 进行说明。

例题 5-1：某油藏含油面积 $A = 14.4\text{km}^2$，油层有效厚度 $h = 10\text{m}$，孔隙度 $\phi = 0.2$，束缚水饱和度 $S_{wc} = 0.3$，原油原始地下体积系数 $B_o = 1.2$，泡点压力条件下体积系数 B_{ob} 为 1.22，原油相对密度 d_4^{20} 为 0.86，综合压缩系数 $C_t = 13.24 \times 10^{-4}\text{MPa}^{-1}$。试计算该油藏的原油储量及弹性储量（原始地层压力 p_i 为 20MPa，泡点压力 p_b 为 15MPa）。

解:

油藏的外表体积为: $V_b = Ah = 14.4 \times 10^6 \times 10 = 14.4 \times 10^7 \text{m}^3$

油藏条件下油占据的体积为:

$V_o = (1-S_{wc}) \phi Ah = (1-0.3) \times 0.2 \times 14.4 \times 10^6 \times 10 = 2.016 \times 10^7 \text{m}^3$

将该体积折算到地面条件下的体积为:

$$N = (1-S_{wc}) \phi Ah/B_o = 2.016 \times 10^7/1.2 = 1.68 \times 10^7 \text{m}^3$$

原油储量用质量单位表示为: $1.68 \times 10^7 \times 0.86 = 1445 \times 10^4 \text{t}$。

弹性储量的计算:

从原始地层压力到泡点压力, 压力差 $\Delta p = 5\text{MPa}$。

按综合弹性压缩系数的定义, 可以知道压力下降 Δp 时, 外表体积为 V_b 的油藏可以排出的液体体积为 ΔV, 由于水为束缚水, 所以排挤出来的这些体积都是油, 计算式为:

$$\Delta V = V_b \cdot \Delta p \cdot (C_f + \phi C_L) = C_t \cdot C_b \cdot (p_i - p_b)$$

$$= 14.4 \times 10^7 \times 13.24 \times 10^{-4} \times 5 = 953.28 \times 10^3 \text{m}^3$$

原油弹性储量折算质量为:

$$N_r = d_4{}^{20} \cdot \frac{\Delta V}{B_{ob}} = 0.86 \times \frac{953.28 \times 10^3}{1.22} = 67.198 \times 10^4 \text{t} \left(78.138 \times 10^4 \text{m}^3 \right)$$

思考题

1. 岩石的粒度组成分布曲线和粒度组成累积分布曲线与分选系数表明的岩石颗粒的分布特征是什么?

2. 什么叫粒度、粒度组成? 粒度分析方法有哪些? 其基本原理是什么? 粒度分布规律有哪些? 常用的是什么分布?

3. 如何计算岩石颗粒的直径、粒度的组成、不均匀系数和分选系数? 粒度分布规律曲线与不均匀系数、分选系数所表明的岩石颗粒特征是什么?

4. 岩石颗粒的大小对比表面积大小有何影响? 为什么?

5. 影响比表面积的因素有哪些?

6. 画出实验室用马略特瓶法测定岩石比表面积的实验仪器流程图, 简述原理和数据处理公式, 并说明公式中各符号的物理意义及单位。

7. 试推导下列关系式: $S = \phi \cdot S_p = (1-\phi) S_s$

其中: S、S_p、S_s 分别代表以岩石外表体积、孔隙体积、骨架体积为基准的比表面积; ϕ 为岩石孔隙度。

8. 试推导由粒度组成资料估算比表面积的公式：$S = C\dfrac{6(1-\phi)}{100}\sum\limits_{i=1}^{n}\dfrac{G_i}{d_i}$

9. 试证明等径球形颗粒正排列理想岩石的孔隙度 $\phi = 47.5\%$。

10. 解释油藏为什么都存在束缚水及其形成原因，其大小受哪些因素影响？

11. 通过油层物理的学习，你认为哪些参数可用作储集岩的分类评价？（只要求列10个主要的参数）

12. 影响饱和度的因素有哪些？常用测定饱和度的方法有哪些？对于含有结晶水矿物的岩心，测定其饱和度时应采用什么方法？为什么？

13. 试简述实验室用蒸馏法测定储层流体饱和度的基本原理和数据处理方法，并画出实验仪器的流程图。

14. 根据综合压缩系数的定义式推导出综合压缩系数计算公式。

15. 如何根据岩石的粒度、孔隙度的大小来划分储油（气）层的优劣？

16. 两块岩石具有相同的孔隙度，是否孔隙体积一定相等？孔隙度大是否就表明有大孔隙存在？试说明为什么。

17. 岩石的颗粒直径越大，则孔隙度也越大，对否？试说明为什么。

18. 油层岩石中的原始含油饱和度，如何确定才比较符合实际？

19. 如何说明碳酸盐岩的总孔隙度越小，裂缝孔隙度越重要？

20. 已知一干岩样质量 m_1 为 32.0038g，饱和煤油后在煤油中称得质量 m_2 为 22.2946g，饱和煤油的岩样在空气中的质量 m_3 为 33.8973g，求该岩样的孔隙体积、孔隙度和岩样视密度（煤油密度为 0.8045g/cm³）

21. 已知某一低饱和油藏中含水饱和度为 0.24，储层孔隙度为 27%，并分析得到油、水和岩石的压缩系数分别为 $70×10^{-4}\text{MPa}^{-1}$、$4.5×10^{-4}\text{MPa}^{-1}$ 和 $1.5×10^{-4}\text{MPa}^{-1}$，求该油藏的综合弹性压缩系数。

若上述油藏含油体积为 1500m³，原始地层压力为 27MPa，原油饱和度压力为 21.3MPa，试估算该油藏的弹性可采储量。

22. 油藏的岩层压缩系数为 $8.5×10^{-4}\text{MPa}^{-1}$，水的压缩系数为 $4.27×10^{-4}\text{MPa}^{-1}$。油的压缩系数为 $17.07×10^{-4}\text{MPa}^{-1}$，气体的压缩系数为 $213.34×10^{-4}\text{MPa}^{-1}$，束缚水饱和度为 25%，气体饱和度为 5%，孔隙度为 20%，试计算该油藏的综合压缩系数。

23. 已知一岩样总质量为 6.5540g，经抽提烘干后质量为 6.0370g，抽提时所得水的体积为 0.3cm³，由饱和煤油法测得孔隙度为 25%。设该岩样视密度为 2.65g/cm³，油的密度为 0.8750g/cm³。求此岩样的含油、气、水饱和度。

24. 有一岩样含油水时质量为 8.1169g，经过抽提后得到 0.3cm³ 的水，该岩样烘干后，质量为 7.2221g，饱和煤油后在空气中称得质量为 8.0535g，饱和煤油的岩样在煤油中称得质量为 5.7561g，求该岩样的含水饱和度、含油饱和度和孔隙度。设岩样密度为 2.65g/cm³，原油密度为 0.8760g/cm³。

25. 设一取自油层的岩样，洗油前重 100g，洗净烘干后重 92g，共蒸出水 4cm³，已知岩样的视密度为 1.8g/cm³，岩样中油和水的密度分别为 0.9g/cm³ 和 1g/cm³，孔隙度为 20%。

（1）试计算该岩样的含油饱和度和含水饱和度；（2）若地层油和地层水的体积系数分别为 1.2 和 1.03，试计算该岩样在油藏条件下的含气饱和度。

26．已知一干岩样质量为 32.0038g，饱和煤油后在煤油中称得质量为 22.2946g，饱和煤油的岩样在空气中的质量为 33.8973g，求岩样的孔隙体积和孔隙度（煤油密度为 0.8045 g/cm³）。

27．一油藏含油面积为 2.5km²，平均有效厚度为 33m，孔隙度为 0.2，束缚水饱和度为 0.22，假若在原始条件下 1.25cm³ 的原油在地面仅有 1cm³，原油密度为 0.85g/cm³，该油藏的地质储油量为多少？

28．某断块油藏含油岩石体积为 14.4×10⁷m³，孔隙度为 20%，束缚水饱和度为 25%，油藏原始地层压力 p_i = 21MPa，饱和压力 p_b = 19.3MPa，原油压缩系数 C_o = 99×10⁻⁵MPa⁻¹，地层水压缩系数 C_w = 39.6×10⁻⁵MPa⁻¹，岩石压缩系数 C_f = 11.2×10⁻⁵MPa⁻¹。计算该油藏的弹性采油量为多少。

29．某油层岩石的孔隙度为 20%，渗透率为 0.1D，试计算此岩石的平均孔隙半径和比表面积。

30．边长为 1m 的立方体，当其分裂成直径为 1cm 和 0.1cm 的球体时，其个数分别为 10⁶ 个和 10¹² 个，其比表面积分别为多少？

31．某岩样用煤油法测得总孔隙度为 10.2%，用同样的方法又测得基质孔隙度 6.896%，裂缝孔隙度为多少？

第六章

储层岩石的流体渗透性

岩石的渗透性是储层之所以能够成为储层的又一个关键因素，直接影响着油气井的产量。储层中流体的流动并不是常见的管道流或河湖中的水流，而是人们称之为"渗流"的流动，表征多孔介质对渗流阻力的主要参数是渗透率。本章从达西实验入手介绍岩石的渗透率及其影响因素。

第一节　达西定律及岩石绝对渗透率

达西定律是石油工程领域最基本的定理，直接反映了流体流动速度、驱油动力和渗流阻力之间的关系，单相流体渗流时的阻力主要来自流体本身的内摩擦力和多孔介质对流体的阻力，前者用黏度 μ 表示，后者用渗透率 K 来表示，本节的重要知识点结构如图 6-1 所示。

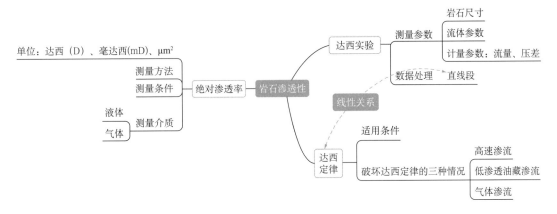

图 6-1　本节思维导图

一、达西定律

1856 年法国水文工程师亨利·达西（Henri Darcy）在解决城市供水问题时，曾用未胶结砂做水流渗滤实验，其装置如图 6-2 所示。

达西实验发现，当水通过同一粒径的砂子时，其流量（Q）与砂层截面积（A）、进出口两端的水头差（ΔH 或 Δp）成正比，与砂层的长度（L）成反比。在采用不同粒径的砂粒和流体时还发现：流量与流体的黏度（μ）成反比；粒径不同，当其他条件如 A、L、μ、Δp 相同时，其流量也不同。达西将非胶结砂层中水流渗滤的实验研究结果概括成一个定律（即达西定律）。若将水头差折算成压力差计算，达西定律可以式（6-1）来描述：

$$Q = K \frac{A \Delta p}{\mu L} \tag{6-1}$$

式中　Q——在压差 Δp 下，通过岩心的流量，cm^3/s；

A——岩心截面积，cm^2；

L——岩心长度，cm；

μ——通过岩心的流体黏度，$mPa \cdot s$；

Δp——流体通过岩心前后的压力差，atm；

K——比例系数，又称为渗透系数或渗透率，D（也可表示为 μm^2，$1D = 1\mu m^2$）。

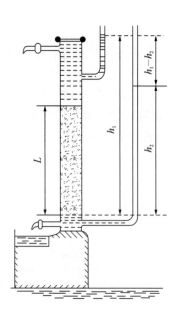

图 6-2 达西的实验装置

各国石油工业应用的单位制均有所不同（表 6-1），但比较常用的是国际单位制（SI）和达西单位制。

表6-1 达西定律使用的单位制

参数	符号	量纲	绝对单位制		混合单位制		
			CGS 制	SI	达西单位制	矿场单位制	
						公制	英制
长度	L	L	cm	m	cm	m	ft
质量	m	M	g	kg	g	kg	lb
时间	t, T	T	s	s	s	d	hr
面积	A, F	L^2	cm^2	m^2	cm^2	m^2	ft^2
流量	q, Q	L^3/T	cm^3/s	m^3/s	cm^3/s	m^3/d（地面）	bbl/d（地面）
速度	v	L/T	cm/s	m/s	cm/s	m/d	ft/d
密度	ρ	M/L^3	g/cm^3	kg/m^3	g/cm^3	kg/m^3	lb/ft^3
压力	p	$(ML/T^2)/L^2$	dyn/cm^2	N/m^2	atm	atm	lbf/in^2
黏度	μ	M/LT	g/(cm·s)，P	kg/(m·s)，Pa·s	cP	cP	cP
渗透率	K	L^2	cm^2	m^2	D	D	mD

渗透率的单位是达西，符号为 D（它相当于国际单位 SI 制的 μm^2）。1D 的物理意义是：当黏度为 1mPa·s 的流体，在压差为 1atm（0.0981MPa）作用下，通过截面积为 $1cm^2$，长度为 1cm 的多孔介质，其流量为 $1cm^3/s$ 时，该多孔介质的渗透率就称为 1D。即：

$$1D = \frac{(1cm^3/s)(1/100dyn \cdot s/cm^2)(1cm)}{(1cm^2)(981000dyn/cm^2)}$$

$$= \frac{1}{98.1 \times 10^6} cm^2 \tag{6-2}$$

$$= 1.02 \times 10^{-8} cm^2$$

$$\approx 10^{-8} cm^2 = 1\mu m^2$$

除非是裂缝和极疏松的砂岩，实际油气层岩石渗透率高于 1 个达西的很少，故常用的渗透率单位为千分达西或毫达西（mimdarcy 或 mD）。在 SI 制中，则记为 $10^{-3}\mu m^2$。

储层岩石的渗透率一般在 0.005 ~ 1D（5 ~ 1000mD）之间变化，一般用渗透率的大小对储层进行分级或分类。中国李道品等人将油藏按照渗透率分为四种类型，见表6-2。

表6-2 储集层按渗透率分类

等级	渗透率，mD
高渗透	> 500
中渗透	50 ~ 500
一般低渗透	10 ~ 50
特低渗透	1 ~ 10
超低渗透	< 1

二、岩石绝对渗透率的测定

达西公式表明，只要知道实验岩心的几何尺寸（A、L），液体性质（μ），实验中测出液体流量（Q）及相应于流量为 Q 时岩心两端的压力 Δp，即可计算出岩石绝对渗透率 K 值。

$$K = \frac{Q\mu L}{A \cdot \Delta p} \tag{6-3}$$

式（6-3）是由达西实验推导得到的计算渗透率的公式，量纲分析后表明渗透率具有面积的因次，由此可说明渗透率是只与孔隙形状及大小有关的参数，它与通过流体的性质无关，仅仅是取决于岩石孔隙结构的参数，把这一系数称为岩石的绝对渗透率，其大小反映了岩石允许流体通过能力的强弱。

在应用达西公式测定岩石绝对渗透率时，必须满足以下条件。

（1）岩石中，只能存在一种液体，即流动是单相流。

（2）流动必须是稳定流，液体不可压缩，即在岩心两端压力 p_1 和 p_2 下，其体积流量 Q 在各横断面上不变，并与时间无关。

（3）应用达西公式时，必须确保 Q—Δp 是直线关系，即在液体性质（μ）和岩心几何尺寸（A、L）不变的情况下，流过岩心的体积流量 Q 和岩心两端的压力差 Δp 成正比，此时称之为线性渗流或达西流。

（4）液体性质稳定，不与岩石发生物理、化学作用。

只有满足这些条件时，才能应用达西公式计算其中的比例系数 K。但在实际用液体测定时，很难选用到不与岩石发生物理、化学作用的液体。例如，当用水测岩石渗透率而岩石中含有黏土矿物时，黏土会遇水膨胀而使渗透率降低。如果采用气体来测量呢，又会因气体具有压缩性和滑脱效应（Klinkenberg 效应）而出现误差。

但是，由于空气具有来源广、价格低，氮气又具有化学稳定性好、使用方便的优点等，故目前常规岩心分析标准中，多数采用气体（干燥空气或氮气）来测定岩石的绝对渗透率。只要对采用气体作为实验流体测定的结果进行修正，就得到满足条件的渗透率值。

三、达西定律的适用条件

1. 高速流动破坏达西定律

达西定律是有一定的适用条件的，当渗流速度增大到一定程度之后，除黏滞阻力外，还会产生惯性阻力。此时流量与压差不再呈线性关系，达西定律被破坏。

常用的判断达西定律速度上限的方法是雷诺数法，选用卡佳霍夫提出的雷诺数（Re）表达式，其形式如下：

$$Re = \frac{v\rho\sqrt{K}}{17.5\mu\phi^{3/2}}\qquad(6-4)$$

式中　v——渗透速度，cm/s；

　　　K——渗透率，D；

　　　ρ——流体的密度，g/cm³；

　　　μ——流体的黏度，mPa·s；

　　　ϕ——孔隙数，%。

对于一般储层的岩石和流体物性参数，用式（6-4）得到的临界雷诺数为 0.2 ~ 0.3。若取 Re = 0.2 代入公式（6-4），得：

$$v_{c} = \frac{3.5\mu\phi^{3/2}}{\rho\sqrt{K}}\qquad(6-5)$$

此即为渗流时符合达西定律的临界流速公式。若超过此速度，则线性渗流转为非线性渗流，流动不再符合达西定律。

2. 低渗透致密介质内流动不满足达西定律

在低渗透致密介质中，由于孔隙和喉道窄小，流体（包括原油和水）与岩石之间产生吸附作用，也有可能是水在黏土矿物表面形成水化膜，这种附加的吸附力使得流动出现了附加的阻力，必须有一个附加的压力梯度，克服吸附层的阻力，液体才能开始流动。这样，流量和压差间的线性关系也遭破坏。

3. 气体滑脱效应不符合达西定律

气体在致密岩石中低速渗流时，会出现与液体低速渗流时完全不同的现象——滑脱效应，这也是不符合达西定律的情况。

第二节　气测渗透率及气体滑动效应

本节介绍对采用气体作为流体测试渗透率时需要进行的校正方法，需要掌握的知识点如见图 6−3 所示。

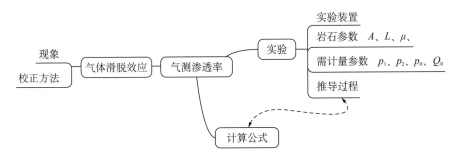

图 6−3　本节思维导图

气体测渗透率具有快速、低廉、效率高等特点，而且气体性质较稳定，不易变化，也不与岩石表面作用而改变孔隙大小。虽然气体具有压缩性和存在滑脱效应，但这两种情况都比较容易修正，本节介绍气测渗透率的应用方法。

气测渗透率的原理和流程如图 6−4 所示，其测试的理论基础仍是达西定律，具体作法是岩样两端建立压力差，用气体（空气或氮气）通过被测岩心，测量进口压力 p_1、出口压力 p_2 及出口流量 Q_0，然后计算岩石的渗透率。

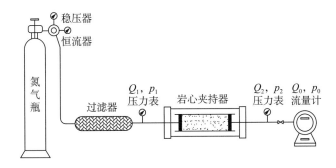

图 6−4　岩石气体渗透率测定仪

一、气测渗透率计算公式

一般气测渗透率时，可以看作是等温情况，因此此时气体的体积仅随压力改变而变化。由于气体流动方向上存在压力梯度，因此岩心中的气体体积膨胀，体积流量沿程增大。然而，应用微积分原理，在一微小长度 dL 内，可视为稳定流，得达西公式的微分形式：

$$Q = -\frac{K_a}{\mu} A \frac{dp}{dL} \tag{6-6}$$

即认为在一个微小单元 dL 上，流量不变。由于 dp 和 dL 有着不同的符号（即 dL 增量为正时，dp 为负，因为压力在降低），为保证渗透率 K 为正值，在公式右边取负号。

流量 Q 随压力 p 如何变化呢？考虑气体在岩心中渗流时为稳定流，故气体流过各断面的质量流量是不变的。若其所发生的膨胀过程为等温过程，根据玻意尔—马略特定律：

$$Qp = Q_0 p_0 = 常数或 Q = \frac{Q_0 p_0}{p} \tag{6-7}$$

式中　Q_0——在大气压 p_0 下气体的体积流量（即出口气量）。
　　因此

$$p_0 Q_0 = -\frac{K_a}{\mu} A p \frac{dp}{dL} \tag{6-8}$$

分离变量，两边积分，并用 K_g 表示气测渗透率，则：

$$\int_{p_1}^{p_2} K_g p \, dp = \int_0^L -\frac{Q_0 p_0 \mu}{A} dL \tag{6-9}$$

$$K_g = \frac{2Q_0 p_0 \mu L}{A(p_1^2 - p_2^2)} \tag{6-10}$$

$$K_g = \frac{p_0}{\bar{p}} \frac{Q_0 \mu L}{A(p_1 - p_2)} \tag{6-11}$$

式中　K_g——气测渗透率，D；
　　　$\bar{p}$——p_1 和 p_2 的平均值，即 $\bar{p} = (p_1 + p_2)/2$。
　　式（6-10）或式（6-11）即为气测岩石渗透率的计算公式，它与液测渗透率计算公式的最大不同点是：岩石渗透率 K 不是与岩石两端的压力差 Δp 成反比，而是与两端压

力的平方差 $p_1^2 - p_2^2$ 成反比。式（6-11）可以看作是对气体弹性膨胀进行的校正，那么如何对滑动效应进行校正呢？

二、气体滑脱效应

在用不同气体实际测定岩石渗透率时，人们发现同一岩心，同一种气体，采用不同的平均压力 $\bar{p}$。所测得的 K_g 不同；而同一岩心，在同一平均压力 $\bar{p}$ 下，采用不同的气体（如 H_2、空气、CO_2 等）所测得的 K_g 亦不相同，如图 6-5 所示。

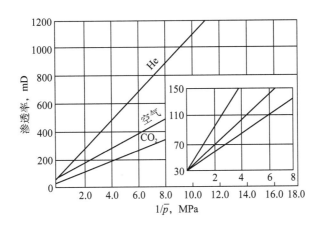

图 6-5　不同气体在不同平均压力下的渗透率

同一岩心，应该只有一个绝对渗透率值，为什么测试条件（压力、气体）不同就会有不同的 K_a 值呢？那么，应该选取哪一个 K_a 值作为岩石的绝对渗透率呢？

液测岩石渗透率的达西公式是建立在液体（确切讲是牛顿流体）渗滤实验的基础上的，认为液体的黏度不随液体的流动状态而改变，即所谓的黏性流动。其基本特点是液体在管内某一横断面上的流速分布是圆锥曲线 [图 6-6（a）]。由图 6-6（a）可见：液体流动时，在管壁处的流速为 0，这可理解为由于液体和管壁固体分子间出现的黏滞阻力。通常，液—固间的分子力比液—液间的分子力更大，故在管壁附近表现的黏滞阻力更大，致使液体无法流动而黏附在管壁上，表现为流速减少到零。

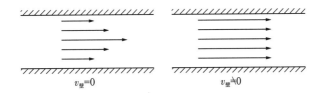

（a）小孔道中的液体流动；　（b）小孔道中的气体匀速流动

图 6-6　气体"滑脱效应"示意图

然而对气体来说，因为气—固之间的分子作用力远比液—固间的分子作用力小得多，在管壁处的气体分子有的仍处于运动状态，并不全部黏附于管壁上［图6-6（b）］。另一方面，相邻层的气体分子由于动量交换，可连同管壁处的气体分子一起作定向的沿管壁流动，这就形成了所谓的"气体滑动现象"。正是由于气体滑动现象的存在，便出现了气测渗透率与液测渗透率的种种差异。

1. 同一岩石的气测渗透率值大于液测的岩石渗透率

由于气体滑动现象的存在，即在管壁处气体亦参加流动，这就增加了气体的流量。较液测渗透率而言，其实质就是岩石孔道提供了更大的孔隙流动空间，因此，一般气测渗透率都较液测渗透率更大。因为液测时在孔壁上不流动的液膜占去了一部分流动通道。但就岩石孔隙本身而言，孔隙并没有增加，孔道断面也并未增大，从这种意义上来说，气测法测出的岩石渗透率应更能确切地反映出岩石的渗透性。

2. 平均压力越小，所测渗透率值 K_g 越大

所谓平均压力就是岩石孔隙中气体分子对单位管壁面积上的碰撞力，它既决定于气体分子本身的动量，又决定于气体分子的密度。平均压力越小，就意味着气体分子密度小，即气体稀薄，气体分子间的相互碰撞就少，气体分子的平均自由行程就愈大，它可能等于、甚至远大于孔道的直径，这就使气体分子更易流动，"气体滑脱现象"就更严重，因而测出的渗透率值 K_g 就越大。

反之，如果平均压力增大，则渗透率减小；当压力增至无穷大时，这时渗透率不再变化，而趋于一个常数 K_∞，这个数值一般接近于液测渗透率 K_L，故又称为等效液体渗透率。这是因为在压力无穷大时，气体的流动性质已接近于液体的流动性质，气—固之间的作用力增大，因而气体滑动效应逐渐消失，管壁上的气膜逐渐趋于稳定，所测渗透率也趋于不变。

由于气体在微毛细管孔道中流动时的滑动效应是克林肯贝格（Klinkenberg）在实验中发现的，故人们将滑动效应称为克氏效应，将 K_∞ 称为"克氏渗透率"。

早在1941年，克林肯贝格就给出了考虑气体滑动效应的气测渗透率数学表达式：

$$K_g = K_\infty \left(1 + \frac{b}{\bar{p}}\right) \tag{6-12}$$

式中　K_g——气测渗透率；

　　　K_∞——等效液体渗透率；

　　　$\bar{p}$——岩心进出口平均压力，$\bar{p} = (p_1 + p_2)/2$；

　　　b——取决于气体性质和岩石孔隙结构的常数，称为"滑脱因子"或"滑脱系数"。

对气体在一根毛细管内的流动来说：

$$b = \frac{4C\lambda\bar{p}}{r} \tag{6-13}$$

式中　λ——对应于平均压力下气体分子平均自由行程；

r——毛细管半径（相当于岩石孔隙半径）；

C——近似于 1 的比例常数。

由普通物理学知道：

$$\lambda = \frac{1}{\sqrt{2}\pi d^2 n}$$

(6-14)

式中　d——分子直径，由气体种类决定；

n——分子密度，与平均压力相关。

3. 不同气体所测的渗透率值也不同

气体的滑脱效应还与气体的性质有关。气体种类不同（如 He、空气和 CO_2，它们的分子量分别为 4、29 和 44），分子直径不同。由式（6-14）可知，自由行程又不同，使得滑脱系数 b 不同。分子量小，d 小，λ 大，b 大，滑脱效应严重，这与图 6-5 中所示的 He、空气、CO_2 气体随分子量增大，滑脱效应减弱相一致。

4. 岩石不同，气测 K_g 与液测 K_∞ 差值大小不同

越致密的岩心，孔道半径 r 越小，由式（6-13）可知，则 b 越大，滑脱效应愈严重。这是因为只有在气体分子的平均自由行程和它流动的孔道相当时，气体滑动这一微观机理才可能表现出来，滑动所造成的影响也才会突出出来。然而在高渗透率岩心中渗流时，气体是在较大的孔道中渗流，滑脱现象就不明显，因为此时岩石孔道直径比气体分子自由行程大很多，气体本身就很容易流动，气体滑动对整个流动的影响就显得微不足道。

由上面的讨论可以看出，气体滑动现象对气测渗透率有较大的影响，特别是对于低渗透岩石，在低压下测定时影响更大。此时，由于气体滑动现象存在，所测得的渗透率尽管反映了岩石渗透性的好坏，但同时又是测量压力的函数，从而失去了岩石参数是定值的准则，使之无法用于储层产能的评价。因此，在美国《油藏工程》一书中提出：凡渗透率小于 100mD（0.1μm）的岩心，均需进行克氏渗透率校正。中国现行某些标准中，也沿用此规定。

第三节　储层岩石渗透率的分布特征及影响因素

一、渗透率非均质性及平均渗透率计算方法

1. 非均质性概念及类型

非均质性是油藏广泛存在的特征。从孔隙水平到油田水平，油、气、水和岩石的性质及其变化程度都有所不同。

从规模上看储层非均质性包括微观非均质性、宏观非均质性、中尺度非均质性、大尺度非均质性和巨尺度非均质性。

从储层分布上看，非均质性包括平面非均质性、层间非均质性和层内非均质性。平面非均质性是指一个储层砂体的几何形态、规模、连续性，以及砂体内孔隙度、渗透率的空间变化所引起的非均质性。它直接关系到注入剂的平面波及效率。层间非均质性是对一套砂泥岩间的含油层系的总体研究，属层系规模的储层描述。包括各种沉积环境的砂体在剖面上交互出现的规律性以及作为隔层的泥质岩层的发育和分布规律，即砂体的层间差异，如砂层间渗透率的非均质程度的差异。层内非均质性是指一个单砂层规模内垂向上的储层性质变化，包括层内垂向上渗透率的差异程度、最高渗透率段所处的位置，层内粒度韵律、渗透率韵律及渗透率的非均质程度，层内不连续的泥质薄夹层的分布。层内非均质性是直接控制和影响一个单砂层内注入剂波及体积的关键地质因素。

2. 平均渗透率的计算方法

对于非均质储层，常常需要获取整个储层的平均渗透率，目前常用的求平均值的方法有三种：算术平均法；加权平均法及按物理过程求平均值的方法。

1）算术平均

假设每个渗透率 K_i 数值都可代表取样的层段，取样数为 n，则平均渗透率值为：

$$\bar{K} = \frac{\sum\limits_{i=1}^{n} K_i}{n} \tag{6-15}$$

算术平均方法简单、易算，适用于样品均匀分布的情况，否则代表性差。

2）加权平均

例如所测得的某一渗透率值 K_i 代表了有效厚度为 h_i、含油面积为 A_i 的油层，则：

纵向（或单井）油层厚度加权平均渗透率为：

$$\bar{K} = \frac{\sum K_i h_i}{\sum h_i} \tag{6-16}$$

横向（即平面上）油层面积加权平均渗透率为：

$$\bar{K} = \frac{\sum K_i A_i}{\sum A_i} \tag{6-17}$$

全油藏油层体积加权平均渗透率为：

$$\bar{K} = \frac{\sum K_i A_i h_i}{\sum A_i h_i} \tag{6-18}$$

加权平均法求取的参数值比算术平均法更符合实际。孔隙度、原始含油饱和度等物性参数也可用上述方法求其平均值，此处不再赘述。

下面讨论根据物理过程，按等效渗流阻力原理求平均渗透率的方法。

3）按物理过程平均（以线形流为例）

地层内不同渗透率区域，存在两种基本组合方式，一种是多个区域一起同时流动的并联方式，另一种是多个区域顺序流动的串联方式，这两种方式求取平均渗透率的方法有较大的不同。

（1）并联地层的平均渗透率。

设有三个渗透率不同的小层并联，分布如图 6-7 所示，渗透率分别是 K_1、K_2、K_3，厚度分别为 h_1、h_2、h_3，流体从左向右单向流动，三个小层两端的压力分别是 p_1、p_2，求地层的总渗透率 K。

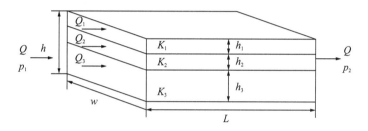

图 6-7　线性单向并联渗流示意图

由于渗流是并联方式，则每一层的压力差是相等的，总的流量等于各层流量之和，即：

$$Q = Q_1 + Q_2 + Q_3 \tag{6-19}$$

根据达西公式可以分别写出每一层的流量公式为：

$$
\begin{cases}
Q_1 = \dfrac{K_1 w h_1}{\mu} \dfrac{(p_1 - p_2)}{L} \\[2mm]
Q_2 = \dfrac{K_2 w h_2}{\mu} \dfrac{(p_1 - p_2)}{L} \\[2mm]
Q_3 = \dfrac{K_3 w h_3}{\mu} \dfrac{(p_1 - p_2)}{L}
\end{cases} \tag{6-20}
$$

如果把这三个小层看成一个整体，地层总厚度 h 等于各小层厚度之和，则可以得到总流量为：

$$Q = \frac{Kw(h_1 + h_2 + h_3)}{\mu} \frac{(p_1 - p_2)}{L} \tag{6-21}$$

因此，可以知道总的渗透率为：

$$K = \frac{K_1 h_1 + K_2 h_2 + K_3 h_3}{h_1 + h_2 + h_3} = \frac{\sum\limits_{i=1}^{n} K_i h_i}{\sum\limits_{i=1}^{n} h_i} \qquad (6\text{-}22)$$

（2）串联地层的平均渗透率。

设有三个渗透率不同的小层串联，分布如图 6-8 所示，渗透率分别是 K_1、K_2、K_3，厚度分别为 h_1、h_2、h_3，流体从下向上单向流动，上下两端的压力分别是 p_1、p_2，求地层的总渗透率 K。

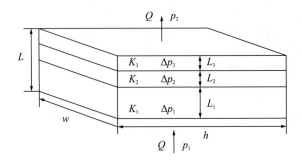

图 6-8　线性单向串联渗流示意图

由于渗流是串联方式，则在刚性流动的时候，每一层通过的流量是相等的，即：

$$Q = Q_1 = Q_2 = Q_3 \qquad (6\text{-}23)$$

总的压差等于每个小层压差之和，即：

$$\Delta p = \Delta p_1 + \Delta p_2 + \Delta p_3 \qquad (6\text{-}24)$$

整个渗流的长度 L 为各个小层渗流长度之和，即：

$$L = L_1 + L_2 + L_3 \qquad (6\text{-}25)$$

根据达西定律，可以知道总的压差为：

$$\Delta p = \frac{Q\mu L}{Kwh} \qquad (6\text{-}26)$$

其他各小层的压差分别为：

$$\Delta p_1 = \frac{Q\mu L_1}{K_1 wh}, \quad \Delta p_2 = \frac{Q\mu L_2}{K_2 wh}, \quad \Delta p_3 = \frac{Q\mu L_3}{K_3 wh} \qquad (6\text{-}27)$$

根据总压差等于各小层压差之和，可以得到：

$$\frac{Q\mu L}{Kwh} = \frac{Q\mu L_1}{K_1 wh} + \frac{Q\mu L_2}{K_2 wh} + \frac{Q\mu L_3}{K_3 wh}$$ (6-28)

因此可以得到单向线性流并联时的总渗透率为：

$$K = \frac{L_1 + L_2 + L_3}{\dfrac{L_1}{K_1} + \dfrac{L_2}{K_2} + \dfrac{L_3}{K_3}}$$ (6-29)

本节只论述了单向线性流时并联和串联的情况，还有平面径向流的情况，可以参考《渗流力学》有关内容。

二、储层岩石渗透率的方向性及测定方法

1. 渗透率的方向性

均质油藏中，渗透率假设在各个方向上都是相同的。但是在非均质油藏中，水平方向（x 方向）与 y 和 z 方向的渗透率有很大的不同。渗透率的方向性成因有如下几种情况。

1）颗粒形状不规则且沉积具有方向性

如图 6-9 所示，图中碎屑岩的颗粒小，形状不规则，沉积时颗粒长轴顺古水流方向沉积，造成水平方向渗透率远大于垂直方向渗透率。

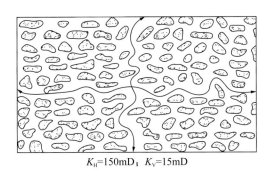

K_H=150mD；K_V=15mD

图 6-9　小且不规则颗粒沉积时渗透率分布（引自佳布）

2）沉积层理

白云岩、泥页岩等片状矿物沉积时通常会形成层理。层理的出现会大幅度增加岩石的各向异性。

3）裂缝

裂缝的存在导致沿着裂缝流动时，渗透率增加，远大于垂直于裂缝方向的渗透率（图 6-10）。

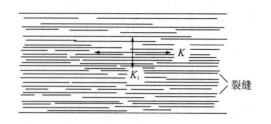

图 6-10　裂缝引起的渗透率各向异性（引自刘月田）

2. 各向异性渗透率的测定

通常采用岩心分析方法来测定渗透率的各向异性，一种是在获取岩心柱时从不同方向钻取，如图 6-11 所示；另一种是采用全直径岩心测试方法获得不同方向的渗透率结果。

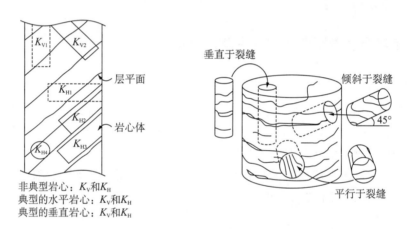

（a）常规岩心分析中应用的典型　　　　（b）取自天然裂缝岩石的岩心
　　　和非典型水平岩心和垂直岩心

图 6-11　测量水平和垂直渗透率的岩心柱体获取方法示意

3. 全直径岩心分析测定渗透率

对于非均质储层，如裂缝溶洞及砾岩等，小岩心柱的尺寸已不能代表储层岩石的"表征体积单元"了，而应选用体积（直径）更大一些的岩心，即所谓的全径岩心或称全直径岩心，它是将钻井取出的整个岩心在长度上切取一段进行测试。测定时，采用 Hassler 型岩心夹持器，可分别测出同一岩样的水平方向渗透率和垂直方向的渗透率。

1）水平渗透率的测定

测定所用的 Hassler 型岩心夹持器如图 6-12 所示。该夹持器有一个内部装有胶皮筒的长钢管，胶皮筒的端部紧贴于钢管上，使钢管与胶皮筒之间的环形空间密封。在上、下加压柱塞上有一小孔眼以便气体进入岩样。

当测定水平渗透率时，借助液压泵使加压柱塞上移，直至胶垫与岩样两端密封起来。加环压使胶皮筒密封住岩样侧表面（除有滤网处以外的表面），测定两滤网水平方向的渗透率。此时流体流动方向如图 6-13 所示。

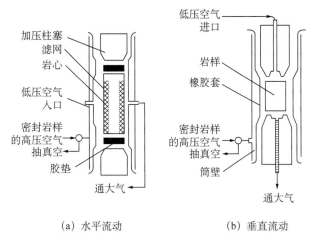

(a) 水平流动   (b) 垂直流动

图 6-12 Hassler 型全径岩心夹持器

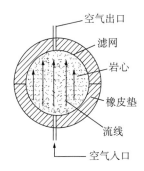

图 6-13 岩样内空气的流道（测量过程中）

水平方向渗透率的计算方法是在达西公式中引进一附加的形状系数 E，该形状系数可从电模型、驱替实验等方法求得，它与岩样的直径以及用来分配气体的多孔滤网的弓形角度有关。此时，达西公式修正为：

$$K = E \cdot \frac{2Q_0 p_0 \mu}{L(p_1^2 - p_2^2)} \times 10^{-1} \tag{6-30}$$

式中 K——水平渗透率，D；

Q_0——在大气压 p_0 下通过岩样的空气流量，cm³/s；

μ——气体的黏度，mPa·s；

L——岩样长度，cm；

p_1，p_2——岩样两端入口及出口压力，MPa；

E——形状系数，取决于弓形滤网所遮挡的角度及岩样的直径。

其关系曲线如图 6-14 示，当弓形滤网的面积为 1/4 岩样侧面时，$E = 1$。

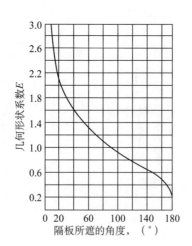

图 6-14　几何形状系数与多孔橡胶隔板所遮的角度关系曲线

2）垂直渗透率的测定

应用上述 Hassler 夹持器测定垂向渗透率时，需将岩样侧表面的滤网除去而在岩样两端加上滤网，使气体由岩样的两端通过，测定其垂向渗透率。其过程和计算公式与常规小岩心测渗透率完全相同。

3）径向渗透率的测定

将全径岩心中心钻孔，即可测定其径向渗透率。全径岩心径向渗透率测定仪如图 6-15 所示，主要由三部分组成：一个能使进口压力保持均匀、容积较大的岩心室；能密封岩心两端头的柱塞；一个可以上下移动的平板部件。在平板部件中还包括下端固定板、相隔 120° 排列的三个弹簧、支点球和上端活动板。

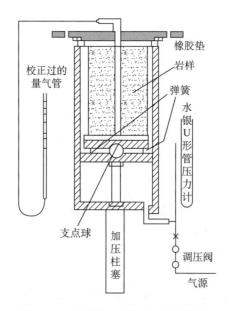

图 6-15　全径岩心径向渗透率测定仪

测试时，将中心已钻有孔的岩样放在可移动的平板上（此孔一定要钻在中心），岩样的下端垫有厚胶垫，然后用柱塞将岩样顶起，使其贴紧在上下端胶垫上，严防岩心与胶垫之间漏气。

待流动状态稳定后，测定经过岩心的流量（大气压下的流量 Q_0）和进出口压力 p_1 和 p_2。用径向流的达西公式计算渗透率：

$$K = \frac{Q_0 p_0 \mu \ln \dfrac{d_e}{d_w}}{\pi h (p_1^2 - p_2^2)} \times 10^{-1} \tag{6-31}$$

式中　K——气体渗透率，D；

　　　d_e——岩样外径，cm；

　　　d_w——岩样中孔眼内径，cm；

　　　h——岩样的高度，cm。

三、储层岩石渗透率影响因素

影响岩石渗透率的因素很多，其中主要因素包括以下几点。

1. 岩石骨架构成及构造力的影响

主要是指岩石的粒度、分选、胶结物和层理等，它们对渗透率均有影响。实验发现疏松砂的粒度越细，分选越差，渗透率越低。又如，在递变沉积岩层理中，粒度向上逐渐变细，渗透率也相应降低，以致在注水时，油层下部会出现过早水淹的情况。

对于碳酸盐岩的渗透率，除原生孔隙的碳酸盐岩出现平行层面的渗透率大于垂直层面渗透率外，对具有次生裂缝的碳酸盐岩，垂直层面的渗透率可能会大于平行层面的渗透率。因此，测定岩石的渗透率时，必须注意它所代表的是水平渗透率还是垂直渗透率。

2. 岩石孔隙结构的影响

一般而言，岩石的渗透率不仅与孔隙度有关（图6-16），而且还取决于孔隙结构。凡影响岩石孔隙结构的因素都影响渗透率。如由高才尼—卡尔曼（Kozeny–Carman）导出的下述公式：

$$K = \frac{\phi^3}{2\tau^2 S_s^2 (1-\phi)^2} \times 10^8 \tag{6-32}$$

$$K = \frac{\phi r^2}{8\tau^2} \tag{6-33}$$

式中　S_s——以岩石骨架为基础的比面；

　　　r——岩石孔隙半径；

　　　τ——孔道迂曲度。

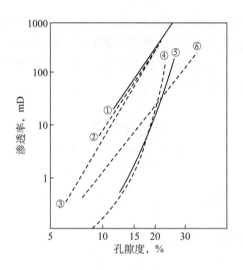

图 6-16　孔隙度和渗透率的关系

①—清洁砂；②—分选好的细砂；③—分选极好的细砂；④—分选
好的很细的砂；⑤—中等分选的很细的砂；⑥分选差的细砂

从式（6-33）可以看出：渗透率 K 除与孔隙度 ϕ 成一次方关系外，与岩石孔隙半径 r 及比面 τ 成二次方的关系。

岩石比面大，实质是组成砂岩的粒度细，孔隙半径小。其结果是岩石的渗透率低，岩石的束缚水饱和度就会很高。岩石渗透率与孔隙度的关系如图 6-17 所示。

此外，孔隙的连通性、迂曲度、内壁粗糙度等对岩石的渗透性也有影响。

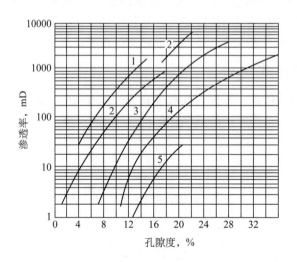

图 6-17　不同粒径的孔隙度与渗透率的关系图

1—粗的和很粗的颗粒；2—粗的和中等的颗粒；3—细颗粒；4—淤泥；5—黏土

3. 地层静压力与地层温度的影响

弗特等人用纯净干燥砂岩样品做压实实验，测得 K_i/K（K_i 为目前压力下的渗透率，K 为起点压力下的渗透率）与压实压力 p 的关系，得到如图 6-18 所示结果。从图 6-18 中不难看出，当作用于岩样上的压力越大时，渗透率就相应减小，当压力超过某一数值时，渗透率 K 就急剧下降。对泥质砂岩，其比砂岩渗透率减小得更厉害，甚至降为零。

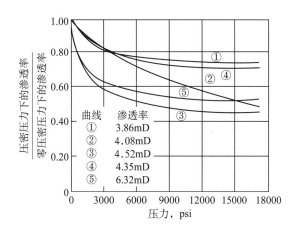

图 6-18　砂岩渗透率与压实压力的关系曲线

实验发现随温度升高，压力对渗透率的影响将减小，特别是在压力较小的情况。这是由于温度升高，引起岩石骨架和空隙中流体发生膨胀，阻碍了压实，这样岩石渗透率随着压力升高而降低的程度自然会减弱。

需要注意的是：储层岩石的渗透率并非固定不变，由于外来工作液与岩石的不配伍而产生的物化反应，以及由于不恰当的施工措施和不合理的开采速度都会引起地层渗透率的改变。

第四节　裂缝性、溶孔性岩石的渗透率

无论碳酸盐岩还是碎屑岩（如致密砂岩），储层岩石均可具有裂缝。裂缝不仅是储油气的空间，更重要的是油气流动的通道，对裂缝渗透率的研究非常重要，但由于裂缝比较复杂且难以直接获得，目前直接测量裂缝渗透率的方法还很不完善，以致研究裂缝岩石渗透率多数只能在简化条件下进行。

本节首先研究最简单的纯裂缝岩石渗透率，然后讨论双重孔隙介质情况下的岩石渗透率。

一、纯裂缝岩石的渗透率

1. 裂缝孔隙度

一般情况下，多采用裂缝的密度 n 与宽度 b 来表示裂缝的特征。裂缝的密度 n 等于渗滤面内裂缝的总长度与渗滤面积之比（图 6-19），即：

$$n = \frac{L}{A} \tag{6-34}$$

式中　L——裂缝总长度；

　　　A——裂缝岩样的渗滤面积。

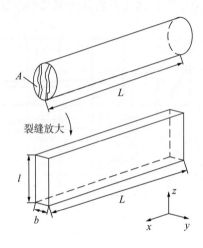

图 6-19　裂缝示意图

此时，裂缝的孔隙度 ϕ_f 可用裂缝面积与岩样的面积比值来表示：

$$\phi_f = \frac{Lb}{A} = n \cdot b \tag{6-35}$$

式中　ϕ_f——裂缝孔隙度；

　　　b——裂缝宽度。

2. 裂缝渗透率的计算

由布辛列克方程可知，流过单位长度裂缝的液体流量为：

$$q = \frac{b^3}{12\mu}\frac{\mathrm{d}p}{\mathrm{d}x} \tag{6-36}$$

式中　q——单位长度裂缝内液体流量；

　　　μ——液体的动力黏度；

　　　b——裂缝宽度；

　　　$\dfrac{\mathrm{d}p}{\mathrm{d}x}$——压力梯度。

在裂缝总长度为 L 情况下，岩石渗滤面积内流过全部裂缝的液体流量为：

$$Q = L \cdot q = \frac{Lb^3}{12\mu}\frac{\mathrm{d}p}{\mathrm{d}x} \tag{6-37}$$

结合式（6-36）和式（6-37），可以得到：

$$Q = \frac{A \cdot \phi_f \cdot b^2}{12\mu} \frac{\mathrm{d}p}{\mathrm{d}x} \tag{6-38}$$

引入等效的裂缝岩石渗透率 K_f 这一参数，仍按达西定律来表示同一岩石的流体流量，则：

$$Q = \frac{A \cdot K_f}{\mu} \frac{\mathrm{d}p}{\mathrm{d}x} \tag{6-39}$$

对于同一块岩石来说，阻力相同，动力相同，黏度一致，因此其渗流阻力和流量都应该相等，即式（6-38）与式（6-39）应相等，可以得到：

$$\frac{A\phi_f b^2}{12\mu} \frac{\mathrm{d}p}{\mathrm{d}x} = \frac{A \cdot K_f}{\mu} \frac{\mathrm{d}p}{\mathrm{d}x} \tag{6-40}$$

因此可以得到裂缝渗透率的表达式为：

$$K_f = \frac{\phi_f \cdot b^2}{12} \tag{6-41}$$

若改为 SI 制的单位，则：

$$K_f = \phi_f b^2 \cdot \frac{10^8}{12} = 8.33 \times 10^6 b^2 \phi_f \tag{6-42}$$

式中　b——裂缝宽度，cm；

ϕ_f——裂缝孔隙度，%；

K_f——裂缝渗透率，D。

式（6-42）为常用的计算裂缝渗透率公式。即在纯裂缝的情况下，计算岩石渗透率的公式。

二、双重介质（裂缝—基质孔隙）的渗透率

双重介质油藏既有基质孔隙，又有裂缝系统。基质孔隙是主要的油气储集空间，而裂缝则是主要的油流通道，但两者都同时又起着储集和渗流的作用。

裂缝—基质系统的总渗透率 K_t 一般可用基质渗透率 K_m 和裂缝渗透率 K_f 的简单叠加来表示，即：

$$K_t = K_m + K_f \tag{6-43}$$

式中　K_t——岩石的渗透率或总渗透率；

K_m——岩石基质的渗透率；

K_f——岩石裂缝的渗透率。

如图 6-20 所示，若岩石中裂缝不只一组，且裂缝与流体渗流方向夹角为 α，则整个岩块渗透率为：

$$K_t = K_m + \sum_{i=1}^{n} K_{fi} \cos \alpha_i \qquad (6-44)$$

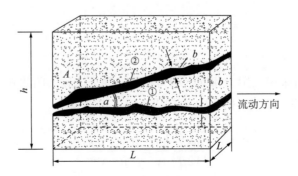

图 6-20　包含两条裂缝的基质块

裂缝① （$\alpha = 0$）；裂缝② （$\alpha \neq 0$）

式 （6-44）即为双重介质多组裂缝时岩石总渗透率的计算公式，该式既考虑了岩石基质颗粒间的渗透率，又考虑了岩石裂缝部分的渗透率，其中还包括了裂缝组数 i 及裂缝与渗流方向的夹角 α 等。

例题 6-1： 有一裂缝孔隙型石灰岩地层，裂缝岩样的渗滤面积 A 为 $10mm \times 10mm$，已测得其基质渗透率 $K_m = 0.001D$ （$1mD$），一组裂缝存在，裂缝宽度 $b = 0.01mm$，裂缝长度 $L = 10mm$，裂缝与流体渗流方向夹角 $\alpha = 0$，求该岩石总渗透率 K_t。

解：

可按式 （6-44）计算该岩石总渗透率 K_t：

$$K_t = K_m + K_f \cos \alpha$$

$$K_m = 0.001 \ (D)$$

其中：

$$K_f = \frac{\phi_f \cdot b^2 \times 10^8}{12} = 8.33 \times 10^6 \phi_f \cdot b^2$$

$$= 8.33 \times 10^6 \times \frac{10 \times 0.01}{10 \times 10} \times (0.01)^2 = 0.833 (D)$$

所以 $K_t = 0.001 + 0.833 = 0.834$ （D）。

对比一下 K_m 与 K_t 可以看出，虽然裂缝宽度仅 0.01mm，但裂缝渗透率却比基质渗透

率 K_m 大 833 倍，可见，裂缝在岩石渗流中起着多么大的作用。

三、溶洞的渗透率

可用式（6–45）计算：

$$K = \frac{\phi_h r^2}{8 \times 9.869 \times 10^{-9}} = 12.7 \times 10^6 \phi_h r^2 \tag{6–45}$$

式中　r——溶孔的半径，cm；

　　　K——溶洞的渗透率，D；

　　　ϕ_h——溶孔岩石的孔隙度，%。

第五节　岩石结构的理想模型及应用

真实的砂岩内孔隙结构十分复杂，人们常常采用一些简化的理想模型来研究实际模型的渗透率、孔隙度以及它们之间的关系。常用的理想模型包括颗粒堆积模型、毛细管束模型和网络模型。

颗粒堆积模型一般用于研究孔隙的空间分布及计算孔隙度，毛细管束模型一般用于研究等效渗透率。

一、毛细管束模型

毛细管束模型是把实际多孔介质的孔隙网络等效成由一组等长度、等直径（或不等直径）的毛细管束。这种等效需要满足的条件为：①孔隙空间体积一致；②渗流能力一致。

本书采用最简单的情况，将实际孔隙空间等效为等直径的平行毛细管束，如图 6–21 所示。

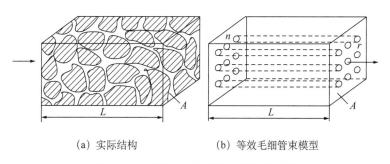

（a）实际结构　　　　　　　（b）等效毛细管束模型

图 6–21　岩石结构的等效毛细管束模型

L—岩石长度，cm；A—岩石横截面积，cm^2；
n—单位截面积毛细管的数目，根/cm^2；r—毛细管半径，cm

二、单根毛细管流动规律

假设一根长为 L，内半径为 r_0 的毛细管，其中流体的黏度为 μ，在压差 (p_1-p_2) 下作层流或黏滞性渗流。若流体可以润湿毛细管壁，则在管壁处液体的流速为零，在管中心处的流速最大，距离管中心相同距离 r 处的流速相同，如图 6-22 所示，因此可以看作是具有同一流速的圆筒层面。

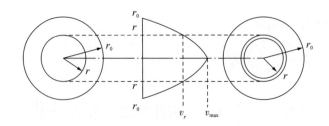

图 6-22 毛细管渗流速度剖面示意图

距离管中心 r 处的圆筒层上的黏滞力为：

$$F_r = \mu A \frac{\mathrm{d}v}{\mathrm{d}r} = \mu(2\pi rL)\frac{\mathrm{d}v}{\mathrm{d}r} \tag{6-46}$$

距离管中心 r 处的圆筒层上的驱动力为：

$$(p_1 - p_2)\,\pi r^2 \rightarrow A\,\Delta p \tag{6-47}$$

流体稳定渗流时，如果速度保持恒定，认为加速度为 0，则合力为 0：

$$\mu(2\pi rL)\frac{\mathrm{d}v}{\mathrm{d}r} + vr^2(p_1 - p_2) = 0 \tag{6-48}$$

分离变量，积分得：

$$v = -\frac{(p_1 - p_2)}{4\mu L}r^2 + C_1 \tag{6-49}$$

当 $r = r_0$ 时，$v = 0$，可求出常数 C_1：

$$C_1 = r_0^2\,(p_1 - p_2)\,/4\mu L \tag{6-50}$$

由此可得速度的表达式为：

$$v = \frac{(r_0^2 - r^2)(p_1 - p_2)}{4\mu L} \tag{6-51}$$

单根毛细管的流量：

$$q = \int_0^{r_0} v\mathrm{d}A = \int_0^{r_0} \frac{(p_1 - p_2)(r_0^2 - r^2)}{4\mu L}\mathrm{d}(\pi r^2)$$

$$= \int_0^{r_0} \frac{(p_1 - p_2)(r_0^2 - r^2)}{2\mu L}\pi r\mathrm{d}r \tag{6-52}$$

此时可以得到单根毛细管流量的计算方程，又称为泊肃叶（Poiseuille）方程，有的地方也写作泊谒叶方程：

$$q = \frac{\pi r_0^4 (p_1 - p_2)}{8\mu L} \tag{6-53}$$

三、渗透率与孔隙度、比面的相互关系

1. 毛细管束模型的孔隙度和比面

根据等效的原则，可以得到孔隙度：

$$\phi = \frac{V_p}{V_b} = \frac{nA(\pi r^2)L}{AL} = n\pi r^2 \tag{6-54}$$

比面为：

$$S = \frac{a}{V_b} = \frac{nA(2\pi r)L}{AL} = n(2\pi r) = n\pi r^2 \cdot \frac{2}{r} \tag{6-55}$$

可得：

$$r = \frac{2\phi}{S} \tag{6-56}$$

式中　a——所有孔隙的总内表面积，cm^2。

2. 渗透率与孔隙半径、孔隙度的关系

假设等效的毛细管束模型中有 n 根半径为 r 的毛细管，根据泊肃叶定律可知通过该等效模型的流量为：

$$Q = n \cdot q \tag{6-57}$$

所以总的流量用泊肃叶定律表示为：

$$Q = nA \frac{\pi r_0^4 (p_1 - p_2)}{8\mu L} \tag{6-58}$$

真实岩石流量：

$$Q = \frac{K \cdot A}{\mu} \frac{(p_1 - p_2)}{L} \tag{6-59}$$

由毛细管束模型流量等于真实岩石流量可得：

$$\frac{K \cdot A}{\mu} \frac{(p_1 - p_2)}{L} = nA \frac{\pi r_0^4 (p_1 - p_2)}{8\mu L} \tag{6-60}$$

由式（6-60）可得：

$$K = \frac{n\pi r_0^4}{8} \tag{6-61}$$

又由孔隙度计算公式：

$$\phi = n \cdot \pi \cdot r^2 \tag{6-62}$$

可得渗透率与孔隙度和毛细管半径的关系：

$$K = \frac{\phi r^2}{8} \tag{6-63}$$

实际岩石孔隙通道是弯曲的，而不是平行的等径直管，因此柯静—卡尔曼（1932）引入了孔道迂曲度 τ，此时渗透率计算公式为：

$$K = \frac{\phi r^2}{8\tau^2} \tag{6-64}$$

如果已知渗透率和孔隙度，也可以计算平均孔隙半径：

$$r = \sqrt{\frac{8K}{\phi}} \tag{6-65}$$

3. 渗透率与比面的关系

将式（6-65）代入式（6-63）可以得到渗透率与比面的关系：

$$K = \frac{\phi r^2}{8} = \frac{\phi}{8} \times \frac{4\phi^2}{S^2} = \frac{\phi^3}{2S^2} \tag{6-66}$$

第六节　砂岩储层岩石的敏感性

一、砂岩胶结物中的各种敏感矿物

胶结类型直接影响岩石的储油物性，但就对储层的敏感性来说，则主要受胶结物中的敏感性矿物的影响。

1.胶结物的类型

胶结物的成分可分为泥质、钙质（灰质）、硫酸盐（主要是石膏）、硅质和铁质。但最常见的是泥质、钙质和硫酸盐。胶结物总是使储层物性变差。

2.黏土矿物

黏土矿物颗粒通常很细小，为 1 ~ 5μm，一般小于2μm且绝大多数是结晶质的，极少是非晶质的。结晶黏土矿物绝大多数为层状结构，所以它们常表现出片状、板状形态，少数链层状结构的黏土矿物常呈纤维状、棒状形态。加水后均具有可塑性。许多黏土矿物具有较强的吸附性和离子交换性等特点。

因此，可以说黏土矿物是细分散的含水的层状硅酸盐和含水的非晶质硅酸盐矿物的总称，主要的黏土矿物包括高岭石、蒙脱石、伊利石、绿泥石等。

1）黏土矿物的产状

所谓产状就是物体在空间产出的状态和方位的总称。黏土矿物的产状就是指黏土矿物在储层孔隙中的分布方式及特点。储层中黏土矿物的产状及分布特点与沉积物的母源、沉积环境、水动力条件有密切关系。产状不同，对流体流动的影响也不相同。根据电镜扫描，按对渗流影响由小到大的次序，将黏土矿物产状分为三种类型（图6−23）。

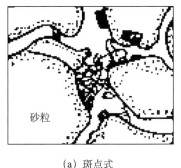 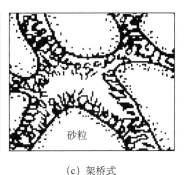

| (a) 斑点式 | (b) 薄膜式 | (c) 架桥式 |

图6−23　砂岩中黏土矿物的产状

（1）斑点式。一般多为高岭石和少量的针状云母、蒙脱石等。像"补丁"一样不连续地附在孔隙壁或充填在孔隙之间，使孔道变窄。

（2）薄膜式。这种黏土矿物主要为伊利石、绿泥石、蒙脱石等。颗粒较小，排列规则，围绕颗粒或孔隙边缘呈环带薄膜生长，使通道变窄，对流体流动有一定影响。

（3）架桥式。这种黏土矿物多为绿泥石、伊利石（水云母）。呈纤维状、针状在颗粒之间延伸，有时两边的黏土矿物还连结起来，像"桥"一样横跨孔隙空间。孔隙空间内又形成很多微孔隙，使流体在孔隙内迂回流动，因而严重影响流体的渗流。

一般情况下，这几种黏土矿物的产状类型不是单一出现的，有时是以某种类型为主，有时是几种类型共存。

2）不同黏土矿物对储层的影响

（1）蒙皂石。

铝硅酸盐矿物，以蜂窝状、丝絮状为主，主要的不稳定机制为吸水膨胀，遇到矿化度低的淡水发生膨胀后体积可能增大 30 倍以上，是对储层伤害最大的水敏性黏土矿物。

（2）伊利石。

铝硅酸盐矿物，以叶片状、丝发状为主，贴附于颗粒表面或充填于粒间孔隙内。叶片状微晶切割孔隙空间，增加孔隙的迂曲度；丝发状微晶容易被水冲刷移动，是速敏伤害的来源之一。

（3）高岭石。

硅铝酸盐矿物，是长石风化剥蚀后的产物，呈页片状、蠕虫状、手风琴状，以孔隙充填的形式存在于粒间孔隙。容易被流体冲刷移动，是重要的速敏矿物。

（4）绿泥石。

含铁的铝硅酸盐矿物，可能是针叶状、绒球状、玫瑰花状，附着在孔隙壁面或充填于孔隙中。绿泥石中的高价铁离子与酸液作用，会生成沉淀，是比较典型的酸敏性矿物。

（5）伊蒙混层。

蒙脱石向伊利石过渡的矿物，呈蜂窝状、半蜂窝状、棉絮状等，是较强的水敏矿物。

（6）绿蒙混层。

蒙脱石向绿泥石转化中的矿物，呈薄片状包覆在颗粒表面或充填于颗粒间。既有绿泥石的针叶状结构，也有蒙脱石的网格状结构。成分中含有较多的铁和镁。有一定的酸敏性和水敏性。

3）黏土矿物的膨胀、分散或絮凝

黏土矿物遇水后会产生膨胀、分散或絮凝等不稳定现象。

膨胀分两个阶段进行，先是发生表面水化，然后发生渗透水化，其结果都使得黏土矿物的体积大大增加。评价膨胀的指标主要是黏土的膨润度。

黏土的分散和絮凝是地层内颗粒运移和堵塞的主要原因。黏土颗粒在水中趋于聚集而形成团块时，称为絮凝状态，此时会造成堵塞；当这些团块分裂散开时，则称为分散状态，此时会造成黏土颗粒的运移。水中黏土的分散和絮凝和电离作用有关。

4）黏土的膨润度

膨润度是指黏土膨胀的体积占原始体积的百分数，它是衡量黏土膨胀大小的指标。黏土的膨润度除与黏土本身的性质有关外，还与水的性质有关，矿化度越小的水使黏土膨胀越大（图6-24）。

测定黏土膨胀大小常用黏土膨胀仪。目前各油田所用仪器大同小异，尽管测量仪器不同，但其基本原理相同。图 6-25 中的黏土膨胀仪由半渗透隔板漏斗和微量计量管组成，隔板下面装有所需测试的液体（例如水），上面垫有滤纸。测试时，取一定量的黏土（约 0.lg）放在滤纸上，其吸液程度可由计量管读出，而黏土膨胀体积可从带刻度的漏斗中读出。

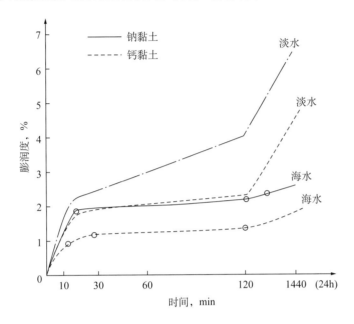

图 6-24　黏土的膨润度与时间的关系

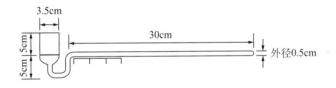

图 6-25　黏土膨胀仪

3. 硫酸盐胶结物及脱水特性

硫酸盐胶结物的主要成分是石膏，是带有结晶水的硫酸盐矿物（$CaSO_4 \cdot nH_2O$），当被加热时，随着温度的升高会有结晶水析出，脱水随温度的变化关系如图 6-26 所示。从图 6-26 中可见，当温度达 64℃ 时便有结晶水从石膏中分出，但其速度很慢，一旦温度超过 100℃ 乃至超过 80℃，其结晶水便很快地析出。这样，当测定岩心含水饱和度时，如采用沸点为 105℃ 甲苯抽提时，会使岩心含水饱和度偏高，从而出现所谓的"超百"现象（即岩石中所有流体饱和度之和大于 100%）。中国玉门等油田所作出的含水饱和度值偏高，经查证原因之一是由于石膏脱水及黏土矿物脱水所引起的。

为了防止高温下石膏脱水带来的误差，在岩心分析过程中可采取两种方法：①离心机低温冷洗岩心，即在常温或低温下，用离心机高速旋转下所产生的离心力将岩心中的油、水甩出；②用氯仿和甲醇配制共沸液，其沸点为53.5℃，远小于石膏的脱水温度，避免石膏脱水。

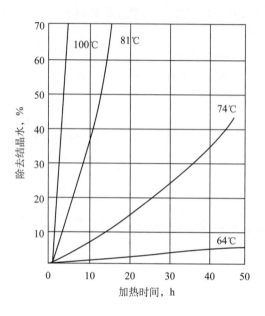

图6-26　石膏脱水与温度关系

4. 灰质胶结物及特点

不是所有能与酸反应的矿物都是酸敏性矿物。只有那些与酸反应后容易生成沉淀而堵塞孔道引起渗透率降低的矿物才称酸敏矿物。

常见的酸敏性矿物为：富铁绿泥石、黄铁矿（FeS_2）、菱铁矿（$FeCO_3$）等。这些矿物与酸反应后生成的 Fe^{2+} 呈胶体沉淀，伤害油层。

碳酸盐矿物如石灰石（$CaCO_3$）、白云石 [$CaMg(CO_3)_2$]、钠盐（Na_2CO_3）、钾盐（K_2CO_3）等虽然很容易与酸反应，但其反应产物中没有沉淀形成，与酸反应不会使渗透率降低，因此这些属于酸反应矿物而不是酸敏性矿物。

二、储层敏感性的评价方法

储层敏感性评价是系统评价地层损害工作中的重要组成部分，系统评价是一个完整的体系，它包括岩石学分析、常规岩心分析、专项岩心分析以及为评价储层敏感性而进行的岩心流动实验等（图6-27和图6-28）。

系统评价首先是通过岩相分析、常规岩心分析等来了解储层的原始状态，如岩性、矿物组成、孔隙分布、岩心渗透率、胶结物成分、黏土类型、黏土含量等，以了解储层可能潜在的损害因素，但岩矿分析不能给出损害大小的定量数值。在此基础上，再进一步通过岩心流动实验，找出储层与外来流体接触时产生速敏、水敏、盐敏、酸敏等的敏感程度。通过系统流体评价等，为找出与该地层相配伍的流体提供依据，最后经过综合研究提出钻井、完井、增产措施设计建议。

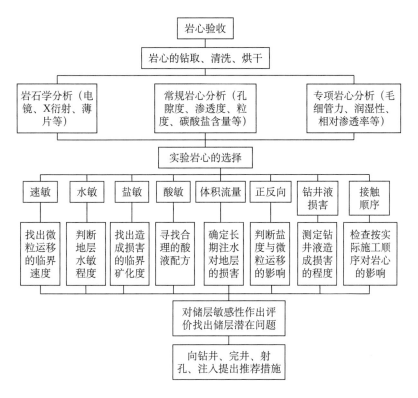

图 6-27 评价地层损害实验推荐程序

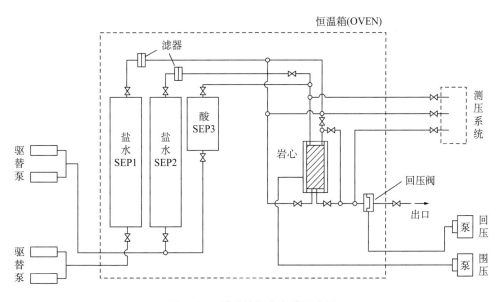

图 6-28 敏感性评价实验示意图

1. 速敏性及其评价

1）速敏性概念

速敏性是指因流体流动速度变化引起地层中微粒运移，堵塞喉道，造成渗透率下降的现象。地层微粒堵塞孔喉通常存在三种形式：①细粒在喉道处平缓地沉积；②一定数量的微粒在喉道产生"桥堵"，堵塞流动通道；③较大颗粒恰好嵌入喉道，形成"卡堵"。

2）临界流速

储层中的外来流体或地层流体一旦开始流动，地层微粒便立即随之移动，即使小于临界流速 v_c。所谓临界流速就是指，当注入（或产出）流体的流速逐渐增大到某一数值而引起渗透率下降时的流动速度，就称为该岩石在该流体下的临界速度。

3）速敏性评价实验及流程

速敏性评价实验的目的在于了解储层中流体流动速度与储层渗透率的变化关系，如储层有速敏性则要找出其开始发生速敏的临界流速 (v_c)，并评价速敏性的程度。

速敏性评价实验应按照 0.10mL/min，0.25mL/min，0.50mL/min，0.75mL/min，1.00mL/min，1.50mL/min，2.00mL/min，3.00mL/min，4.00mL/min，5.00mL/min，6.00mL/min 的流量等级依次在稳定状态下测定渗透率。当测出临界流速后，流量等级间隔可以加大，若一直未测出临界流速，应做到最大排量 6.00mL/min 为止。

实验结果一般如图 6-29 所示，其中有两条曲线分别代表注入速度较高时有微粒冲出和无微粒冲出两种情况。当有微粒冲出的时候，储层渗透率出现一定程度的恢复，甚至可能大幅度增加。

对于低渗透的致密岩样，当流量未达到 6.00mL/min，但压力梯度已达 3MPa/cm 仍没有出现速敏性时，则可认为该储层在现场通常的流速范围内无速敏性。

通过速敏性评价实验可以为油藏的注水开发提供合理的注入流量，也可为室内其他流动实验限定合理的流动速度，因此，它必须在其他敏感性流动实验之前进行。

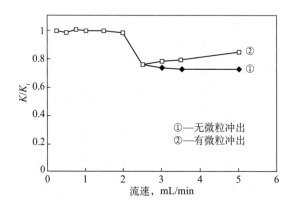

图 6-29　高 43-21 井砂岩岩样流速曲线

4）速敏性评价指标

目前有两个速敏性的评价指标，一个是由速敏性产生的渗透率损害率 (D_{Kv})，另一个

是速敏指数 (I_v)。D_{Kv} 的定义如下：

$$D_{Kv} = \frac{K_{\mathrm{L}} - K_{\min}}{K_{\mathrm{L}}} \tag{6-67}$$

式中　K_{L}——临界流速之前岩样渗透率的平均值，mD；

　　　$K_{\min}$——临界流速之后岩样渗透率的最小值，mD。

　　速敏指数 I_v 是指由速敏性产生的渗透率伤害率与岩样临界流速之比。因综合考虑了岩样临界流速和渗透率伤害率两个参数，故速敏指数评价更为合理。

$$I_v = \frac{D_{Kv}}{v_{\mathrm{c}}} \tag{6-68}$$

式中　I_v——速敏指数，d/m;

　　　v_{c}——临界流速，m/d。

　　速敏强度的评价标准分别见表 6-3 和表 6-4。

表6-3　渗透率损害率评价速敏强度

速敏性强度	渗透率损害率
强	$D_{Kv} > 0.70$
中等偏强	$0.70 > D_{Kv} > 0.50$
中等偏弱	$0.50 > D_{Kv} > 0.30$
弱	$0.30 > D_{Kv} > 0.05$
无	$D_{Kv} < 0.05$

表6-4　速敏指数评价速敏性

速敏性强度	速敏指数
强	$I_v > 0.70$
中等偏强	$0.70 > I_v > 0.40$
中等偏弱	$0.40 > I_v > 0.10$
弱	$0.10 > I_v > 0.05$
无	$I_v < 0.05$

2. 水敏性及其评价

1）概念

水敏性是指与储层不配伍的外来流体进入储层后，引起黏土膨胀、分散、运移，从而导致渗透率下降的现象。

2）水敏评价流程

水敏性评价实验的主要实验步骤如下：

（1）用模拟地层水（或标准盐水）测定渗透率 K_f（或 K_s），流速应略小于此盐浓度下的临界流速；

（2）用 10～15 倍孔隙体积次地层水（或次标准盐水）驱替，调整实验流速以保持驱替压力不高于地层水（或标准盐水）驱替时的最高值；

（3）在次地层水（或次标准盐水）中浸泡 12h 以上；

（4）用次地层水（或次标准盐水）测定渗透率（$K_{0.5f}$ 或 $K_{0.5s}$）；

（5）用 10～15 倍孔隙体积去离子水驱替，调整实验流速，使驱替压力略低于地层水或标准盐水驱替时的最高压力；

（6）在去离子水中浸泡 40h 以上；

（7）测定去离子水驱替时岩样的渗透率（K_w）。

3）水敏性评价指标

采用水敏指数 I_w 评价岩石的水敏性，定义如下：

$$I_w = \frac{K_f - K_w}{K_f} \tag{6-69}$$

式中　K_f——模拟地层水（或标准盐水）测定的岩样渗透率，mD；

　　　K_w——用蒸馏水测定的岩样渗透率，mD。

根据水敏指数可以对水敏进行分级，见表 6-5。

表6-5　水敏性强度分级

水敏性强度	水敏指数
无水敏	$I_w < 0.05$
弱水敏	$0.05 < I_w < 0.30$
中等偏弱水敏	$0.30 < I_w < 0.50$
中等偏强水敏	$0.50 < I_w < 0.70$
强水敏	$0.70 < I_w < 0.90$
极强水敏	$I_w > 0.90$

3. 盐敏性及其评价

1）盐敏性概念

水敏地层，当含盐度下降导致黏土矿物晶层扩张增大、膨胀增加，地层渗透率下降的现象。

2）盐敏性评价实验流程

（1）先测最高矿化度盐水下的渗透率 K_{ws}；

（2）然后，让不同矿化度的盐水依次由高矿化度向低矿化度的顺序注入岩心，测定不同矿化度盐水通过时的渗透率 K；

（3）作出矿化度与渗透率比 K/K_{ws} 的关系图；

（4）找到曲线上渗透率发生突变处所对应的矿化度，即为临界盐度，用 C 表示，如图 6–30 所示。

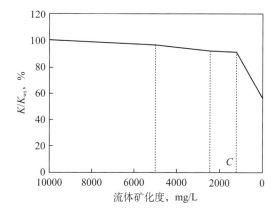

图 6–30　临界盐度示意图

盐敏性是地层耐受低盐度流体能力的量度，具体评价标准见表 6–6。

表6–6　盐敏性程度评价

用标准盐水（复合盐）评价盐敏性		用 NaCl 盐水（单盐）评价盐敏性	
盐敏强度	临界盐度，mg/L	盐敏强度	临界盐度，mg/L
弱盐敏	$C \geqslant 1000$	弱盐敏	$C \leqslant 1000$
中等偏弱盐敏	$1000 < C < 2500$	中等偏弱盐敏	$1000 < C < 3000$
中等盐敏	$2500 \leqslant C \leqslant 5500$	中等盐敏	$3000 \leqslant C \leqslant 7000$
中等偏强盐敏	$5500 < C < 8000$	中等偏强盐敏	$7000 < C < 10000$
强盐敏	$8000 \leqslant C < 25000$	强盐敏	$10000 \leqslant C < 30000$
极强盐敏	$C \geqslant 25000$	极强盐敏	$C \geqslant 3000$

4.酸敏性及其评价

1）概念

酸敏性是指酸液进入储层后与储层中的酸敏性矿物或原油作用，产生凝胶、沉淀，或释放微粒，致使储层渗透率下降的现象。

2）化学酸敏实验

不同的地层，应有不同的酸液配方。化学法酸敏实验是研究储层酸敏性机理的一项基础实验，也是优化酸液配方的基础实验。它是通过酸在不同条件下与岩心粉的作用，来选择驱替实验条件及现场施工条件，并获得储层的酸溶解能力、释放酸敏离子的能力，并观察酸溶过程中酸敏性离子的动力学及热力学特征。实验流程为：将一系列不同浓度的盐酸分别与岩心粉作用，测定岩样的溶失率（失重百分率）及残酸中酸敏性离子的浓度，得到如图 6–31 所示的结果，以此来确定最佳酸液浓度范围。

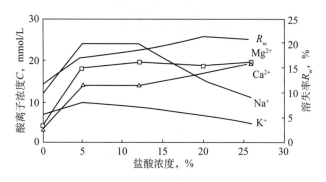

图 6–31　砂岩—土酸体系酸反应曲线

3）酸敏性评价指标

酸敏性强弱采用酸敏指数来判断，定义酸敏指数（I_a）如下：

$$I_a = \frac{K_i - K_{ai}}{K_i} \tag{6–70}$$

式中　I_a——酸敏指数；

K_i——酸化前测定的岩样平均渗透率，mD；

K_{ai}——酸化后测定的岩样平均渗透率，mD。

当 $I_a > 0$ 时，存在酸敏性。

思考题

1. 什么叫岩石的渗透性、岩石的渗透率？岩石的渗透率为 1D 的物理意义是什么？
2. 测定岩石绝对渗透率的条件是什么？

3. 分别用液测和气测低渗透性岩石渗透率，测定值谁大？为什么？怎样消除它对测定值的影响？

4. 有人说"岩石的孔隙度越大，其渗透率越大"。这种说法对吗？为什么？

5. 从达西公式出发推导气测渗透率的计算公式，并指出各符号的含义。

6. 影响渗透率的因素有哪些？如何影响？

7. 某一油层包括两个分层，一层厚 4.57m，渗透率为 150mD，另一层厚 3.05m，渗透率为 400mD，求油层的平均渗透率。

若某井所开采的各分层在修井后，150mD 的分层在半径 1.22m 内之渗透率降低为 25mD，而原来 400mD 的分层在井周围的 2.44m 半径内渗透率降低为 40mD，问该井在修井后之平均渗透率为若干？ $r_e = 152.40$m，$r_w = 0.15$m。

8. 三个定截面的分层，其渗透率分别为 50mD、200mD 和 500mD，相应的各地层长度为 12.19m、3.05m 和 22.86m，当各地层串联组合时，其平均渗透率为多少？

9. 某一生产层从顶层到底层共包括 3.05m 厚而渗透率为 350mD 的砂层，0.10m 厚及 0.5mD 的页岩，1.22m 厚及 1230mD 的砂层，0.05m 厚及 2.4mD 的页岩，2.44m 厚及 520mD 的砂层，其垂向的平均渗透率为多少？

10. 有三个分层，其渗透率分别为 40mD、100mD 和 800mD，厚度为 1.22m、1.83m 和 3.05m，并且有液体作平行渗透，假如它们的长宽比都相等，其平均渗透率为多少？

11. 某石灰岩之颗粒间的渗透率小于 1mD，然而，它每 0.1m² 上含两条矩形裂缝，每条裂缝的宽度为 0.127mm，那么它们的渗透率为多少？

12. 有下列两个岩样，粒度分析数据见表 1，试求各岩样的比面。设校正系数为 1.3。

表1 岩样的粒度分析数据

岩样号	孔隙度，%	粒级百分数，%					
		0.5 ~ 1mm	0.25 ~ 0.5mm	0.1 ~ 0.25mm	0.05 ~ 0.1mm	0.01 ~ 0.05mm	<0.01mm
1	27.0	5.05	53.35	24.70	7.95	5.75	3.05
2	28.3	—	2.95	76.15	10.50	5.40	4.70

13. 某油层岩石的孔隙度为 20%，渗透率为 100mD，试计算此岩石的平均孔隙半径和比面。

14. 设一横截面积为 2cm²，长 10cm 的圆柱形岩心在 0.15MPa 的压差下，通入黏度为 2.5mPas 的油且流量为 0.008cm³/s，岩心被该油样 100% 饱和，求该岩样的渗透率。

15. 有一岩样长 2.77cm，直径为 3.55cm，在 20℃ 时用水通过它，水的黏度为 1mPas，岩样两端的压差为 251mmHg，出口端压力为 0.1MPa，其流量为 0.02cm³/s，求用水通过时的渗透率为多少？

对于上述岩样，现改用气体通过，气体黏度为 0.0175mPa·s，压差为 25mmHg，出口端压力为 0.1MPa，流量为 0.12cm³/s，求该岩样的气测渗透率，并与水测渗透率比较。

16. 有一横向非均质岩石如图 1 所示，由实验测得各区域的孔隙度和渗透率值如下：$\phi_1 = 18\%$，$\phi_2 = 22\%$，$\phi_3 = 24\%$；$K_1 = 1.6$D，$K_2 = 3.2$D，$K_3 = 3.5$D；$L_1 = 8$cm，

$L_2 = 14cm$，$L_3 = 11cm$。

　　（1）用算术平均法计算该岩石的平均孔隙度和平均渗透率；

　　（2）按实际物理过程计算岩石的平均孔隙度和平均渗透率。

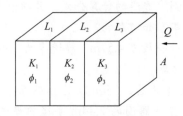

图 1　某横向非均质岩石

　　17. 设有长度均一的 n_1 根内径为 r_1（cm）的毛细管和 n_2 根内径为 r_2（cm）的毛细管，装在一根半径为 R（cm）的管子中，毛细管间隙填满石蜡，渗流只在毛细管中，求模型的孔隙度 ϕ、比表面积 S、渗透率 K 和平均毛细管半径 r。

　　18. 某石灰岩之颗粒间的渗透率小于 1mD，然而，它每 $0.1m^2$ 上都有 10 条溶蚀性孔道，每根孔道直径为 0.508mm。假如这些孔道延伸方向与液体流动方向相同，问这种岩石的渗透率是多少？

第七章

储层岩石中的界面现象与润湿性

本章介绍储层流体间界面张力、吸附现象和润湿现象等产生的原因及其作用。

第一节　储层流体的相间界面张力及其测定

流体的界面张力主要来自界面层分子力场不平衡，并受到多种因素的影响，有关界面张力的概念、测试方法和影响因素如图 7-1 所示。

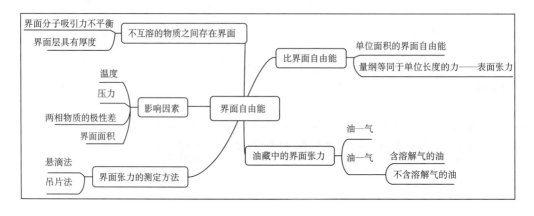

图 7-1　界面张力知识点关系图

一、界面张力的基本概念及影响因素

只要两相接触，就有界面出现。在习惯上，人们经常把"表面"和"界面"混用。严格来讲，只能当接触的两相中有一相是气相时，才能把与气相接触的界面称为表面。如固—气、液—气接触的界面叫作固体和液体的表面；对固—液、液—液相接触的界面仍应叫界面（后文中表面和界面未严格区分，读者可根据两相物质判断是表面还是界面）。

1. 界面能

只要界面存在，界面能就存在。什么是界面能？一般定义为：分子力场不平衡而使表面层分子储存有多余的能量，称为两相界面的界面能（或表面能）。或者定义为：在物质表面的分子与内部分子的能量差就是界面能。

可以用用图 7-2 为例，来理解界面能是怎么产生的。图 7-2 表示了水和气的界面处水分子的分布，界面的水分子为 a，内部的水分子为 b。对于内部的水分子 b 来说，它们同时受到周围水分子的作用力，即周围分子力的合力为零，所以其分子力场处于相对平衡状态。表面层的水分子 a，由于它们一方面受到内部水分子的作用力，同时另一方面又受到外部气分子的作用力，此时表面层分子受到周围分子力的作用合力不再为零，力场也不再平衡，由于水的分子力远远大于气的分子力，因此界面层上的水分子有向内部运动的趋势，力图向下沉入水中，但却被其他水分子托住。此时，表面层的水分子比内部的水分子储存有多余的"自由能"，这就是两相界面层的自由表面能。可以看出，只有当存在有两相界面时，才有分子力场的不平衡，也才有自由表面能的存在。以上是从水和空气为界面开始讨论的，如果将水和空气两相换成任意两相，不论是气—液、液—液，还是气—固、液—固，只要存在有界面，就必然存在有上述的自由表面能，其原理是相同的。完全互溶的两相，例如酒和水，煤油和汽油，由于其不产生界面，所以，体系就不存在自由表面能。

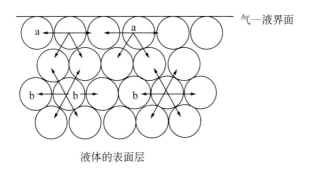

气—液界面

液体的表面层

图 7-2　分子受力示意图

2. 界面层厚度

大量研究表明，所谓的表面或界面，并非是一个没有厚度的纯粹的几何面，而是处于两相之间的一个具有一定厚度的界面层 [图 7-3 (a)]。这一层的结构和性质与它相邻的两相都不一样，而是由两相界面逐渐过渡到相内分子层，整个过渡层 A—B 中的所有分子，都或多或少地具有自由表面能。

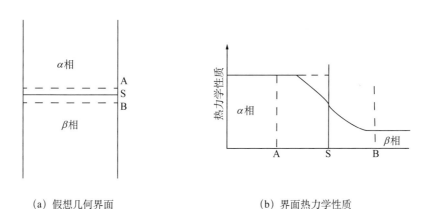

（a）假想几何界面　　　　　　　　　　（b）界面热力学性质

图 7-3　两相物质的表面分子层性质示意图

从图 7-3 (b) 可以看出，在界面层范围内，其热力学性质（如内能等）逐渐过渡变化，在这一过渡的界面层中，分子的热力学性质是连续变化的，直到分子力场已达到平衡的两相为止。就水而言，水与空气接触的表面层厚度至少也有几个分子层厚。

3. 界面能影响因素

1）界面面积
既然自由表面能是界面分子所具有的自由能，因此，界面面积越大，其自由表面能亦愈大。根据热力学第二定律，任何自由能都有趋于最小的趋势，所以，当一滴水银掉在桌面上是成球形而不是其他形状，乃是由于等体积球形表面积最小，表面能也最小的缘故。

2）两相分子性质

界面能的存在，是因为两相分子的作用力不平衡，所以两相分子性质差异越大，这种不平衡就越明显。显然，分子的吸引力越大，不仅界面层自由界面能越大，其界面层的厚度也越大。

4. 表面张力

1）比表面能

表面层上的分子力的不对称作用使得其能量比相内分子能量高，故增加体系的表面积，就相当于把更多的分子从相内移到表面层来，则必须克服相内分子的吸引力而做功，这些做功的能量就转化为新增加界面的自由表面能。如图 7-4 所示，它是用金属丝做成的框架，中间是肥皂膜，框架右端的金属丝是可移动的，如要增大肥皂膜的表面，则必须对可移动的金属丝施加作用力才行，因此表面自由能的概念也暗示了形成新表面时需要做的功，也即是将分子自相内移至表面需要做的功。

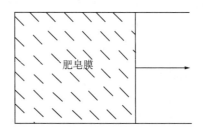

肥皂膜

图 7-4 必须做功才能增大肥皂膜表面

自由表面能的大小，可以用单位面积的自由界面能来表示，即"比表面能"，该定义可由以下的推导过程来展示。

假设在恒温、恒压和组成一定的条件下，以可逆过程使体系增加新表面面积为 ΔA，外界所做的表面功为 W，则体系自由能的增加量 ΔU 为：

$$\Delta U = - W \tag{7-1}$$

增加单位新表面所做的功为：

$$\frac{\Delta U}{\Delta A} = \frac{-W}{\Delta A} = \sigma \tag{7-2}$$

如写成微分形式，则：

$$dU = \sigma dA \tag{7-3}$$

或

$$\sigma = \left(\frac{\partial U}{\partial A}\right)_{T, \, p, \, n} \tag{7-4}$$

式中 U——体系的自由能；

W——外界所做的表面功；

$\triangle A$——增加的新表面面积；

T, p, n——分别表示体系的温度、压力和组成；

σ——比表面自由能。

比表面自由能，即体系单位表面积的自由能，其单位为焦耳 / 平方米（J/m²），1J/m² ＝ 1N/m，工程上常用 mN/m（读作毫牛每米），可以看出比表面自由能可以等价地认为是作用于单位长度上的力，所以习惯上称为"表面张力"，用 σ 表示。

当然，实际上表面能和表面张力是两个不同的概念，数值相等而因次不同，它们是从不同的角度反映了不同的现象。热力学上多采用表面能的概念，而从力学观点，及在实际应用中又常采用表面张力这一术语。

2）比表面能与表面张力

对两相界面来说，表面张力只是自由表面能的一种表示方法，两相界面上并非真正存在着什么"张力"。实际上，只有在三相周界上，表面能才呈现出表面张力的作用，或者说只有在三相周界上，表面能才以"张力"的形式表现出来。

3）常见物质的表面张力和（或）界面张力

表 7-1 给出了某些常见物质与空气接触时的表面张力和与水接触时的界面张力。

表7-1 某些物质与空气、水接触时的界面张力值

物质	与空气接触时的表面张力（20℃时）mN/m	与水接触时的界面张力 mN/m
水银	484.0	375.0
水	72.8	—
苯	28.6	33.4
变压器油	39.1	45.1
杜依玛兹石油	27.2	30.3

4）表面（界面）张力的影响因素

（1）两相分子的性质。

两相接触时，表面张力的大小直接和两相分子的性质有关；两相间分子的极性差越大，相间分子的力场不平衡越严重，界面能也就越大。水是液体中极性最大的物质，而干净空气极性很小，所以水与空气接触时的表面张力最大，而与其他物质（如油）接触时比空气要小。原油与有机溶剂（如甲苯）都是有机物，它们间的极性差很小，所以界面张力

很小，甚至界面可消失而达到互溶。这就是极性物质与极性物质之间、非极性物与非极性物之间彼此更容易吸引的原因，也是处于界面上的分子作用差异更小，因而界面张力也更小的缘故。

（2）物质的相态。

两相间的界面张力还和物质的相态有关，不同相态的分子间作用力力场的不平衡性更严重，所以一般情况下液—气体系的界面张力比液—液体系的界面张力更大。

通常，凡提到某物质的表面张力时，都应具体说明其两相的确切物质是什么，若未加说明，一般就公认为其中一相是空气。例如，通常说水的表面张力等于 72.8mN/m，就是指水与空气而言的。

（3）温度和压力条件。

物质所处温度和压力的变化也将影响到表面张力。这是因为温度和压力直接影响到分子间的距离，也就影响分子间的吸引力。例如，对于气液体系来说，温度升高时，一方面增大了液体本身分子间的距离，减少了分子间的引力，另一方面增加了液体的蒸发，使液体与蒸汽间分子的力场差异变小，从而降低了表面张力。升高压力将增加气体在液体中的溶解度，液体的密度因而减少，而气体受压密度增加，两相的密度差减少，从而导致了两相分子间的差异变小，结果表现为表面张力降低。所以对气液体系，一般情况下升高温度和压力将使表面张力降低。

二、油藏流体间的界面张力

油气层存在流体之间的界面，如油—水、气—水、油—气界面，还存在油气水分别与岩石的界面（图 7-5），流体与岩石的界面张力很难测定，因此这里只介绍油藏中油气水三者间的界面张力。

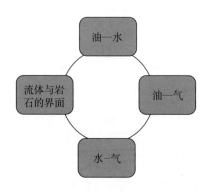

图 7-5　油藏流体间的界面张力

油层中地层水含盐度很高，气体和石油组成多变，油层温度和压力高，且随开采过程不断变化，因此油层中各种界面张力影响因素较多，变化复杂。油层中流体界面张力的变化要比纯液体复杂得多，不同油气层的界面张力差别很大。

1. 石油—天然气界面张力变化规律及特征

油藏中石油和天然气具有相互溶解性，溶解气量的大小对界面张力影响极大。图 7—6 表示的是石油（汽油）和不同气体的表面张力，曲线①是石油和空气的表面张力，曲线② 是石油与天然气的表面张力，曲线③是石油和 CO_2 的表面张力，曲线④是汽油和 CO_2 的 表面张力。从图 7—6 中可以得到三个认识。

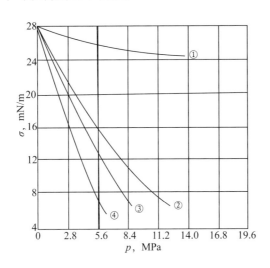

图 7—6　石油（汽油）与不同气体的表面张力

①—石油与空气；②—石油与天然气；③—石油与CO_2；④—汽油与CO_2

1）石油与气体性质差异越大，表面张力越大

可以看出，石油和空气的表面张力最大，汽油和 CO_2 的表面张力最小。之所以出现 这样的结果，是因为石油与空气的性质差异最大，而汽油与 CO_2 的性质最接近。

2）石油与气体性质差异越小，表面张力随压力增加降低越大

空气中 80% 是氮气，氮气在油中的溶解度极低，所以随着压力增加，石油与空气的 表面张力改变不大。而天然气相对氮气的溶解度高得多，随着压力的增加，溶解度增加得 更多，因此石油—天然气体系的表面张力迅速降低。

3）气体溶解度越大，油气体系表面张力越小

例如二氧化碳的饱和蒸汽压很小，在油中的溶解度比天然气大许多，石油—CO_2 的表面 张力就比石油—天然气体系的表面张力小，且随着压力的增加减小的程度也更大。汽油—CO_2 的表面张力比石油—CO_2 的更低，是因为汽油是由轻质烃类组成，更易溶解二氧化碳。

综上所述，气相饱和蒸汽压越小，气体在石油中的溶解度越大；石油相对密度越小， 气体的溶解度越大；压力增加得越大，气体溶解度越大；这些都会导致油—气体系的表面 张力减小。最后，温度的增加也会导致油气表面张力减小。

2. 石油—地层水界面张力变化规律及特征

石油—地层水间的界面张力，目前多是在取得地下油、水样后，在地面模拟地层温

度、压力等条件下测定。苏联学者卡佳霍夫（1956）曾经对油—水界面张力作过比较详细的论述，并得出以下两点结论。

（1）对于无溶解气的纯油—水体系，温度和压力的改变对油水间的界面张力基本上无影响。

这可理解为温度增加，使油、水同时膨胀；而增大压力，又使油、水同时受压缩，而油、水各自的分子热力学性质变化基本一致，使得油、水间的分子力场仍可能保持不变，从而界面张力仍可保持不变。但对于这个认识，也存在一些争议，有研究者认为，随着温度的升高，油—水界面张力会有明显的降低，而压力对界面张力的影响较小。

（2）有溶解气的油—水体系，溶解气量对油—水两相间的界面张力起着决定性的作用。

在有溶解气的条件下，油—水界面张力随压力变化的关系如图7-7所示，其中曲线①、②、③分别代表相对密度和溶解气量不同的三种原油的情况（其中曲线①溶解气油比113m³/m³，原油重度33.5API°，天然气相对密度0.176；曲线②溶解气油比55098m³/m³，原油重度36.5API°，天然气相对密度0.862；曲线③溶解气油比116m³/m³，原油重度41.3API°，天然气相对密度1.068）。由图7-7可见，当压力小于饱和压力时，随着压力的增高，界面张力增大，这是由于气体在油中的溶解度大而在水中的溶解度小，造成油—水间分子力场（或极性）差异更大而引起的；当压力大于饱和压力时，增加压力，界面张力稍有减小但不显著，因为在高于饱和压力后，气体已全部溶于油水中，增加压力仅仅是对流体增加了压缩作用。

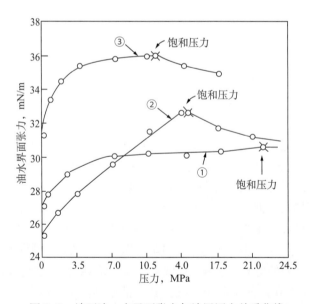

图7-7　地下油—水界面张力与地层压力关系曲线

在有溶解气的情况下，温度升高，界面张力降低，这是因为温度增加，分子运动加剧，油—水接触面上分子力场差异减小所致。

此外，原油的组成不同（如油中轻烃的多少）原油的密度、黏度不同，则油、水间的分子力场不同，界面张力则不同。一般情况下，原油中轻烃含量高、密度低、黏度小，则油—水界面张力也小。

最后，油水中所含的活性物质及无机盐，会直接影响到油水间的界面张力，这部分内容将在后面论述有关表面吸附问题时再作讨论。

由于地层流体组成的复杂性，界面张力的变化也不尽相同，表 7-2 是国内外部分油田所测得的油—水界面张力值。

表7-2 国内外部分油田的油水界面张力值

油田名称	油水界面张力 mN/m	测定条件
杜依玛兹油田	30.2	地面
罗马什金石油	25.6	地面
老格罗兹内 II /H II	26.0	地面
得克萨斯 34 个油田	13.6 ~ 34.3	地面
胜利油田	23.0 ~ 31.0	70℃
辽河油田	9.0 ~ 24.0	45 ~ 85℃
大庆油田	30.0 ~ 36.0	地下
长庆油田	28.6	51℃
任丘油田	40	地面

三、界面张力测定方法

测定界面张力的方法很多，如液滴重量法、液滴（气泡）最大压力法、吊片及吊环法、旋转液滴法等。不同方法所用的测试仪器、测试条件不同，因而所能测定流体界面张力的范围也不同，应根据实际的需要选用不同的方法。

一般来讲，测定较高的界面张力（$1 \sim 10^2$ mN/m），可用吊片法；中等的界面张力（$10^{-1} \sim 1$ mN/m），可用悬滴法；如需测微乳液和油（或水）的低界面张力或超低界面张力（$10^{-3} \sim 10^{-1}$ mN/m），则可用旋转液滴法。目前，在中国广泛采用并作为石油行业标准的测定油—水、油—气界面张力的主要方法是悬滴法和吊片法。

1. 悬滴法

其原理是在预定的温度条件下，置于注射器中的物质 [图 7-8（a）] 中的水在重力和界面张力的作用下形成液滴。界面张力力图把液滴向上拉，重力则使液滴脱落，界面张力的大小与脱落时的液滴形状成一定的比例关系，通过光学系统摄影记录下液滴形状 [图 7-8（b）]，作图测量出液滴的最大直径 d 及距离液滴顶端出口处的直径 d_i，按式（7-5），即可计算出这两种物质间的界面（或表面）张力：

$$\sigma = \frac{\Delta \rho g d^2}{H} \qquad (7-5)$$

式中　σ——界（表）面张力，mN/m；

　　　g——重力加速度，980cm/s²；

　　　$\Delta \rho$——两相待测物质的密度差，$\Delta \rho = \rho_1 - \rho_2$，g/cm³；

　　　H——液滴形态的修正值，它是 d、d_i 的函数，可在有关的表中查得。

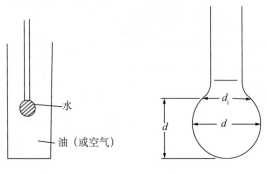

(a) 亲密关系 $\rho_o < \rho_w$（直针头）　　　　(b) 测量 d 和 d_i

图 7-8　悬滴法测界面张力示意图

　　在采用此方法时，需注意选择注射器的针头大小，如当待测物为普通液体时，选 0.7mm 针头；如为黏稠液，视其黏度大小，针头可选 1.5～2.0mm。方法本身对针头端面加工要求严格，做到光滑、平整。如所测液体密度小于周围介质密度时，可选用"L"形针头进行测定（图 7-9）。

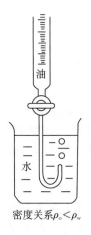

密度关系 $\rho_o < \rho_w$

图 7-9　"L"形针头

2. 吊片法

　　又称悬片法、吊板法等，吊片法表面张力测定仪原理如图 7-10 所示。测定基本原理是：当调节升降装置，使试样皿内的油水界面刚好与吊片底端接触时，由于固相（吊片）和两个液相（油、水）相接触，固—液、液—液各界面张力表现出来，其作用结果是使玻璃片向下拉动。此时，由一套记录显示装置将拉力 P 的大小直接记录下来，接式（7-6）即可计算出界面张力。

$$\sigma = \frac{2P}{L_1 + L_2} \tag{7-6}$$

式中 σ——界面张力，mN/m；

　　　P——拉力，10^{-2}mN；

　　　L_1，L_2——分别为挂片的长度和厚度，cm。

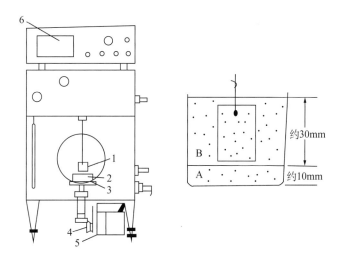

图 7-10 吊片法表面张力测定仪原理示意图

1—玻璃片；2—试样皿；3—升降台；4—齿轮；5—马达；6—数值显示器

该方法适用于密度差不大于 0.4g/cm³，界面张力为 5 ~ 100mN/m 的油水两相界面张力的测定。

测定时，除仪器本身的精度要求外，对于玻璃片（吊片）的清洗和预处理要求较高[例如需要预先将玻璃片放在 A 液中（图 7-10），润湿高度为 5mm，3 ~ 5min 等]，这是能否测准数据的关键，操作时必须注意。

第二节　界面吸附现象

物质两相界面上分子力的不平衡、不对称性，导致出现界面自由能，根据热力学第二定律，物质的这种界面自由能存在自发减小的趋势。这种减小有几种方式：一是表现为减少界面的表面积（如水银在桌面上呈球形）；二是溶解在体系中的其他分子向界面层聚集，以减少整个体系的表面自由能；三是通过润湿作用来降低体系的自由能。本节只讨论有关吸附问题，即第二种方式，知识点结构如图 7-11 所示。

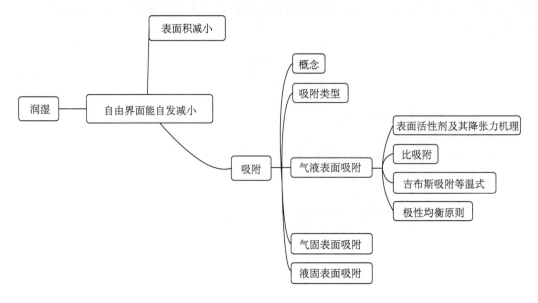

图 7-11　与自由界面能相关的概念及其关系

一、吸附的概念及类型

1. 吸附的概念

吸附就是固体或液体表面对气体或溶质的吸着现象。例如溶解在具有两相界面系统中的物质，可能会自发地集聚到两相界面层上，并降低该界面层的界面张力。

在表面集聚的组分称为吸附物或吸附质。对于存在固体的体系，一般固体为吸附剂，其他属于被吸附物质，称为吸附质。

2. 吸附的类型

1）物理吸附

也称为范德华吸附，是吸附质和吸附剂以分子间作用力为主的吸附。物理吸附的作用力是固体表面与气体分子之间，以及已被吸附分子与气体分子间的范德华引力，包括静电力诱导力和色散力。物理吸附过程不产生化学反应，不发生电子转移、原子重排及化学键的破坏与生成。分子间引力的作用比较弱，使得吸附质分子的结构变化很小。在吸附过程中物质不改变原来的性质，因此吸附能小，被吸附的物质很容易再脱离，如用活性炭吸附气体，只要升高温度，就可以使被吸附的气体逐出活性炭表面。

2）化学吸附

化学吸附是吸附质和吸附剂以分子间的化学键为主的吸附，是指吸附剂与吸附质之间发生化学作用，生成化学键引起的吸附。吸附能较大，要逐出被吸附的物质需要较高的温度，而且被吸附的物质即使被逐出，也已经产生了化学变化，不再是原来的物质了，一般催化剂都是以这种吸附方式起作用。

3）混合吸附

在实际情况下，多发生混合吸附。物理吸附和化学吸附并不是孤立的，往往相伴发生。大部分的吸附往往是几种吸附综合作用的结果。由于吸附质、吸附剂及其他因素的影响，可能某种吸附是起主导作用的。

只有在一定条件下才能产生化学吸附，如惰性气体不能产生化学吸附。如果表面原子的价键已经和邻近的原子形成饱和键也不能产生化学吸附。化学键力比范德华引力大得多，所以化学吸附吸附位更深，作用距离更短。物理吸附与分子在表面上的凝聚现象相似，它是没有选择性的。由于吸附相分子与气相分子间存在范德华引力，因而可以形成多个吸附层。

二、气液表面的吸附

1. 表面活性物质在气液表面的吸附

1）表面活性剂概念及特征

表面活性剂，是指加入少量就能使其溶液体系的界面状态发生明显变化的物质。表面活性剂的分子结构具有两亲性：一端为亲水基团，另一端为疏水基团。常用的几种表面活性剂结构如图 7-12 所示。从其结构可以看出，一端是由碳、氢所组成的基团，具有对称的非极性结构，通常称为碳氢链（如 $C_{12}H_{23}$），是疏水基团；另一端却具有非对称的极性基团（如 COONa），一般是亲水基团。

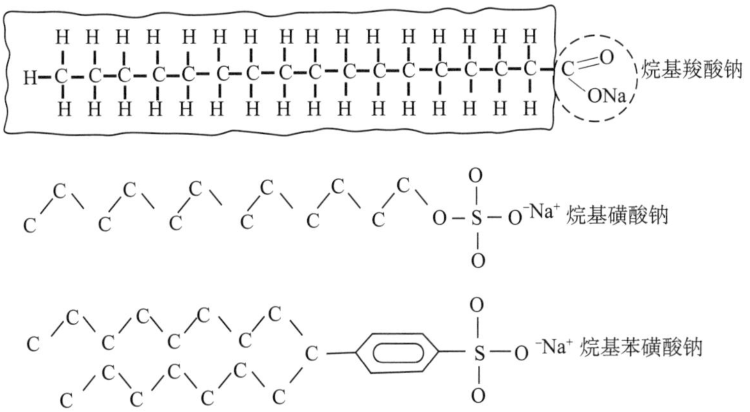

图 7-12 几种常见的表面活性剂

2）表面活性剂降低界面张力作用机理

表面活性剂放入纯水中，活性剂分子就将自发地集聚在两相界面层上（图 7-13）。这是因为纯水的表面张力很大（72.8mN/m）。水和空气体系中，水为极性的，空气为非极性的，它们的极性差很大。活性剂分子的极性端将与水作用，非极性端则与空气吸引，从而降低了界面上的极性差。极性差的减小，就是自由表面能的减小，即表面张力的减小。

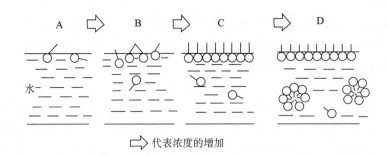

图7-13　两相界面层吸附物质浓度的变化

2. 气液体系吸附的定量表示

界面层单位面积上比相内多余的吸附量叫比吸附，记为G。

在恒温条件下，比吸附和溶质浓度及表面张力随溶质浓度的变化率之间的关系，可由吉布斯（Gibbs）吸附等温式表示：

$$G = -\frac{1}{RT}C\left(\frac{\partial \sigma}{\partial C}\right)_T \tag{7-7}$$

式中　G——吉布斯吸附量，为单位面积表面层中溶质的摩尔数与溶液内任一相当薄层中溶质的摩尔数之差值（或过剩值，或多余量）；

　　　C——溶质在溶液内部的平衡浓度；

　　　$\dfrac{\partial \sigma}{\partial C}$——恒温时，表面张力随溶液浓度的变化率，代表溶质表面活性的大小，也称表面活度；

　　　T，R——绝对温度和通用气体常数。

由式（7-7）看出：

当$\dfrac{\partial \sigma}{\partial C} < 0$时，则比吸附$G > 0$，称正吸附，它表示表面张力随溶质浓度的增加而降低，此溶质为活性物质；

若$\dfrac{\partial \sigma}{\partial C} > 0$时，则比吸附$G < 0$，亦称负吸附，它表明表面张力随溶质浓度的增加而增大。

根据式（7-7）绘出的两相界面张力σ和比吸附G与溶液中表面活性物质之间的关系曲线如图7-14所示。从图7-14上可以看出，当表面活性物质的浓度较小时，随浓度的增加，表面张力的减小和比吸附的增大都较快。但是，当浓度增加到一定程度以后，比吸附却不再增加，而趋于比吸附最大值。这是因为吸附在两相界面层上的表面活性剂物质随浓度的增加，则愈趋饱和所致（图7-14）。此时的 σ 值，也就不再随浓度的增加而继续减低，出现了图7-13中最右边的情况，即在水中的活性剂分子彼此聚集在一起，憎水的非极性端向内互相靠拢，亲水基向外形成所谓胶束。由于非极性的憎水端完全被极性端包围在内部，与水脱离接触，因此也能稳定地溶于水中，而对水的表面张力几乎无多大的影响。

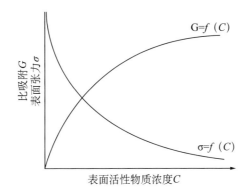

图7-14　比吸附和表面张力等温线

3. 判断吸附现象的极性均衡原则

吸附作用的发生应满足苏联学者 П.A. 列宾捷尔院士所提出的"极性均衡"原则，即：极性 A ＞极性 C ＞极性 B，A、B 代表任意两相液体，C 代表被吸附的物质。

例如，气水体系中，表活剂的极性介于二者之间，所以能够出现吸附降低体系的表面张力。相反，由于无机盐的极性＞水的极性＞气的极性，所以气水体系中加入盐类，通常会增加体系的表面张力。多数的无机盐如 NaCl、$MgCl_2$、$CaCl_2$ 等，当其溶于水中之后，由于增加了水相分子的内聚力，从而增加了油—水、气—水界面张力。使表面张力增高的这类物质称为表面非活性物质。

三、气体在固体表面上的吸附

关于气体在固体表面上的吸附，其中一种常用的理论是1916年由兰格缪尔（Langmuir）提出，该理论认为固体表面的各个原子的力场不饱和，产生剩余力。这种剩余力使碰撞到固体表面的气体分子被吸附。吸附作用是气体分子在固体表面凝聚和逃逸两种相反过程达到动态平衡的结果。

兰格缪尔等温吸附式可表示为：

$$V = V_\infty \frac{bp}{1 + bp} \tag{7-8}$$

式中 V——某一定量吸附剂上气体吸附质的摩尔数；

V_{∞}——一定量吸附剂所能吸附的最大摩尔数；

p ——气体压力；

b ——吸附系数，即特性常数。

式（7-8）能较好地说明等温吸附线，即吸附量与气体压力的关系曲线。在低压时，如 bp 项比 1 小得多，即 $1+bp \approx 1$，因此，$V = V_{\infty} bp$，V 与压力 p 成正比。在高压时，bp 项比 1 大得多，因此在分母中 1 可略去，$V = V_{\infty}$，此时相当于吸附剂表面已为单分子层的吸附质所覆盖，所以增加压力，吸附量不再增加。

兰格缪尔提出的气体在固体表面单分子层吸附理论和其他学者提出的多分子层理论，都给出了在一定条件下适用的理论计算公式，并可用来解释某些现象。

四、液体在固体表面上的吸附

液体在固体（如岩石）表面上的吸附常出现边界层。形成边界层的原因有两点：一是于是固体表面力场的诱导作用；二是吸附层本身分子的影响。固体吸附的最大特点是固体表面物质的成分很不均一，表面凹凸不平，使不同部位具有不同的吸附性能，而表现出选择性吸附。固体的极性部分易吸附极性物，而非极性部位易吸附非极性物等。

例如，在油层中除岩石骨架固体颗粒外还有油、水，水是一种极性很强的液体，组成岩石的矿物也是极性的，所以容易被岩石吸附。原油中各种烃类的氧、硫、氮化合物，如环烷酸，沥青质等都具有极性结构，则可以被岩石表面吸附。因此可以认为：石油在岩石中的吸附程度主要取决于石油中所含极性物质的多少。

许多研究表明，固体表面的吸附层是十分牢固的，它具有反常的力学性质及很高的抗剪切的能力，几乎无法用机械的方法除去它们。例如，苏联科学家曾在 70kg 离心力作用下进行从多孔介质中的驱水实验，证明在驱出了多孔介质水之后，在颗粒表面上还剩下约几个分子层的薄膜；实验曾经测定玻璃面上油水膜厚度约为 $0.075\mu m$。在油水共存的岩石孔隙中，水可以被吸附于孔隙内壁，形成一牢固的吸附层，这一吸附层在一般的油层压差下很难除去，于是半径刚好等于或小于吸附层厚度的孔隙，会因吸附水膜堵塞而失去流动性。从吸附理论考虑，吸附水膜的厚度应当是含油孔隙半径的下限值，只有那些半径大于水膜厚度的孔隙才是有效的。

由于吸附层的厚度受岩石表面及液体性质、孔隙结构、表面粗糙度、温度及压力等多种因素的影响，随上述因素的差异而不同，吸附作用的影响也不相同。利用储层岩石表面具有选择性吸附的特点，在注入表面活性剂溶液之前预先注入可称为"牺牲剂"的某种物质，使其优先在岩石表面上吸附，这样可以减少表面活性剂在岩石表面上的吸附损失，提高经济效益。目前，吸附理论已在提高原油采收率方面得到广泛的应用。

第三节　储层岩石的润湿性

在注水的情况下，岩石孔隙内表面油、水共存，究竟是水附着到岩石表面把油揭起，还是水只能把孔隙中部的油挤出，这要由岩石的润湿性决定的。

岩石润湿性是岩石—流体综合特性，与流体（油、水）在岩石孔道内的微观分布和原始分布状态有关。润湿性是研究外来工作液注入（或渗入）油层的基础，是岩石—流体间相互作用的重要特性。了解岩石的润湿性也是对储层最基本的认识之一，它至少是和岩石孔隙度、渗透率、饱和度、孔隙结构等同样重要的一个储层基本特性参数。特别是油田注水时，研究岩石的润湿性，对判断注入水是否能很好地润湿岩石表面，分析水驱油过程水洗油能力，选择提高采收率方法以及进行油藏动态模拟试验等方面都具有十分重要的意义。本节的知识点结构如图 7-15 所示。

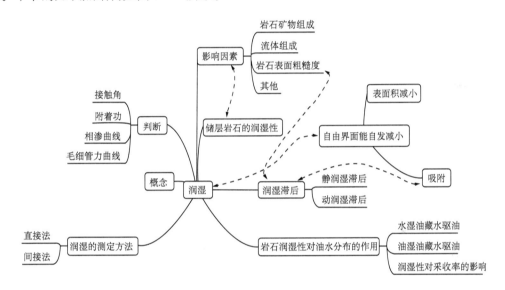

图 7-15　与润湿相关的概念

一、润湿的基本概念

所谓润湿性，就广泛的意义上讲是指，当存在两种非混相流体时，其中某一相流体沿固体表面延展或附着的倾向性。

1. 润湿产生的原因

定义明确表明，只有当两种流体和固体在一起的时候，才能产生润湿现象。把这两种流体和固体视作一个整体，则会出现三个界面，热力学第二定律表明，整个体系的表面自由能有趋向最小的趋势。例如对于水—气—岩石体系，水—岩石的界面能小于气—岩石的界面能，因此三者共存时，一定是水先在岩石表面铺展。也就是说，这时候水—气—岩石体系中，水是润湿的，气是非润湿的。

2. 润湿性的判断

1）接触角（也称润湿角）

接触角是过三相周界的点对流体间界面所做切线与液固界面所夹的角，常用符号 θ 表示，并规定从密度大的流体一侧算起。图 7-16 分别表示的是空气—水、空气—水银对玻璃表面的接触角。油水对岩石表面的接触角如图 7-17 所示，

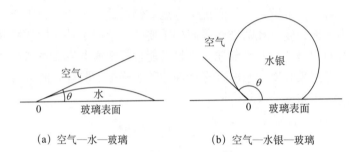

（a）空气—水—玻璃　　　　　　（b）空气—水银—玻璃

图 7-16　水和水银在玻璃表面上的接触角

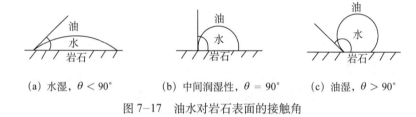

（a）水湿，$\theta < 90°$　　　（b）中间润湿性，$\theta = 90°$　　　（c）油湿，$\theta > 90°$

图 7-17　油水对岩石表面的接触角

按接触角定义，可以根据表 7-3 中标准判断油水系统的润湿性。

表7-3　接触角判断润湿性标准

理论标准	岩石润湿性	实际标准
$\theta = 0°$	岩石表面完全水湿	$\theta = 0°$
$0° < \theta < 90°$	岩石表面亲水	$0° < \theta < 75°$
$\theta = 90°$	岩石表面中间润湿	$75° \leqslant \theta < 105°$
$180° > \theta > 90°$	岩石表面亲油	$180° > \theta \geqslant 105°$
$\theta = 180°$	岩石表面完全油湿	$\theta = 180°$

由图 7-18 可以看出，O 点为油—水—岩石固相交点，即为三相周界接触点。O 点处有三种表面张力（气液界面张力 σ_{gL}。气固界面张力 σ_{gs}、液界面张力 σ_{Ls}。）在相互作用着。这三种表面张力之间达到平衡时有下列关系，即著名的杨氏（Young）方程：

$$\sigma_{gs} = \sigma_{Ls} + \sigma_{gL} \cos\theta \tag{7-9}$$

因此

$$\cos\theta = \frac{\sigma_{gs} - \sigma_{Ls}}{\sigma_{gL}} \tag{7-10}$$

则得到接触角的计算式为：

$$\theta = \arccos\frac{\sigma_{gs} - \sigma_{Ls}}{\sigma_{gL}} \tag{7-11}$$

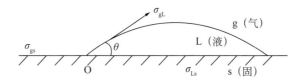

图 7-18　接触角与表面张力的关系

由公式（7-11）可以看出，只要已知 σ_{gs}、σ_{Ls}、σ_{gL} 后，就可由式（7-11）计算求得接触角。但目前除了 σ_{gL} 可以直接测定外，σ_{gs}、σ_{Ls} 数值还不能直接测定。因此，很难由表面张力计算接触角，而多采用直接量测角度的大小。

（2）附着功（也称黏附功）

附着功是指将单位面积（例如 1cm²）固—液界面在第三相（例如气相）中拉开所做之功（图 7-19）。在这一分开的过程中，设表面能变化为 ΔU_s：

$$\Delta U_s = \left(\sigma_{gL} + \sigma_{gs}\right) - \sigma_{Ls} \tag{7-12}$$

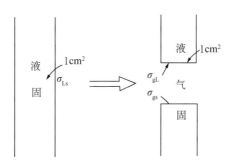

图 7-19　附着功示意图

根据表面张力的概念，$(\sigma_{gL}+\sigma_{gs})$ 大于 σ_{Ls}，故 ΔU_s 必定大于零，即体系的表面能增加。这个表面能的增量 ΔU_s 就等于附着功（或黏附功），以符号 W 表示。于是：

$$W = \Delta U_s = \left(\sigma_{gL} + \sigma_{gs}\right) - \sigma_{Ls} \tag{7-13}$$

再由杨氏方程式（7-9）得：

$$\sigma_{gs} - \sigma_{Ls} = \sigma_{gL}\cos\theta \qquad (7-14)$$

则接触角与附着功之间具有如下关系：

$$W = \sigma_{gL}\left(1+\cos\theta\right) \qquad (7-15)$$

由式（7-15）看出，θ 越小，黏附功 W 越大，也即液体对固体的润湿程度越好。

3. 润湿反转现象

表面活性物质的加入，可以改变液体对固体的润湿能力，有时还会出现润湿转变的情况，如原来是水湿变为油湿，或者油湿变为水湿，这种固体表面的亲水性和亲油性的相互转化叫作润湿反转。

储油层中相当一部分的固体颗粒表面是亲油的，上面吸附的石油很不容易被水洗下来，这是原油采收率不高的一个原因。如果向油层注入活性水，其中的表面活性剂使砂岩表面由亲油反转为亲水，就可以使原油比较容易离开颗粒表面，从而达到提高采收率的目的。

二、储层岩石的润湿性及其影响因素

1. 储层岩石的润湿性

储层沉积时以含水为主，此时储层以水湿为主；后期石油运移并替换这些水，使得岩石长期处于原油环境，在原油中活性物质影响下，可能造成部分岩石的润湿性改变。目前的研究表明：大多数储层的岩石具有非均质润湿性，有的岩石表面为水湿，有的部分为油湿，总体表现为部分润湿或混合润湿两种形式。

（1）部分润湿也称斑状（斑点，斑块）润湿，是指油湿或水湿表面无特定位置。就单个孔隙而言，一部分表面为强水湿，其余部分则可能为强油湿，且油湿表面也并不一定连续［图7-20（a）］。

（2）混合润湿则是指不同大小的孔道其润湿性不同，小孔隙保持水湿不含油，而大孔隙砂粒表面由于和原油接触变为油湿，此时油可连续形成渠道流动［图7-20（b）］。

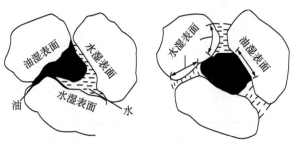

（a）斑状润湿示意图　　　　　　（b）混合润湿示意图

图7-20　部分润湿和混合润湿

2. 润湿性影响因素

无论是宏观，还是微观层面，油藏岩石都表现出润湿性的非均质性。原因是什么呢？

1）岩石的矿物组成

一般来说，亲水的岩石矿物主要有石英、硅酸盐、玻璃、碳酸盐、硅铝酸盐等，这些矿物的亲水程度不同；亲油（或憎水）的岩石矿物包括烃类有机固体和金属硫化物等。这些矿物组成了油藏岩石主要类型，即砂岩和碳酸盐岩。碳酸盐岩的组成相对来说比较简单，主要为方解石和白云岩。砂岩的组成则较为复杂，包括长石、石英、云母及黏土矿物和硫酸盐等，因此砂岩的润湿性较碳酸盐岩更为复杂。

黏土矿物对岩石的润湿性有较大的影响，有的黏土矿物，特别是蒙脱石是吸水的。泥质胶结物的存在会增加岩石的亲水性。有些黏土矿物含有铁，如鲕状绿泥石黏土（$Fe_3Al_2Si_2O_{10} \cdot 3H_2O$），铁具有从原油中吸附表面活性物质的能力，当其覆盖在岩石颗粒表面时，可以局部改变岩石表面为亲油。由此看出，不同的矿物成分具有不同的润湿性，而储油岩石沉积来源广，矿物本身又十分复杂，因而在宏观和微观上都会导致岩石之间润湿性存在着显著的差异。

2）油藏流体组成的影响

油藏流体组成主要是指原油中主要成分（烃类）、原油中所含极性物（各种 O、S、N 的化合物）和某些活性物质。

（1）烷烃非极性的影响。

不同的烃类，含碳原子数不同，表现出的非极性不同。一般来说，随碳原子数增加，油气体系中油的接触角增大。油水体系中烷烃碳原子数对润湿性的影响未见相关研究。

（2）极性物质的影响。

实际原油还含有少量的极性物质，对各种矿物表面的润湿性有影响，但影响的程度各不相同，有的能够完全改变岩石的润湿性，使润湿性发生转化，有的影响程度比较轻微，这取决于极性物质的性质。图 7-21 表明，纯烷烃的油—水—石英体系是水湿的，加入异奎琳（O、S、N 的化合物的一种）之后能够改变润湿性。另外，石油中常见的一种极性物质——沥青质很容易吸附在岩石表面上使表面成为油湿。

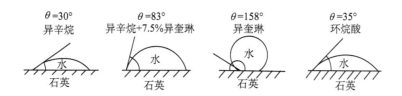

图 7-21　不同油和水对石英的润湿接触角

（据 Benner 和 Banell，1941）

（3）表面活性物质的影响。

表面活性物质对岩石润湿性的影响更为显著，活性剂在岩石表面上吸附，会改变岩石润湿性，甚至会使润湿发生反转。

综上所述可以看出，岩石的润湿性是岩石骨架本身矿物的组成与地层中流体组成相互作用的结果。润湿性不是岩石骨架的性质，而是岩石—流体的综合特性。

3. 矿物表面粗糙度的影响

采用接触角法测定岩石润湿性的实验都要求岩石矿物表面必须光滑、平整。这是因为在杨氏方程的推导中曾假设固体表面光滑，表面能（表面张力）各处相同。但在实际油层中，岩石表面粗糙不平，各处的表面能也不均匀。尤其是矿物颗粒的尖锐凸出部分及棱角，对润湿性有着特别的影响。很多实验表明，当润湿周界到达棱角时，就在棱角处受阻，此时，在棱角与三相润湿周界接触处的接触角应加上所谓的形角 τ 的影响（图 7-22）。形角 τ 愈大，则棱角对三相润湿周界沿着固体表面移动的阻力就愈大。

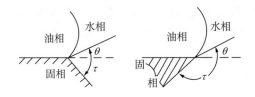

图 7-22 润湿接触角与形角 τ 的关系

4. 其他因素

润湿性的影响因素可能还有孔隙结构、温度、压力等，但这些因素对润湿性影响的研究还不多。一般认为，温度对油水的润湿性影响较大，而压力的变化影响较小。

三、润湿滞后

润湿滞后是在水驱油过程中出现的一种润湿现象。如图 7-23 所示，将水平的固体表面倾斜至一定角度，此时如果水滴没有运动，则会出现油—水两相界面的形变，在油—水—固三相周界处的接触角发生改变。在 A 点处，水占据了油原来的部分空间，水驱油形成前进角 θ_1，$\theta_1 > \theta$；在 B 点处，油占据了水原来的位置，油驱水而形成后退角 θ_2，$\theta_2 < \theta$。

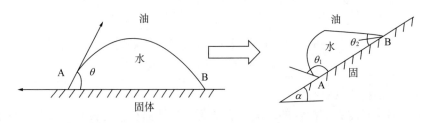

图 7-23 固体面倾斜后出现的润湿滞后现象（据洪世铎，1980）

这种三相润湿周界沿固体表面移动迟缓而产生润湿接触角改变的现象称为润湿滞后。引起润湿滞后现象的原因不同，根据这些原因常将润湿滞后分为静润湿滞后和动润湿滞后两类。

1. 静润湿滞后

静润湿滞后是指油、水与固体表面接触的先后次序不同（水驱油或油驱水）所产生的润湿滞后现象，也就是上文所提到的固体面倾斜后发生的现象（图7-23）。当然，只要是水驱油或者油驱水，无论是水平面还是倾斜面，只要油—水—固体三相周界没有发生移动，仅仅是油水界面发生变形，这时候发生的也是静润湿滞后现象。

2. 动润湿滞后

在水驱油或油驱水过程中，当三相周界沿固体表面移动，但移动速度比油水界面速度迟缓，因这种移动延缓而使润湿角发生变化的现象叫动润湿滞后。

以亲水毛管为例（图7-24），静止平衡时，弯液面形成的平衡接触角为θ；水驱油时，三相周界移动速度落后于油水界面速度，导致该弯液面发生变形，此时接触角增大为θ_1；若油驱水，则接触角减小为θ_2。显然，此时θ_1为前进角，θ_2为后退角，三者的关系为$\theta_1 > \theta > \theta_2$。

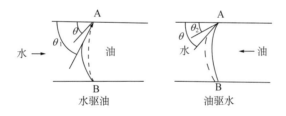

图7-24　孔道中的动润湿滞后

图7-25表明，对于亲水孔隙壁面，平衡时的润湿角为θ，当水驱油速度较小时，前进角θ_1也小于90°，随着流体在孔道中运动速度的增加，前进角增大，且速度越快角度增加越大，当速度增加超过一定数值之后，前进角就可能大于90°，也就是说，这时候发生了润湿反转现象。这一现象的工程意义非常重要，因为由亲水变为亲油后，水驱油时不能很好发挥润湿作用，且还会在岩石表面留下一层油膜而不利于驱油，因此注水采油时应注意控制水驱速度。

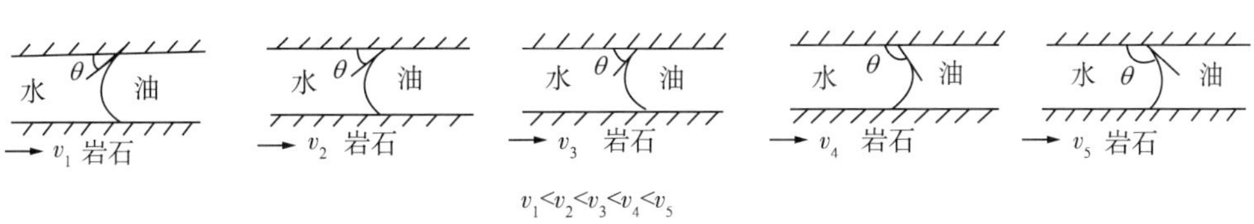

图7-25　运动润湿滞后现象

产生润湿滞后的原因，除了水和油的饱和顺序不同导致的静润湿滞后，三相周界移动速度迟缓导致的动润湿滞后之外，还有两种情况：一是固体颗粒的表面粗糙度，二是岩石颗粒表面的吸附作用。

四、岩石润湿性对油水分布的作用

岩石的润湿性对水驱油过程会产生巨大影响，首先润湿性决定油水岩石孔道中的初始分布，其次在流体流动时润湿性决定了孔道中毛细管压力的大小和方向，因此也决定着剩余油在孔隙中的分布。综上，润湿性对水驱油的采收率具有非常重要的作用。

1. 润湿性决定油水在孔道中的初始微观分布

岩石颗粒表面润湿性的差异，会使得油水在岩石孔隙中的分布也不相同，岩石表面亲水的部分，其表面为水膜所包围，亲油部分则为油膜所覆盖。Dawe（1978）给出了水湿孔隙原始油水分布，如图7-26所示，图中水环绕岩石颗粒，油赋存在孔隙中部。

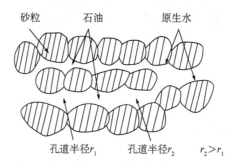

图7-26 水湿孔隙原始油水分布示意图

2. 润湿性决定孔道中毛细管压力的大小和方向

岩石润湿性不同，可考虑在地层中有亲水孔道（毛细管）和亲油孔道之分。不同的润湿性，润湿接触角的大小不同，弯液面凹凸形状和方向也不同，其结果所产生的毛细管压力方向也不同，如图7-27所示。可见，在亲水毛细管中，毛细管压力 p_c 的方向与注水驱替压差 Δp 方向一致，p_c 为动力；相反，在亲油毛细管中，毛细管压力 p_c 与注水驱油方向 Δp 相反，为阻力。流动阻力的大小，直接影响着油、水的流动。在实际生产中，当生产或注水压差很小时，毛细管压力对于驱油将起着重要的作用。

图7-27 不同润湿性孔道的毛细管压力方向

3. 润湿性影响水驱油时油水运动轨迹及剩余油分布

图 7-28 分别表示在水湿 [(a)、(b)、(c)] 和油湿 [(d)、(e)、(f)] 岩石孔隙中，油水饱和度不同时的分布情况。

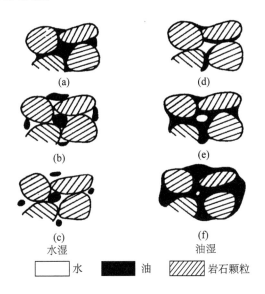

图 7-28　油水在岩石孔隙中的分布示意图

(a) 水—环状、油—迂回状；　(b) 水、油—迂回状；
(c) 水—迂回状、油—孤滴状；　(d) 水—迂回状、油—环状；
(e) 水、油—迂回状；　(f) 水—孤滴状、油—迂回状

1) 水湿岩石水驱油

图 (7-28) 中 (a) → (b) → (c) 表示的是水湿油藏水驱油过程，含水饱和度增加，含油饱和度减小。由于岩石亲水，在低含水阶段，水则附着于颗粒表面，图 7-28 (a) 表明此时水便围绕颗粒接触点形成圆环状分布，称为环状分布。由于含水饱和度很低，这些水环不能流动，而以束缚水状态存在。与此同时，油的饱和度很高，以"迂回状"连续分布在孔隙的中间部位，在压差作用下形成渠道流动。图 7-28 (b) 是随着含水饱和度增加时，水除了附着于颗粒表面的水膜和边角处之外，水环也随之增大，直至增到水环彼此连通起来，当压差和水饱和度足够大的时候，这些水和油都能参与流动，水以渠道流动的方式驱油。图 7-28 (c) 是随含水饱和度的进一步增加，最终油会失去连续性并破裂成油珠、油滴，称为"孤滴状"分布，这些油滴占据死孔隙及很细的连通喉道，也有少部分的油被水分割成孤立的油滴而被包围，从而形成了所谓的"残余油"。残余油油滴虽然靠水流能被带走，但很容易遇到狭窄孔隙断面而被卡住，形成对液流的阻力。

2) 油湿岩石水驱油

当岩石颗粒表面亲油时，油水分布状态及其随饱和度的变化与上述情况相反，图 7-28 中 (f) → (e) → (d) 显示的是油湿岩石中水驱油过程。

当油藏岩石亲油时，水为非润湿相而首先取道于较大的流通性好的孔隙。继续注水

时，水才逐渐侵入较小的孔道并使这些水侵小孔道串联起来，形成新的水流渠道。残余油除了一些停留于小的油流渠道内，其余的则是在大孔道表面形成油膜。薄膜形态的原油具有高的流动阻力，水很难将油膜从岩石表面驱走。当岩石是中等润湿性时，经水驱替后的残余油除了占据在死胡同孔隙中外，还有许多小油滴黏附在孔隙的岩石壁上。

3）水驱油的"渠道流态"

观察油水在人造多孔介质中的流动表明，油水系统多是以"渠道流态"的形式沿各自的一套相互连通的渠道网流动（图7—29）。这些渠道的直径变化很大，窄处不到一个砂粒直径，宽处约为粒径的许多倍。这些渠道往往被液—液界面或液—固界面所包围，盘绕迂回。当流体饱和度变化时，流动渠道网络的几何形状随之改变。当含水饱和度增加时，一般来说，水流渠道数量增加；与此同时油流渠道数量减小。由于多孔介质孔隙空间结构的四通八达，各条流动渠道总是能在渗流流道中找到自己相应的出路。此外，目前所观察到的液体渠道流态，几乎都是层流流动。

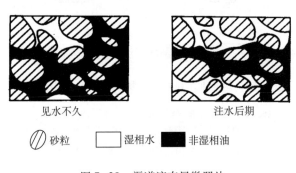

见水不久　　　　　　　　注水后期

⧄砂粒　　□湿相水　　■非湿相油

图7—29　渠道流态显微照片

4）驱替过程和吸吮过程中油水分布特征

通过上述的分析还可以看出，油水在岩石孔隙中的分布不仅与油水饱和度有关，而且还与饱和度的变化方向有关。所谓的饱和度变化方向是指非湿相替换润湿相，或者润湿相替换非润湿相。通常，将非润湿相驱替湿相的过程称为驱替过程。随着驱替过程进行，湿相饱和度降低，非湿相饱和度逐渐增高。把湿相驱替非湿相的过程称为吸吮过程，随着吸吮过程的进行，湿相饱和度不断增加。亲水岩石水驱油过程则为吸吮过程，亲油岩石水驱油则为驱替过程。图7—30（a）和图7—30（b）分别给出驱替过程和吸吮过程中油水分布状态的示意图。由于岩石饱和流体的先后次序（即润湿次序）不同，即使饱和度相同，油水在孔隙中的分布状态也不同。从图7—30（a）中可以看出，岩石孔隙中首先为油饱和，然后再注水，则饱和顺序是先油后水；而图7—30（b）则是首先为水饱和，随后油将水赶走，在颗粒表面留下一层水膜，最后又用水来驱油，则饱和顺序是水—油—水。这种饱和顺序的先后也称饱和历史，它代表了从原始到现在的润湿（饱和）过程的次序，其中也包含着静润湿滞后的含义，因为所谓"静润湿滞后"也就是由于润湿（饱和）顺序不同所引起的滞后现象。

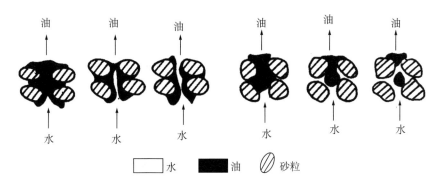

| | 水 | ■ | 油 | ⊘ | 砂粒 |

(a) 亲油岩石水驱油的驱替过程   (b) 亲水岩石水驱油的吸吮过程

图 7-30 注水时润湿次序对水驱油的影响

4. 润湿性影响采收率的大小

当水驱油时，地层原油采收率的高低、驱油效果的好坏在很大程度上与水对地层岩石的润湿性有关。

岩石润湿性不同，向地层中注入同样孔隙体积倍数（PV）的水时，原油的采收率却不同（图 7-31）。例如当注入孔隙体积倍数为 0.7 时，强亲油岩石（θ=180°）的采收率为 37%，而强亲水岩石（θ=0°）的采收率可达 57%。在均质润湿系统中，公认注水对水湿储层比油湿储层更有效。这可解释为：在水湿地层中，水所波及的孔道范围更大，水的润湿作用若能充分发挥，则油层颗粒表面上的石油就被采出更多。因此，油层注水时，选择润湿能力强的注入水是很重要的，此外还应考虑动润湿滞后现象对水的润湿作用的影响，以及

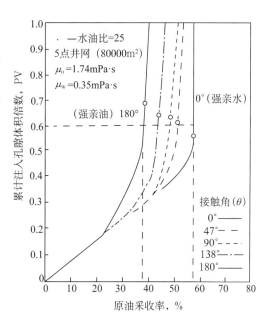

图 7-31 注水时润湿性对原油采收率的影响

石油和储层岩石表面性质的复杂性对水的润湿作用的影响等。

> **争议**：
>
> 沃伦（Warren）和考尔洪（Calhoun）研究了不同润湿性人造岩心在注入一定体积（20PV）后的最终采收率，得出了不同的认识，认为近中间润湿性能够得到最大采收率（传统观点认为强水湿较容易获得最大采收率）。因为在这一条件下导致油非连续和捕集的界面张力最小。在强水湿系统中，水趋向于通过较小孔隙，从而使较大孔隙中的一些油被绕过。另外，强界面张力更容易掐断油流。在强油湿系统中，水沿较大孔隙具有一种指进趋势，同时也绕过一些油。相反，在中间润湿性情况下，很少有水绕过油的可能。

5. 注水对岩石润湿性的影响

大庆油田通过水淹区密闭取心发现，当油层含水饱和度超过 40% 时，大部分岩石表面性质由原来的弱亲油转变为弱亲水；当含水饱和度超过 60% 时，则全部转变为亲水性。这主要是由于注入水的长期冲洗，使岩石颗粒表面油膜脱落，长石、石英表面呈现出本来具有的亲水性。这种润湿性的转变对提高水驱油效率是有利的，它对进一步研究改善注水效果和考虑注水后的三次采油都具有很大的实用意义。

思考题
(1) 出现润湿滞后现象的原因有哪些？
(2) 有哪几种润湿滞后现象？
(3) 亲水油藏润湿反转的原因？存在哪些危害？如何避免？
(4) 注水开发的油藏，应采取高注入速度还是低注入速度？由什么决定？

五、油藏岩石润湿性的测定方法

岩石的润湿性测定方法大体上可分为两类：一类是直接测量法；另一类是间接测量法。

1. 直接法——接触角法

接触角法是直接测量方法中最常用的，该类测量方法中又以液滴法最简单、实用。

1）实验方法及步骤

(1) 将欲测矿物磨成光面，浸入油（或水）中，如图 7-32 所示；

(2) 在矿物光面上滴一滴水（或油），直径约 1 ~ 2mm；

(3) 利用一定的光学仪器或显微镜将液滴放大，拍照下液滴形状，便可直接在照片上测出接触角；

(4) 将矿物磨光片倾斜，减少（或增加）液滴的体积，可测量前进角和后退角。

图 7-32　测定油水润湿接触角示意图

2）实验要求

矿场测量用的油、水样应尽可能是直接取自油层的新鲜样品。如无新鲜油、水样，也可以用模拟油和根据地层水资料配制的模拟地层水。岩石样品中的矿物只能用磨光的主要矿物的晶体代替。例如中国矿场上常采用冰州石磨光面来代替碳酸盐岩石表面。

另外，条件可能的情况下可以将矿物和液体置于能承受高压的小室内，在不同的地层温度、压力条件下进行测量。

3）方法的主要优缺点

该方法最大的优点是原理简单，结果直观。但存在以下几个问题。

（1）测量时条件要求太严格，否则接触角测不准。如矿物表面要求十分光滑，洁净、不受污染；温度要求严格，稍有误差即会影响测定的结果；操作时间太长，要使液滴稳定下来，有时需要几天，甚至数月，稳定时间不足，会导致较大的误差。

（2）该方法不能直接测量油层岩石的润湿接触角。所用矿物虽是岩石的主要成分，但并非实际岩石。用较单一的矿物来模拟岩石组成的复杂问题必然与实际有一定的出入，因此，只能定性地评价油层的润湿性。

2. 间接法——吸入法

润湿性是固体对两种流体吸引力相对大小的量度，因此润湿性大的流体总能替换润湿性小的流体，因此通过比较两种流体相互替换量的大小即可判断润湿性。这就是吸入法的基本原理。

吸入实验所用的岩石必须选用未被污染的能代表油层原始或目前状况的新鲜岩样；油、水性质尽量模拟油层情况，例如采用原油经中性煤油稀释后，配制成与地层原油黏度相近的模拟油等。

吸入法包括自动吸入法、自吸驱替法、自吸离心法三种。

1）自动吸入法（简称自吸法）

方法：将已饱和油的岩样放入吸水仪，饱和水的岩样放入吸油仪（图7-33）。吸水仪中，驱出的油浮于仪器的顶部，其体积从上部刻度直接读出。吸油仪中，驱出的水沉于仪器底部，由刻度管读出驱出水量。实际测定时，是将同一块岩样分别饱和油和水再相应放入吸水仪和吸油仪中作吸水驱油和吸油驱水实验。

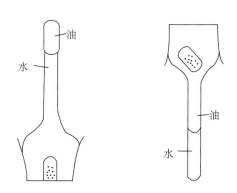

（a）吸水仪（饱和油的岩心）　　（b）吸油仪（饱和水的岩心）

图7-33　自动吸入法测润湿性装置

测量：吸水仪中排出来的油量（吸水量）；吸油仪中排出来的水量（吸油量）。

判断：比较吸油量和吸水量的大小。一般的评价方法是：若吸水量大于吸油量，则判定岩石为亲水；反之亲油；若吸水量和吸油量相近，则判定为中性润湿。自吸法测定油层岩石的润湿性既简单，又比较接近油层的实际情况，是一种较好的方法。缺点是它只能定性确定油层的相对润湿性。此外，实验时需要注意的是，由于岩心的污染程度对润湿性的影响很大，因此如何保证岩心在取样、制样的过程中不受污染，力争实现在地层温度、压力条件下进行测量是提高吸入法测量质量的关键。

为了能定量或半定量地确定油层的相对润湿性，后来又发展了自吸驱替法或自吸离心法，又称阿莫特（Amott）法。

2）自吸驱替法

自吸驱替法测定润湿性的原理如图 7-34 所示。

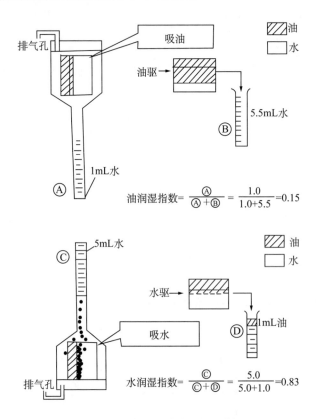

图 7-34　自吸驱替法测量示意图

实验步骤：先让充满油的岩心（只含束缚水）自吸水，测出自吸水排油量Ⓒ，接着将岩心放入夹持器内用水驱，测出水驱出油量Ⓓ；吸水实验结束后，进行吸油实验，将饱和水的岩心（只含残余油）放入吸油仪中吸油排水；接着用油驱，分别测出自吸油排水和油驱排水量Ⓐ和Ⓑ。吸油实验结束后，按式（7-16）计算出水（润）湿指数和油（润）湿指数，即：

$$\begin{cases} \text{水湿指数} = \dfrac{\text{自吸水排油量}}{\text{自吸水排油量} + \text{水驱排油量}} \\[4mm] \text{油湿指数} = \dfrac{\text{自吸油排水量}}{\text{自吸油排水量} + \text{油驱排水量}} \end{cases} \quad (7-16)$$

根据水湿指数、油湿指数的大小，按表 7-4 评价岩石润湿性。

表7-4　由润湿指数评价岩石润湿性

润湿指数	润湿性				
	亲油	弱亲油	中性	弱亲水	亲水
油湿指数	0.8 ~ 1.0	0.6 ~ 0.7	两指数相近	0.3 ~ 0.4	0 ~ 0.2
水湿指数	0 ~ 0.2	0.3 ~ 0.4		0.6 ~ 0.7	0.8 ~ 1.0

3）自吸离心法

该方法原理与自吸驱替法相同，不同点只在于将岩心装入岩心夹持器中加压进行驱替改为用离心机旋转产生的离心力驱水（或油）。

中国并不普遍使用离心机，因此油藏岩心润湿性测定推荐方法是自吸驱替法。

除了上述几种目前最常用的方法外，还有一些定量测定岩石润湿性的方法，如毛细管压力曲线法、比面积法等。其他的从不同角度、冲破传统常规的方法，如核磁松弛法和染料吸附法也都处于研究之中。这类方法的依据和假设是：就微观的角度来看，多孔介质内表面的某一单元面积，总是要被其中两种流体之一所润湿或不润湿（无中间值）。于是研究其润湿性的问题就归结为如何确定内表面积中有多大的比率（百分数）被某一流体所润湿，又有多大比率为另一流体所润湿。这一比率越大，所说的这种流体的润湿能力就相对较高。有关这些方法的详细内容此处从略。但其新的思想值得汲取。总之，如何测准岩石的润湿性，仍是油层物理学科目前需要研究解决的课题之一。

无论采用哪种方法来评价岩石的润湿性，都有一个如何保存和处理岩样的问题。保存方法不当和岩心在空气中暴露时间过长，沥青或重馏分在岩样孔隙表面的沉淀，都会使储层岩心呈现出更加亲油的趋势。此外，由于天然岩心含有黏土，在采用溶剂处理岩心时，岩石润湿性若发生改变，就会导致诸如黏土膨胀和分散、离子交换、有效孔隙度改变，以及表面导电性变化等。因此，必须小心地保护天然岩心，保持岩心的原始润湿性是正确评价岩石润湿性的前提条件。

在有关润湿性的测定工作中，由于各地测定方法不一，实验条件不同，在比较润湿性时，常常发生混乱。这也是目前国内正在努力把测试工作进一步标准化、完善化的目的。至于如何利用毛细管压力曲线判断岩石润湿性，如润湿指数、视接触角法、比面积法或利用相对渗透曲线形状判断润湿性等，将在本章后面几节再讨论。

思考题

1. 影响两相界面层的自由表面能的因素有哪些？如何影响？

2. 何为表面张力？油藏流体的表面张力随地层压力，温度及天然气在原油（或水）中的溶解度的变化规律如何？

3. 何谓润湿、润湿性？影响润湿性的因素有哪些？如何影响？测定润湿性的方法有哪些？

4. 润湿接触角是怎样规定的？如何根据它来判断储层岩石的润湿性（亲水，亲油，或中性）？

5. 何谓润湿滞后？前进角 θ_1 和后退角 θ_2 是如何定义的？$\theta_1 > \theta > \theta_2$ 是否一定成立？

6. 什么叫静润湿滞后、动润湿滞后？请各举一例加以说明。

7. 扼要说明导致润湿滞后的一些主要因素。

8. 扼要说明油水在岩石孔隙中的分布特征及其影响因素。

9. 画出图 1 中各分图中的前进角 θ_1，后退角 θ_2 及三相周界处的界面张力 σ。

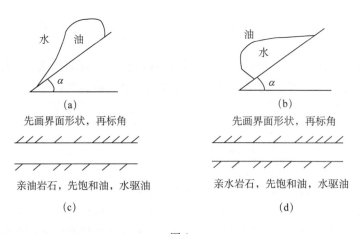

(a) 先画界面形状，再标角

(b) 先画界面形状，再标角

(c) 亲油岩石，先饱和油，水驱油

(d) 亲水岩石，先饱和油，水驱油

图 1

10. 在图 2 四幅分图中，都是岩石—油—水体系，要求判定各自的润湿性，并画出润湿接触角。

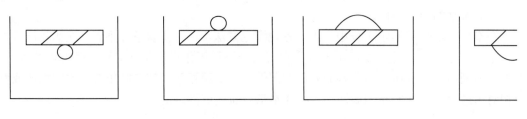

图 2

第八章

储层毛细管压力及毛细管压力曲线

油藏岩石中的孔隙弯弯曲曲，大大小小各不相同。一般这些孔隙可以简化成毛细管模型，因此可以先探讨多相流体在毛细管中的流动规律，如毛细管压力、附加阻力等方面的相关概念，然后推广到实际岩石孔道中。

第一节　毛细管压力的概念

本节有关知识点如图 8-1 所示。

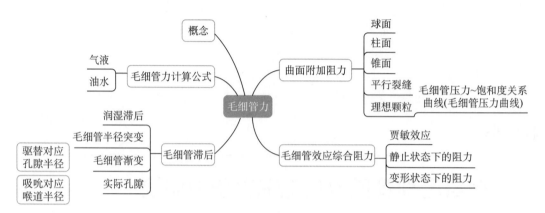

图 8-1　毛细管力的有关概念

一、毛细管中液体的上升或下降

1.毛细管压力概念

如果将一根毛细管插入两种流体的界面处，由于流体的润湿性不同，可以观察到两种不同的可能现象：一种是毛细管中的液面上升，还有一种是液面下降。无论哪种情况，都可以看到在毛细管中的流体界面处出现液面弯曲现象。例如，气—水体系 [图 8-2 (a)] 中，毛细管中气水界面为凹形，此时水会上升一定高度，表明毛细管中的水受到一个向上的力；而在气—水银体系 [图 8-2 (c)] 中，毛细管内液体界面成凸形，水银会下降一定高度，表明水银受到一个向下的力。这里人们把使毛细管中产生的使液面上升（湿相）或下降（非湿相）的曲面附加压力，称为毛细管压力。数值上毛细管压力等于弯曲液面两侧非润湿相和润湿相的压力之差。

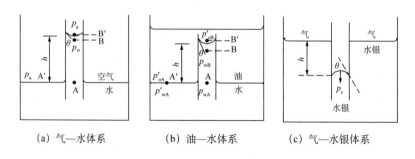

　(a) 气—水体系　　　(b) 油—水体系　　　(c) 气—水银体系

图 8-2　毛细管中液面的上升和下降现象

2. 气液体系毛细管压力公式

图 8-2（a）中，毛细管中的水柱受到两个力的作用——附着张力和重力。由于毛细管壁是亲水的，因此附着张力方向向上，而重力方向向下，当液面上升至静止时，这两个力是平衡的，忽略空气的重力，则有如下方程式：

$$A \cdot 2\pi r = \pi r^2 h \rho_{\mathrm{w}} g \tag{8-1}$$

则得到液柱高度和毛细管半径之间的关系式：

$$h = \frac{2\sigma \cos\theta}{r \rho_{\mathrm{w}} g} \tag{8-2}$$

式中　A——界面张力，$A = \sigma\cos\theta$，$\mathrm{dyn/cm^2}$；

　　　r——毛细管半径，cm；

　　　σ——水的表面张力，$\mathrm{dyn/cm^2}$；

　　　θ——接触角，（°）；

　　　h——毛细管中水柱的高度，cm；

　　　ρ_{w}——水的密度，$\mathrm{g/cm^3}$。

从图 8-2（a）中，可以设弯液面内侧点 B′的压力为 p'_{B}，弯液面外侧的 B′点压力为 p_{B}；水面 A′上点压力为 p'_{A}，毛细管中 A 点的压力为 p_{A}。因为空气重力很小，可以忽略空气的重力，因此此时水面 A′，以及与之等水平面的 A 点，还有毛细管中水面上的 B′点，这三个点处的压力应该相等：

$$p'_{\mathrm{B}} = p'_{\mathrm{A}} = p_{\mathrm{A}} \tag{8-3}$$

毛细管中弯液面凸侧的 B 点处的压力和毛细管中 A 点的压力关系为：

$$p_{\mathrm{A}} - p_{\mathrm{B}} = \rho_{\mathrm{w}} g h \tag{8-4}$$

根据定义，弯液面两侧的压力差即为毛细管压力 p_{c}，因此根据式（8-3）和式（8-4），可以得到：

$$p_{\mathrm{c}} = p'_{\mathrm{B}} - p_{\mathrm{B}} = \rho_{\mathrm{w}} g h \tag{8-5}$$

根据式（8-2），因此可以得到毛细管压力和毛细管半径、表面张力及接触角的关系式：

$$p_{\mathrm{c}} = \rho_{\mathrm{w}} g h = \frac{2\sigma \cos\theta}{r} \tag{8-6}$$

3. 油水体系毛细管压力计算公式

若在装有油、水两相的容器中插入毛细管，则水作为润湿相会沿毛细管上升，上升

高度为 h [图8-2（b）]。设油水界面张力为 σ_{wo}，润湿接触角为 σ_{wo}，油、水的密度分别为 ρ_o、ρ_w。在毛细管中，紧靠油水弯液面界面处（界面厚度近似忽略不计）油相中 B 点的压力为 p'_{oB}，靠近弯液面外侧的 B 点水相压力为 p_{wB}；毛细管外的水面上 A 点水相压力为 p_{wB}，油相压力 p'_{oA}；毛细管中 A 点的压力为 p_{wA}。

首先，在毛细管中水面上升至平衡状态时，附着力和重力平衡，则有：

$$A \cdot 2\pi r = \pi r^2 h(\rho_w - \rho_o)g \tag{8-7}$$

则：

$$h = \frac{2\sigma_{wo}\cos\theta_{wo}}{r(\rho_w - \rho_o)g} \tag{8-8}$$

根据连通管原理，同一水平面上的压力相等；另外认为烧杯容器足够大，A 点所处油水界面为水平的，即毛细管压力为零，则有如下等式成立：

$$p'_{oA} = p'_{wA} = p_{wA} \tag{8-9}$$

在油相中，A 和 B 这两点之间的压力关系为：

$$p'_{oB} = p'_{oA} - \rho_o gh = p_{wA} - \rho_o gh \tag{8-10}$$

在水相中，A 和 B 这两点之间的压力关系为：

$$p_{wB} = p_{wA} - \rho_w gh \tag{8-11}$$

根据上述定义，则得：

$$p_c = p'_{oB} - p_{wB} = (\rho_w - \rho_o)gh = \Delta\rho gh \tag{8-12}$$

式中　$\Delta\rho$——两相流体密度差；

　　　h——润湿相在毛细管中上升高度；

　　　g——重力加速度。

式（8-8）是油层中毛细管平衡理论的基本公式。该式表明：液柱上的高度直接与毛细管压力 p_c 之值有关，毛细管压力越大，则液柱上升越高。将式（8-8）代入式（8-12），则可以得到油水体系的毛细管压力计算公式：

$$p_c = \frac{2\sigma_{wo}\cos\theta_{wo}}{r} \tag{8-13}$$

4. 毛细管压力的性质

（1）毛细管压力 p_c 与 $\cos\theta$ 成正比，$\theta < 90°$，毛细管亲水，p_c 为正值，弯液面上升；$\theta > 90°$，毛细管憎水（亲油），p_c 为负值，弯液面下降。如将亲水岩心浸泡在水中，就会发现水能在毛细管压力作用下自动进入岩心，驱出了岩心中的油，这一过程就称为吸吮过程或称自吸过程。θ 越小，亲水性越强，自吸的能力也就越强。反之，当 $\theta > 90°$ 时，表现出岩心不能自动吸水，p_c 成为阻力，如要使水进入岩心，则必须施加一个外力克服毛细管压力，才能使水驱油，这种过程即为驱替过程。

（2）毛细管压力 p_c 和两相界面的界面张力 σ 成正比。

（3）毛细管压力 p_c 和毛细管半径 r 成反比，毛细管半径越小，毛细管压力则越大，毛细管中弯液面上升（或下降）高度越大。

（4）亲水岩石毛细管压力为动力，水能自吸进入岩心（自吸过程或吸吮过程）。亲油岩石毛细管压力为阻力，需要外力克服毛细管压力水才能进入岩心驱油（驱替过程）。

二、曲面附加压力

毛细管中的弯液面，是毛细管压力产生的根本原因，那么是不是所有的弯液面都会产生毛细管压力呢？答案显然是肯定的！

人们发现，如果界面是弯曲的，则必然存在一个附加的力，这个力的方向在界面处与表面相切。例如：凸面时，这个力指向液体内部，液体内部的压力大于外部压力；凹面时，正好相反，力的方向离开液体，液体内部的压力小于外部的压力（图 8-3）。

这个附加的力的大小如何求得呢？

从图 8-3 可以看出，弯曲面一般都有曲率半径，弯曲液面产生的力的大小可以由主曲率半径求得，该方程由拉普拉斯方推导得到：

$$p_c = \sigma\left(\frac{1}{R_1} + \frac{1}{R_2}\right) \tag{8-14}$$

式中　p_c——曲面的附加压力（压强）；

　　　　σ——两相间界面张力；

　　　　R_1，R_2——分别为任意曲面的两个主曲率半径（即相互垂直的两相交切面内的曲率半径）。

式（8-11）是研究毛细管现象的一个最基本公式，应用式（8-14）的关键是如何确定不同曲面下的 R_1，R_2 值。

油藏中弯曲液面的形状多种多样，可以归结为几种典型的形状，如球面、柱面，锥面等，本文以这些简单形状为例分析弯曲液面带来的附加阻力，并推广到实际油藏中进行分析。

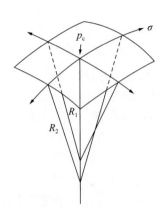

图 8-3 任意弯曲界面的附加压强

1. 球面的附加压力

亲水岩石毛细管，除了油水界面处的弯液面之外，由于管壁四周为束缚水，毛细管中心是油（或气），此时，油水界面则为球面和圆柱面（图 8-4）。

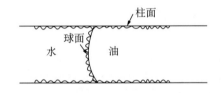

图 8-4 亲水毛细管中的油水界面——球面和柱面

对于球面来说，用两个相互垂直的面去切球面，截面与球面相交均为圆（图 8-3），且曲率半径 $R_1 = R_2 = R$，将此 R_1、R_2 代入式（8-14），则：

$$p_c = \sigma \left(\frac{1}{R_1} + \frac{1}{R_2} \right) = \frac{2\sigma}{R} \tag{8-15}$$

从图 8-5 可得到：

$$R = \frac{r}{\cos \theta} \tag{8-16}$$

式中 θ ——润湿接触角；

　　 r ——毛细管半径。

综合式（8-15）与式（8-16），可以得到：

$$p_c = \frac{2\sigma \cos \theta}{r} \tag{8-17}$$

显然，该方程是与前文的毛细管压力的 p_c 计算式一样，说明实际上毛细管压力就是曲面的附加压力。为了方便起见，本书把曲面的附加压力统一称为毛细管压力。

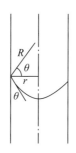

图 8-5　毛细管半径与曲率半径间的关系

2. 柱面的附加压力

柱面的两个主曲率曲线是一条直线和一个圆，如图 8-6 所示。因此两个主曲率半径分别为：$R_1 = \infty$ 和 $R_2 = r$，代入式（8-15）可以得到柱面的毛细管压力计算式为：

$$p_c = \sigma\left(\frac{1}{\infty} + \frac{1}{r}\right) = \frac{\sigma}{r} \tag{8-18}$$

毛细管压力 p_c 指向管轴心，其作用是使毛细管中的水膜增厚。

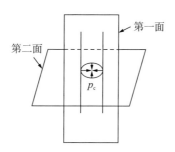

图 8-6　柱面附加压力（即毛细管压力）方向

3. 锥面的附加压力

实际岩石孔道中，毛细管半径往往发生变化，这种情形可简化为圆锥形毛细管（图 8-7）。此时粗端的曲率半径应为 $R_1 = \dfrac{r_1}{\cos(\theta+\beta)}$，细端的曲率半径为 $R_2 = \dfrac{r_2}{\cos(\theta-\beta)}$，所以圆锥形毛细管的毛细管压力应为：

$$p_{ci} = \frac{2\sigma\cos(\theta\pm\beta)}{r_i} \tag{8-19}$$

式中　β——毛细管壁与毛细管中心线的夹角，即锥角之半；

　　　θ——静止时的平衡接触角；

　　　i——下标，$i = 1$，2。

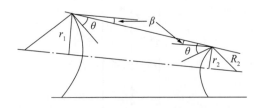

图 8-7　锥形毛细管的弯曲液面

式（8-19）说明，半径渐变的毛细管，最大的毛细管压力出现在毛细管的细端，此时 cos（$\theta-\beta$）值最大；最小的毛细管压力出现在毛细管的粗端。

4. 平行裂缝间的附加压力

假设平行板间的宽度为 W，此时两相流体间的弯液面（即界面）呈半圆柱形（图 8-8）。由正截面所得主曲率半径 $R_1 = \dfrac{W}{2}$，另一个主曲率 $R_2 = \infty$，此时可以得到：

$$p_{\mathrm{c}} = \frac{2\sigma\cos\theta}{W} \tag{8-20}$$

式中　W——两平行板间的宽度。

这即为两平行板间计算毛细管压力的公式，可以看出，裂缝宽度越小，则毛细管压力越大。

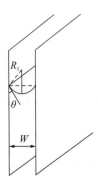

图 8-8　平行裂缝间的弯曲液面

5. 理想砂岩颗粒间的附加压力

把砂岩颗粒假想成等直径的球形，两个颗粒接触的地方如图 8-9 所示。湿相流体（水）处于砂粒接触处，呈环状分布；非湿相（油）则位于孔道中心部分，两相间有一弯曲交界面。

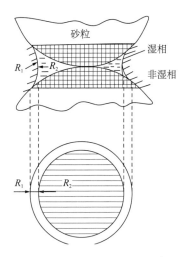

图 8-9 等直径球形颗粒间的弯曲液面

采用垂直面切油水界面，得曲率半径 R_1；用水平面切油水界面，得曲率半径 R_2（两曲率中心位于界面两侧），则：

$$p_c = \sigma \left(\frac{1}{R_1} + \frac{1}{R_2} \right) \tag{8-21}$$

实际岩石中，弯液面的曲率半径（R_1、R_2）一般不能测定，故常用平均曲率半径 R_m 代替，并且有：

$$\frac{1}{R_m} = \frac{1}{R_1} + \frac{1}{R_2} \tag{8-22}$$

于是

$$p_c = \frac{\sigma}{R_m} \tag{8-23}$$

由图 8-9 可以看出，随着润湿相数量的改变，润湿相饱和度 S_w 也改变，则界面曲率半径 R_1、R_2 和相应所得的 R_m 也会随之改变。例如当湿相流体数量减小，湿相饱和度降低时，其 R_1、R_2 及 R_m 也相应要变小，毛细管压力 p_c 就会增大。由此可以得出：

（1）平均曲率半径 R_m 与湿相饱和度 S_w 之间存在一种函数关系 $S_w = S(R_m)$；

（2）平均曲率半径 R_m 与毛细管压力 p_c 也存在一种函数关系 $p_c = p(R_m)$。

因此，湿相饱和度与毛细管压力之间相应地也存在着某种函数关系：

$$p_c = f(S_w) \tag{8-24}$$

这关系式是实际岩石毛细管压力曲线的理论基础。

三、孔隙中的毛细管效应综合阻力

多相流体在岩石中流动时，如果存在液滴或气泡，由此出现的界面会带来三种类型的毛细管综合效应。

1. 液滴或气泡静止时出现的毛细管阻力

当液珠或者气泡静止在圆柱形毛细管中时，一般可假设其为柱体，如图 8-10 所示，此时该柱体两端为球形曲面，按照前述球面产生水平方向的毛细管压力，两者方向相反，大小相等，但依据液体压强传递定律，该压力作用于毛细管壁上，具体大小为：

$$p'_c = \frac{2\sigma}{R} = \frac{2\sigma\cos\theta}{r} \tag{8-25}$$

根据式（8-15），该柱体柱面产生的曲面压力方向指向毛细管轴心，大小为：

$$p''_c = \frac{\sigma}{r} \tag{8-26}$$

静止状态下，这个柱状液滴（气泡）产生的两个力叠加之后合力为总的毛细管力效应，大小为：

$$p_{c1} = p'_c - p''_c \frac{2\sigma}{R} - \frac{\sigma}{r} = \frac{2\sigma}{r}(\cos\theta - 0.5) \tag{8-27}$$

可以看出，油水或油气的表面张力越大，毛细管半径越小，则施加于管壁液膜的毛细管效应阻力越大，液滴水平运动的阻力越大。

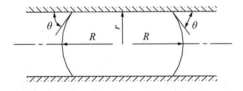

图 8-10　圆柱形毛细管孔道中的液珠或气泡

2. 液滴或气泡运动时出现的毛细管阻力

当在图 8-10 中的液珠两端施加压力差后，会出现两端液体界面的形变（图 8-11），从而导致液珠两端的曲率半径不相等，此时在水平方向上会出现由于界面形变不同而导致的第二种毛细管效应阻力，其方向与施加的压差方向相反，具体大小为：

$$p_{c2} = \frac{2\sigma}{R''} - \frac{2\sigma}{R'} = \frac{2\sigma}{r}(\cos\theta'' - \cos\theta') \tag{8-28}$$

式中　R'——迎着压差方向的液体界面曲率（图 8–11 左侧）；

　　　R''——背着压差方向的液体界面曲率（图 8–11 右侧）。

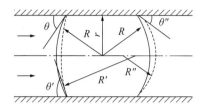

图 8–11　施加压力差液珠的界面变形

液珠两端施加的压差必须同时克服 p_{c1} 和 p_{c2} 的合力才能使之运动。p_{c1} 和 p_{c2} 不能简单相加，因两者方向垂直，因此需要采用矢量叠加方式。

3. 贾敏效应（狭窄处的阻力）

当液珠（或气泡）流动到孔道窄口时（由于其直径大于孔道直径）遇阻变形（图 8–12），前后端弯液面曲率不相等，这时产生第三种毛细管效应附加阻力。把液珠或气泡通过孔隙喉道时，产生形变，前后端曲率不一致而产生的附加阻力称为贾敏效应。

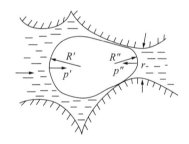

图 8–12　液珠或气泡在孔道狭窄处的形变示意图

假设液珠前端的曲率是 R''，后端的曲率是 R'，则此时的毛细管综合效应为：

$$p_{c3} = 2\sigma\left(\frac{1}{R''} - \frac{1}{R'}\right) \tag{8-29}$$

什么情况下贾敏效应的值最大呢？显然，只有当液珠的前端通过孔道最狭窄处的时候，前端界面处的曲率半径最小，此时对应最大的贾敏效应。

实际油藏岩石中孔道大小不一，如果出现了两相流动，则可能会出现很多的液珠或气泡，从而许多单个的液珠产生的贾敏效应会叠加，从而造成巨大的宏观流动阻力。

所以对于石油天然气的开采来说，贾敏效应的存在是有害的，因此应尽量避免出现两相流。如尽量维持地层压力避免脱气出现气液两相流；尽量避免钻井、完井和其他作业的液体进入地层。但是，在某些情况下，人们还有意识地利用贾敏效应，如堵水、调剖等作业措施都是利用贾敏效应的实例。

四、毛细管滞后现象

毛细管滞后现象是发生在毛细管中的一种特定现象。在大气压条件下把一根毛细管插入一盛水的容器中，作吸入实验（图 8-13）。在毛细管压力的作用下，液体将沿毛细管上升一定高度 [图 8-13（a）]，表现为水驱空气。同时，把另一根同样的毛细管先充满水，插入盛水容器，水在重力的作用下流出毛细管，表现为空气驱水，此时水将沿毛细管下降到一定高度 [图 8-13（b）]。实验表明：由于饱和顺序不同，驱替和吸入所产生的液柱高度并不相同，吸入液柱高度小于驱替液柱高度。人们把发生在毛细管中的这种现象称为毛细管滞后。

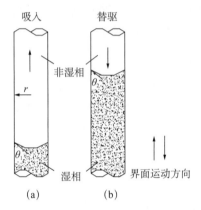

图 8-13　接触角滞后引起毛细管滞后（据 Morrow N.R，1976）

产生毛细管滞后的原因与润湿滞后、岩石孔道几何形态等有关。目前经前人的研究（如 Morrow 等），对毛细管滞后现象已有了一定的认识，并把滞后的原因主要归结为以下几种情况。

1. 润湿滞后引起的毛细管滞后

润湿滞后也称为接触角滞后，图 8-13 显示的即是润湿滞后引起的毛细管滞后。毛细管半径不变时，在吸入和驱替过程中，由于润湿次序不同，表现为接触角不同。吸入过程产生前进角 θ_1，驱替过程产生后退角 θ_2。由于 $\theta_1 > \theta_2$，使得吸入时毛细管压力 p_{im} 小于驱替时毛细管压力 p_t。于是，在相同的非湿相压力下，与驱替过程比较，吸入过程必定产生较低的液柱高度。或者说，在相同的驱替压力下，驱替过程的湿相流体饱和度大于吸入过程时的湿相流体饱和度。这个结论也是使用驱替法或吸入法研究毛细管压力和孔隙结构的理论依据。当岩石亲水时，驱替时（油驱水）可以求得束缚水饱和度，吸入时（水驱油）可以求得残余油饱和度。

2. 毛细管半径突变引起的毛细管滞后

以图 8-14 为例，毛细管两头细，中间突然变粗，上部细段（喉道处）的半径为 r_t，中部粗段（孔隙处）半径为 r_p，$r_t < r_p$，则 $p_t > p_p$。假设在驱替和吸入过程中非湿相中的压力都等于 p，为简化问题并假设接触角 $\theta=0°$，则 $p_t = \dfrac{2\sigma}{r_t}$，$p_p = \dfrac{2\sigma}{r_p}$。

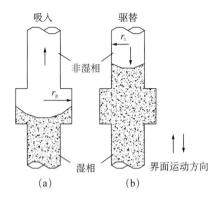

图 8-14 毛细管半径突变引起的毛细管滞后（据 Morrow N.R，1976）

实验观察到：吸入时，液面上升，弯液面将稳定停止在中间的粗毛细管段内；驱替时，液面下降，弯液面将稳定停留在上部细段内。因此吸入过程的湿相饱和度小于驱替时的湿相饱和度。

在接触角 $\theta=0°$ 时，毛细管滞后仅与毛细管半径的变化有关。当 $\theta \neq 0°$ 接触角时，毛细管滞后既与润湿滞后有关，也与毛细管半径变化有关。

3. 毛细管半径渐变引起的滞后

毛细管的大小一般是逐渐改变的，可以简化为如图 8-15 所示的圆锥筒形。此时毛细管滞后同时受接触角和毛细管半径变化两个因素的影响，根据式（8-19），可以得到吸入和驱替时的毛细管压力：

吸入时：

$$p_{\mathrm{p}} = \frac{2\sigma\cos(\theta + \beta)}{r_{\mathrm{p}}} \qquad (8-30)$$

驱替时：

$$p_{\mathrm{p}} = \frac{2\sigma\cos(\theta - \beta)}{r_{\mathrm{t}}} \qquad (8-31)$$

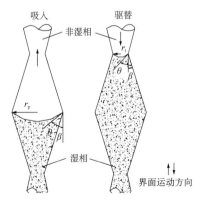

图 8-15 毛细管半径渐变引起的毛细管滞后（据 Morrow N.R，1976）

由图 8-15 可以看出，毛细管半径和接触角两个因素的影响是一致的，$p_t > p_p$，吸入时湿相饱和度小于驱替时湿相饱和度。

4. 实际岩石孔隙中的毛细管滞后

实际岩石是孔隙表面粗糙、孔道断面大小改变的孔隙—喉道系统（图 8-16），影响其毛细管滞后的因素更复杂，包括：润湿滞后、孔隙半径、变断面和管壁粗糙度等。和前面几种情形得到的结论一样，实际岩石孔隙驱替时的毛细管压力大于吸入时的毛细管压力 $p_t > p_p$，且吸入湿相饱和度小于驱替湿相饱和度。

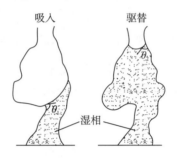

图 8-16 实际岩石孔隙中的毛细管滞后现象（据 Morrow N.R，1976）

综合得出：驱替时，毛细管压力所对应的是喉道半径（细毛细管）；吸入时，毛细管压力所对应的是孔隙半径（粗毛细管）。实验中，对同一岩样进行吸入与驱替的毛细管压力—饱和度曲线测定，可得出岩样孔隙与喉道大小的定量分布。

第二节　岩石毛细管压力曲线的测定与换算

毛细管压力曲线是研究岩石孔隙结构及岩石中两相渗流所必需的资料，也是油层物理学的重要内容之一。为了更好地理解曲线的各种定性、定量特征及它们的各种应用，需要首先了解测定毛细管压力曲线的原理和各种方法。本节的知识点结构如图 8-17 所示。

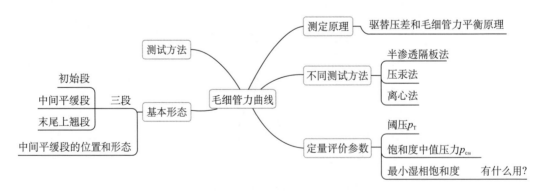

图 8-17 毛细管压力曲线相关知识结构图

一、毛细管压力曲线测定原理

1. 典型毛细管压力曲线

如图 8-18 所示，油藏岩石的毛细管压力和湿相（或非湿相）饱和度的关系曲线称为毛细管压力曲线。曲线中毛细管压力和湿相（或非湿相）饱和度之间是单值对应的。

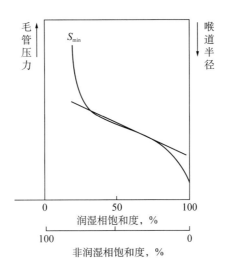

图 8-18　典型毛细管压力曲线示意图

2. 测定原理

在压差作用下，非润湿相流体驱走岩心中的湿相流体，从而降低湿相饱和度。驱替压差与毛细管压力平衡时，非湿相流体不能再驱替湿相流体，此时岩心中的湿相饱和度不再变化。此时记录的驱替压差值就是此饱和度对应的毛细管压力。

驱替压差由低到高，逐点测定，即可获得毛细管压力与湿相饱和度的关系曲线。

3. 测定步骤

（1）将事先处理好的岩心饱和湿相流体，记录湿相流体的体积 V；

（2）岩心两端加一个压差 Δp_1，用非湿相流体驱替岩心中的湿相流体；

（3）当岩心中流体不再流出时，驱替压差和毛细管压力平衡，记录此驱替压差值 Δp_1 和驱出流体的体积 ΔV_1；

（4）计算对应的湿相饱和度 $S_{w1} = (V - \Delta V_1)/V$，且毛细管压力 $p_{c1} = \Delta p_1$，得到 (p_{c1}, S_{w1})。

（5）重复（2）~（4），得到不同的 (p_c, S_w) 的值，直到增加驱替压差而 S_w 不再改变为止。

二、毛细管压力测定实验方法

测定岩石毛细管压力曲线的方法很多，目前最常用的主要有三种：半渗透隔板法，压汞法和离心法。这些方法的基本原理相同，只是实验时所使用的流体工作介质不同、加压方式不同、所需时间长短不同等。但三种方法都各有其独特的优点，因此它们都有着广泛的应用。

1. 半渗透隔板法

1）半渗透隔板法的装置及加压方式

半渗透隔板法实验装置有两种：一种是加压半渗透隔板，另一种是抽真空半渗透隔板。半渗透隔板法所用实验装置如图 8-19 所示。图 8-19（a）的加压方式是在岩心室端加压，可以加比较高的压力，国内最高能达到 0.7MPa；图 8-19（b）的加压方式是在刻度管端抽真空，所加驱替压差较小。

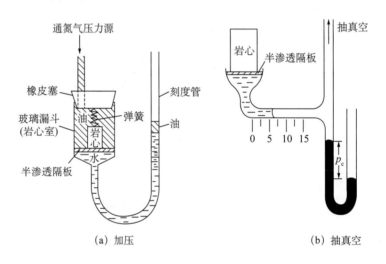

（a）加压　　　　　　　　　　　　　（b）抽真空

图 8-19　半渗透隔板法测毛细管压力示意图

2）半渗透隔板的材料和性质

材料：隔板有陶瓷或玻璃隔板、粉末金属烧结板、渗碳多橡胶等各种类型，而显示出不同的亲油、亲水性。

性质：隔板的孔隙小于岩心孔隙，当湿相流体饱和隔板后，在外加压力未超过隔板喉道的毛细管压力之前，隔板只能允许湿相通过，而不能通过非湿相，因而叫作半渗透隔板。

3）半渗透隔板法的实验步骤

用加压半渗透隔板法介绍实验步骤，实验流体为油和水，假设其中油是非润湿相，水是润湿相，半渗透隔板是水湿隔板。

（1）岩心饱和水放入岩心室中，记录岩心中的水体积 V。

（2）岩心室中装满油，之后倒扣放置在水湿隔板之上。油不能通过水湿隔板。

（3）对岩心室中的油进行加压 Δp_1，在此压差的作用下，岩心室中的油进入岩心，将其中的水替换出来。替换出来的水能够通过半渗透隔板，因此进入刻度管中 [图 8-18（a）]。当此压差下的替换过程结束时，记录替换出来的水体积 ΔV_1，即刻度管中水的增加量

（表 8−1 中第三列），可计算此时岩心内的水饱和度 $S_{w1}=(V-\Delta V_1)/V$。

（4）换一个压差 Δp_2，要求 $\Delta p_2 > \Delta p_1$，重复过程③，得到驱替的水量 ΔV_2，计算此时岩心内的水饱和度 $S_{w2}=(V-\Delta V_2)/V$。

（5）一直重复上述过程④，直到不能再驱替出水量来，或者达到了实验装置的最大量程。

半渗透隔板法所能测定的最大毛细管压力取决于隔板直径的大小。非湿相开始突破隔板孔隙时的压力（即阀压）就是实验所允许的最大压力。隔板材料的孔隙越小，阀压越高，测试范围就越大，目前国内生产的隔板可高达 0.7MPa 以上。

实验时，从最小压力开始逐级升高压力。随着驱替压力加大，非湿相油将通过越来越细的喉道，把越来越多的水从其中排出。也就是说，随着驱替压力的升高，非湿相饱度增加，湿相饱和度降低。

测定时，每达到一个预定压力值（或称压力点），需待系统稳定后（压力稳定、管内液面不再增加），才可进行一次读数，记下压力值及相应的累计排出水体积。然后将压力升高到下一个压力点，进行下一次读数，依此类推，直到预定最高压力为止。

4）半渗隔板法测试毛细管压力数据格式及作图

将测试资料写入数据表 8−1 中，并经过数据处理得到毛细管压力曲线（第二列和第六列），也可依据该数据绘制出压力和饱和度关系曲线，即驱替毛细管压力曲线，如图 8−18 所示。

表8−1 毛细管压力曲线实测结果

序号	毛细管压力 p_c mmHg	刻度管数值 cm³	岩心中含水体积 cm³	计算式	含水饱和度 S_w %
1	20	0	1.365	$S_{w1}=\dfrac{1.365}{1.365}$	100.0
2	40	0.075	1.290	$S_{w2}=\dfrac{1.290}{1.365}$	94.6
3	50	0.150	1.215	$S_{w3}=\dfrac{1.215}{1.365}$	89.0
4	60	0.250	1.115	$S_{w4}=\dfrac{1.115}{1.365}$	81.8
5	80	0.750	0.615	$S_{w5}=\dfrac{0.615}{1.365}$	45.0
6	120	1.000	0.365	$S_{w6}=\dfrac{0.365}{1.365}$	27.0
7	160	1.125	0.240	$S_{w7}=\dfrac{0.240}{1.365}$	17.9
8	260	1.225	0.140	$S_{w8}=\dfrac{0.140}{1.365}$	10.7
9	390	1.285	0.080	$S_{w9}=\dfrac{0.080}{1.365}$	6.3
10	>390	1.285	0.080	$S_{w10}=\dfrac{0.080}{1.365}$	6.3

5）半渗透隔板法的优缺点

半渗透隔板法最大的缺点在于测试时间太长，平衡速度十分缓慢，测试一个样品需要长达几十小时或高达几十天。如果非湿相采用气体，则可缩短稳定时间，加快测试速度。目前国外所用的测量装置，岩心室一次可以放入数十块岩样，从而提高了效率。

半渗透隔板法虽然因测量速度慢不能满足常规测试的要求，但无论气驱水、气驱油，还是油驱水、水驱油，都比较接近模拟油层条件，测量精度较高，故是一种经典的标准方法，可作为其他方法的对比标准，因此仍是一种重要的测量方法。

2. 压汞法

1）测定原理

汞不润湿岩石，为非湿相，在高压下把汞压入岩样，求出与之平衡的毛细管压力 p_c 和压入汞的体积，从而得到毛细管压力与岩样含汞饱和度的关系。

2）压汞法的设备和方法概述

目前国内外所使用的压汞仪基本原理一样，所不同的仅是加压和计量方式。加压方式一般有计量泵加压、油泵加压和高压气瓶加压三种。计量泵是直接对水银加压，油泵和高压气瓶是通过油或氮气将压力传递给水银而达到加压目的。计量水银注入量的方法主要有计量泵计量和膨胀计计量两种。图8-20是用高压氮气瓶加压、计量泵计量的压汞仪装置图。该仪器的主要部件是计量泵和岩心室，计量泵内装有水银，并与岩心室连通。

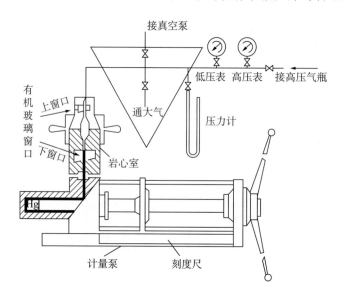

图 8-20　压汞法测毛细管压力装置图

3）压汞法实验步骤

实验时，其测定步骤主要如下：

（1）把已清洗烘干的岩样放入岩样室的空腔内，上紧压盖；

（2）将系统抽真空；

（3）进泵，使刻度尺上的读值为零，即此时确保岩心室中无水银存在；

（4）进泵，使水银面上升充满岩心室，水银面达到岩心室的顶端，读此时刻度尺的值 V，若已知岩心室体积 V_E，则岩样外部体积 $V_f=V_E-V$；

（5）关闭真空系统，引入高压气源；设与某一压力平衡的毛细管压力为 p_c。在平衡压力 p_c 下水银被压入岩样的孔隙内，水银面将降至上标线以下；进泵使水银面复原至上标线，从刻度尺上便可读出压入岩样中的水银体积 V_{Hg}；

（6）根据岩样的孔隙度 ϕ 和岩样的外表体积 V_f，便可算出该压力（毛细管压力 p_c）下岩样中的水银饱和度 $S_{Hg}=V_{Hg}/(\phi V_f)$；

（7）重复（5）和（6）的步骤，得到一系列的 p_c 和 S_{Hg}，便可绘出压汞毛细管压力曲线，如图 8-20 中曲线①所示；在压汞进程达到终点最高压力后，再逐级降压，使压入岩样中的汞退出，便可得到一条退汞曲线，如图 8-20 中曲线②所示。

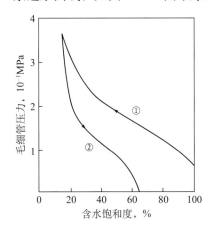

图 8-21　压汞法毛细管压力曲线

①—驱替曲线（压汞曲线）；②—吸入曲线（退汞曲线）

4）压汞法的优缺点

压汞法的最大优点是测量速度快，对样品的形状、大小要求不严。测一个样品一般只需 1 ~ 2h，并且可以测定不规则岩屑的毛细管压力。

压汞法也有很多缺点，例如非湿相采用水银，且在真空条件下将水银压入岩样，这与油层实际情况差别较大。并且水银有毒，危害健康，为防止中毒，最好在低温（＜ 20℃）和通风较好的实验室进行测定。经测定后的岩样因已被水银污染而不能再行使用。

3. 离心法

1）测试原理

离心法是依靠高速离心机所产生的离心力，代替外加的排驱压力从而达到非湿相驱替湿相的目的。

2）测试方法

在离心法测定中，将一块饱和湿相液体（水）的岩样装入充满非湿相流体（油）的岩样盒（即离心管）中，把离心管放在离心机上，离心机以一定的角速度进行旋转（图8-22）。由于两相流体密度不同，即使在旋转半径和角速度相同的条件下，油和水也将产生不同的离心力，这个离心力差值与孔隙介质内流体两相间毛细管压力两相平衡。在该离心力的作用下，水将被甩离孔隙，而让出的孔隙被油所取代。将离心力以离心压力表示，则油水两相之间所存在的离心压力差，就是非湿相排驱湿相的排驱压力。

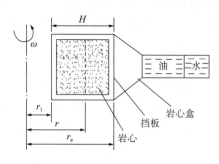

图 8-22　离心法示意图

r_1—岩心内端面至转轴距离；r—岩心中部至转轴距离；

r_e—岩心外端面至转轴距离

通过观察窗和闪光仪可记录下平衡时驱出的水体积，由此可算出该离心力下的饱和度。当由低向高逐渐增大离心机转速时，与之平衡的毛细管压力也不断增加，记录下驱出液体体积，就可获得毛细管压力与湿相（水）饱和度的关系曲线。

实验中，所使用的湿相和非湿相流体可以根据需要进行选择，如气驱水或气驱油、水驱油或油驱水等。当水驱油时 [图8-23（a）]，由于油的密度小于水的密度，被驱出的油浮于距离心机轴的近端。用油驱水 [图8-23（b）]，则驱出的水将沉积于距离心机轴的远端，与水驱油刚好相反。采用不同的离心头，可用同一离心机实现水驱油和油驱水。

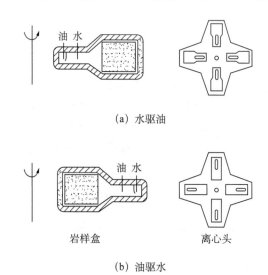

（a）水驱油

岩样盒　　　　　　　　离心头

（b）油驱水

图 8-23　水驱油和油驱水时的离心管位置示意图

3）方法的优缺点

该方法的优点是直接可以得到油—水、油—气、气—水等体系的毛细管压力曲线，并且能够很方便地采用驱替和吸入两种方式来测定毛细管压力曲线，测定也比较迅速，是一种比较有前途的方法。

缺点是计算比较麻烦，设备也较其他方法复杂。目前所用离心机转速虽可高达21000r/min，但最高压力只有1.4MPa，这对于较致密的岩石（如石灰岩）来说，压力仍太低。由于上述问题，在一定程度上也影响了该方法的广泛使用。

三、毛细管压力曲线的换算

实际中，在室内测定毛细管压力曲线时，测定条件不可能做到与油藏实际条件完全相同。例如在实验室测定时，不同的方法（如压汞法、隔板法）所使用的流体体系不同，两种实验方法中流体的表面张力和润湿角等均不同，因而使所测毛细管压力数值也不相同。在使用毛细管压力曲线资料时，或不同测试方法对比时，或把实验室测定结果应用于地下条件时，都需要事先进行相应的换算。

若采用同一岩样进行实验，则：

在实验室条件下：

$$p_{cL} = \frac{2\sigma_L \cos\theta_L}{r}，即 r = \frac{2\sigma_L \cos\theta_L}{p_{cL}} \tag{8-32}$$

在油藏条件下：

$$p_{cR} = \frac{2\sigma_R \cos\theta_R}{r}，即 r = \frac{2\sigma_R \cos\theta_R}{p_{cR}} \tag{8-33}$$

因是同一岩样，则上述式（8-32）和式（8-33）中的 r 应相等，由此可得到如下通用换算公式：

$$p_{cR} = \frac{\sigma_R \cos\theta_R}{\sigma_L \cos\theta_L} p_{cL} \tag{8-34}$$

式中 p_{cL}——实验室条件下曲面的附加压力，mN/cm^2；

σ_L——实验室条件下两相间界面压力，mN/cm；

θ_L——实验室条件下润湿接触角，（°）；

p_{cR}——油藏条件下曲面的附加压力，mN/cm^2；

σ_R——油藏条件下两相润界面张力，mN/cm；

θ_R——油藏条件下润湿接触角，（°）；

r——毛细管半径，cm。

例题 8-1：利用式（8-34），将不同方法下测定的毛细管压力换算到油层情况下的毛细管压力，以及进行不同方法间毛细管压力的换算。

情况 1：将压汞法所测的毛细管压力 p_{Hg} 地换算为油层条件下的油—水毛细管压力 p_{ow}。已知汞表面张力 σ_{Hg}=480mN/m，θ_{wg}=140°，油水界面张力 σ_{ow}=25mN/m，θ_{ow}=0°，则：

$$p_{\mathrm{ow}} = \frac{\sigma_{\mathrm{ow}} \cos\theta_{\mathrm{ow}}}{\sigma_{\mathrm{Hg}} \cos\theta_{\mathrm{Hg}}} p_{\mathrm{Hg}} = \frac{25 \times \cos 0°}{480 \times \cos 140°} p_{\mathrm{Hg}} \approx \frac{1}{15} p_{\mathrm{Hg}} \qquad (8-35)$$

即实际油藏中油水的毛细管压力 p_{ow} 仅为压汞法所得毛细管压力的 1/15。

情况 2：将半渗透隔板法（水—空气体系）所测得的毛细管压力 p_{wg} 换算为地下油水毛细管压力。已知水的表面张力 $\sigma_{\mathrm{wg}} = 72\mathrm{mN/m}$，接触角 $\theta_{\mathrm{wg}} = 0°$。则：

$$p_{\mathrm{ow}} = \frac{\sigma_{\mathrm{ow}} \cos\theta_{\mathrm{ow}}}{\sigma_{\mathrm{wg}} \cos\theta_{\mathrm{wg}}} p_{\mathrm{wg}} = \frac{25 \times \cos 0°}{72 \times \cos 140°} p_{\mathrm{wg}} \approx \frac{1}{3} p_{\mathrm{wg}} \qquad (8-36)$$

即实际油藏中油水的毛细管压力 p_{ow} 仅为半渗透隔板法所测得的毛细管压力 p_{wg} 的 1/3，如图 8-24 所示。

情况 3：将压汞法所测得的 p_{Hg} 换算为半渗透隔板法下的气水毛细管压力 p_{wg}，则：

$$p_{\mathrm{wg}} = \frac{\sigma_{\mathrm{wg}} \cos\theta_{\mathrm{wg}}}{\sigma_{\mathrm{Hg}} \cos\theta_{\mathrm{Hg}}} p_{\mathrm{Hg}} = \frac{72 \times \cos 0°}{480 \times \cos 140°} p_{\mathrm{Hg}} \approx \frac{1}{5} p_{\mathrm{Hg}} \qquad (8-37)$$

这说明需要将压汞法所得的毛细管压力曲线按比例缩小 5 倍后，即可与半渗透隔板法所得曲线相比较。一般认为半渗透隔板法较接近油层条件，精度较高，其所测曲线可作为标准曲线而与其他方法相对比。实践已证明，不同方法的测定结果均与半渗透隔板法基本上相吻合。

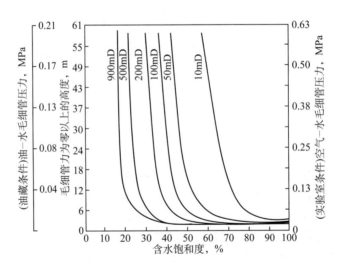

图 8-24　毛细管压力曲线换算

在应用毛细管压力曲线时，常常利用毛细管压力与喉道半径及液柱高度间的函数关系将毛细管压力值 p_{c} 换算成相应于此压力下的喉道半径 r_{c} 和此压力下湿相（水）上升的高度 h，有时毛细管压力曲线的纵坐标还直接标出喉道半径和液柱高度。p_{c} 与 r_{c}、h 间的换算方法如下。

由 $p_c = 2\sigma\cos\theta / r$，如压汞法中取 $\sigma = 480\text{mN/m}$，$\theta = 140°$，则压汞毛细管压力 p_{Hg} 与喉道半径 r 间具有下面关系：

$$\begin{cases} p_{Hg} = \dfrac{\sigma_{Hg}\cos\theta_{Hg}}{r} = \dfrac{0.75}{r} \\ r = \dfrac{0.75}{p_{Hg}} \end{cases} \tag{8-38}$$

式中　p_{Hg}——压汞时的毛细管压力，MPa；

　　　r——毛细管压力为 p_{Hg} 时所相应的喉道半径，μm。

如压汞时毛细管压力为 1MPa，则对应的孔隙半径为 0.75μm。将式（8-38）转换成 SI 制单位，并应用式（8-12）将实验测得的毛细管压力换算为地层条件下的毛细管压力 p_{cR}，则：

$$h = \frac{100 p_{cR}}{\rho_w - \rho_o} \tag{8-39}$$

式中　h——油水界面以上湿相（水）液柱高度，m；

　　　p_{cR}——地层条件下（如油—水）的毛细管压力，MPa；

　　　ρ_w，ρ_o——分别为地层条件下的水、油密度，g/cm³。

第三节　岩石毛细管压力曲线的基本特征

从毛细管压力曲线中能得到什么信息？如何根据毛细管压力曲线判断油藏岩石的性质，是本节的主要内容，相关知识点如图 8-25 所示。

图 8-25　毛细管压力曲线的相关概念图

一、毛细管压力曲线的定性特征

典型的毛细管压力曲线如图 8-18 所示，本节重新绘制于图 8-26 中。

1. 毛细管压力曲线表示的三个阶段

比较典型的毛细管压力曲线具有两头陡、中间缓的特征，因此可以将其分为三段——初始段、中间平缓段和末端上翘段（图8-26）。

初始段表示的是图8-26中毛细管压力曲线的最右侧，可以看出，毛细管压力增加，润湿相饱和度降低，非湿相饱和度增加。此时，非湿相饱和度的增加大多是由于岩样表面凹凸不平或切开较大孔隙引起的，并不代表非湿相已真正进入岩心。

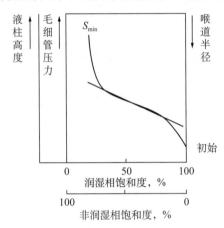

图8-26　典型的毛细管压力曲线

毛细管曲线中间平缓段是主要的进液段，大部分非湿相在该压力区间进入岩心。

曲线的最后陡翘段表示，随着压力的急剧升高，非湿相进入岩心的量越来越小，直至非湿相完全不能再进入岩心为止。如曲线陡翘段表现为与纵轴相平行，则说明再增加压力，非湿相饱和度已不会变化。

2. 毛细管压力曲线的形态和位置

一般从两个方面定性地观察或者认识毛细管压力曲线：一是曲线的形态，二是曲线的位置。

从曲线形态上来说，主要观察中间段的平缓度，曲线中间段的长短，位置的高低对分析岩石的孔隙结构起着很重要的作用。毛细管压力曲线中间平缓段越长，说明岩石喉道的分布越集中，分选越好。平缓段位置越靠下，说明岩石喉道半径越大。

从位置上来说，主要观察中间段的位置，越靠上，则毛细管压力越高。

二、毛细管压力曲线的定量特征

描述毛细管压力曲线的定量指标主要有排驱压力（阀压）、饱和度中值压力和最小湿相饱和度等（图8-27）。

1. 排驱压力（阀压）p_T

排驱压力是指非湿相开始进入岩样最大喉道的压力，也就是非湿相刚开始进入岩样的压力，因此有时又称排驱压力为入口压力、门槛压力或阀压。

排驱压力相应于岩样最大喉道半径的毛细管压力。排驱压力确定的方法很多，一般用的方法是，将毛细管压力曲线中间平缓段延长至非湿相饱和度为零时与纵坐标轴相交，其交点所对应的压力就是排驱压力。

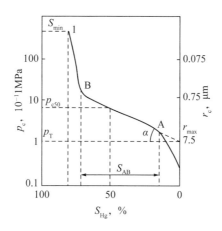

图 8-27　毛细管压力曲线定量特征

排驱压力是评价岩石储集性能好坏的主要参数之一，由排驱压力的大小可评价岩石性能，特别是渗透性的好坏。凡岩石渗透性好，排驱压力 p_T 均比较低；反之 p_T 越大，岩石物性越差。利用 p_T 值，可确定岩石最大喉道半径及判断岩石的润湿性（详见本章第四节"毛细管压力曲线应用"部分）。

2. 饱和度中值压力 p_{c50}

饱和度中值压力 p_{c50} 是指在驱替毛细管压力曲线上饱和度为 50% 时相应的毛细管压力值。p_{c50} 相应的喉道半径是饱和度中值喉道半径 r_{50}，简称为中值半径。

显然，p_{c50} 值越小，r_{50} 越大，表明储油岩石的孔渗性越好，产油能力越高；反之 p_{c50} 值越大，则表明储油岩石的孔渗性越差，产油能力越低。

3. 最小湿相饱和度 S_{min}

最小湿相饱和度表示当注入压力达到最高时，未被非湿相侵入的孔隙体积百分数。如岩石亲水，则最小湿相饱和度代表了束缚水饱和度，反之，若岩石亲油，则 S_{min} 代表了残余油饱和度。S_{min} 实际上是反应岩石孔隙结构及渗透率的一个指标，岩石物性越好，S_{min} 值越低。S_{min} 值还取决于所使用的仪器的最高压力，低渗透岩石 S_{min} 对应的毛细管压力可能超过测试仪器设备的最大量程。

第四节　毛细管压力曲线的应用

最初测定储油岩石的毛细管压力主要是为了确定油层的束缚水饱和度，应用范围相当狭窄。随着研究工作的深入发展，有关储层的几乎全部参数，如束缚水饱和度、残余油饱和度、孔隙度、绝对渗透率、相对渗透率、岩石润湿性、岩石比面以及孔隙喉道大小分布等，在某种程度上都可以利用毛细管压力资料来确定，并提出了很多有用的评价储层的新参数。因此，毛细管压力资料已经在油气勘探和开发中得到了十分广泛的应用。下面仅就毛细管压力曲线的部分应用作简单介绍。

一、研究岩石孔隙结构

毛细管压力和孔隙或喉道半径的关系为：$r=2\sigma\cos\theta/p_c$。因此，可以从毛细管压力曲线上得到岩样孔隙喉道的分布规律，如图 8–28（b）所示，在毛细管压力曲线的右侧纵坐标上就直接标出了孔隙半径大小。

由于毛细管压力和孔隙或喉道半径的单值对应关系，毛管压力曲线和孔隙半径的累积频率分布曲线也是单值对应的，可以做成如图 8–28（a）的形式。图 8–28（a）中上面的横坐标为毛细管压力值，下面的横坐标为喉道半径，这二者具有直接的对应关系，因此图 8–28（a）中的曲线也可以看作是喉道半径的累积频率分布曲线。如果整幅图以 90° 逆时针旋转，得到的曲线就是典型的毛细管压力曲线 [图 8–28（b）]。

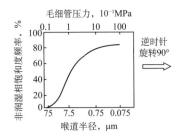 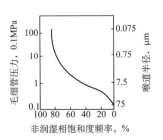

（a）饱和度与孔隙喉道半径的关系　　　（b）毛管压力与喉道半径的对应关系

图 8–28　孔隙喉道累计频率分布曲线

还可以利用毛细管压力曲线计算得到孔隙或喉道的频率分布直方图（图 8–29）。

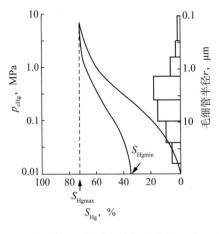

图 8–29　毛细管压力曲线和孔隙喉道频率分布直方图

具体的作图步骤为：

（1）读出毛细管压力曲线的阀压 p_T 和最大压力值 p_{cmax}；

（2）将 $p_{cmax} - p_T$ 等分为 N 个等分，则每个等分区间的平均毛细管压力值分别为 Δp_{c1}，Δp_{c2}，$\cdots$，Δp_{cN}；

（3）根据 $r = 2\sigma\cos\theta/p_c$ 计算每个区间对应的平均孔隙或喉道半径值，r_1，r_2，$\cdots$，r_N；

（4）计算每个等分区间所占液体的饱和度值 $\Delta S_{w,i} = S_{w,i+1} - S_{w,i}$，其中 $S_{w,i}$ 是湿相或非湿相饱和度值（图 8–27 中是水银的饱和度值），$\Delta S_{w,i}$ 相当于孔隙的频率分布；

（5）将每个区间的结果绘制于图 8–29 的右侧，或者单独绘制孔隙或喉道频率分布直方图（图 5–14）。

二、评估岩石储集性能

图 8–30 是六种理想化的典型毛细管压力曲线。从毛细管压力曲线形态上可以得到曲线的歪度，判断岩石孔隙分布的分选性。分选性是指喉道大小的分散程度。毛细管压力曲线的中间平缓段越长，且越接近于与横坐标平行，表示喉道大小的分布越集中，则分选越好。曲线的歪度（又叫偏斜度）是毛细管压力曲线形态偏于粗喉道或细喉道的量度。喉道越大，大喉道越多，则曲线越靠向坐标的左下方，称为粗歪度。反之曲线靠右上方，则称为细歪度。显然，图 8–30（a）是极好的储集层，而图 8–30（f）是极差者。

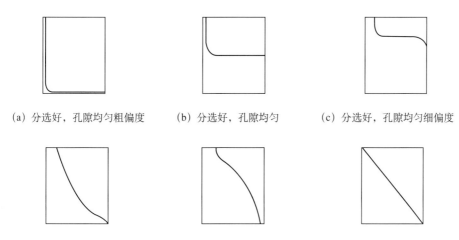

(a) 分选好，孔隙均匀粗偏度 　　(b) 分选好，孔隙均匀 　　(c) 分选好，孔隙均匀细偏度

(d) 分选不好，孔隙不均匀略粗偏度 　(e) 分选不好，孔隙均匀略粗偏度 　(f) 未分选，极不均匀

图 8–30 几种理想简化型毛细管压力曲线

碳酸盐岩存在两种孔隙类型，即双重介质，其毛细管压力曲线具有特殊性，图 8–31 代表典型的双重孔隙介质的压汞毛细管压力曲线，可以看到双重介质岩石的毛细管压力曲线具有两个不同的平缓段，这两个平缓段分别代表岩石双重介质中的裂缝和孔隙分布特点。

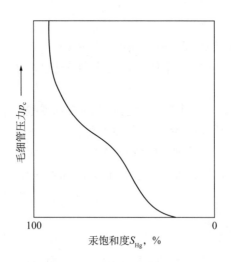

图 8-31 双重介质的毛细管曲线

三、确定油层的平均毛细管压力 $J(S_w)$ 函数

理论分析表明，储层的所有毛细管压力曲线表示为 J 函数时，可以简化为一单调曲线，因此 J 函数是求取储层平均毛细管压力曲线的最佳方法，也能更好地对油层进行评价及对比。J 函数可以用式（8-40）来表达：

$$J(S_w) = \frac{p_c}{\sigma \cos\theta}\left(\frac{K}{\phi}\right)^{\frac{1}{2}} \tag{8-40}$$

式中　$J(S_w)$——J 函数；

p_c——毛细管压力，atm；

σ——界面张力，mN/m；

θ——润湿接触角，（°）；

K——空气渗透率，D；

ϕ——孔隙度。

由于实际 θ 值很难测准，而且只要测量时用的是储层的岩心和流体时，$\cos\theta$ 不影响 J 函数曲线形态，因此可以将 $\cos\theta$ 项忽略，式（8-40）简化成：

$$J(S_w) = \frac{p_c}{\sigma}\left(\frac{K}{\phi}\right)^{\frac{1}{2}} \tag{8-41}$$

$J(S_w)$ 函数是基于因次分析推导得到的无因次函数，经过实践证明，该函数是毛细管压力曲线一个很好的综合处理方法。J 函数可以起到如下的作用：①求出同一类型岩样的毛细管压力曲线的平均资料；②找出不同类型岩样的岩石物性特征；③根据已知 J 函数，推论其他区域岩石的毛细管力曲线。

但是，实践中 J 函数应用受到较多的限制，原因在于：①一般不同储层其 $J(S_w)$ 函数曲线不同；②同一储层中渗透率差别较大的毛细管压力资料也不能获得统一的 $J(S_w)$ 函数曲线。因此，J 函数方法一般多用在储层相对比较均匀的情况。在储层结构比较复杂、非均质比较严重时，使用 $J(S_w)$ 函数有较大误差。

四、确定含水饱和度与油水过渡带高度之间的关系

地层中油水之间存在一个很厚的油水过渡带，含水饱和度从下至上逐渐减少，由 100% 含水直至降到束缚水饱和度为止。含水饱和度与高度的关系如何呢？

图 8-32 为过渡带中含水饱和度的变化示意图。可利用所测得的毛细管压力，按式 (8-42) 计算过渡带内某一饱和度的高度：

$$h(S_w) = \frac{p_c(S_w)}{(\rho_w - \rho_o)g} \tag{8-42}$$

式中　$h(S_w)$ ——含水饱和度 S_w 对应的高度，m；

$p_c(S_w)$ ——含水饱和度 S_w 对应的毛细管压力，Pa；

ρ_w，ρ_o ——地层水和原油的密度，kg/m³；

g ——重力加速度，9.81m/s²。

直接将 $p_c(S_w)$ 换算成 $h(S_w)$ 关系，即可求出油（水）过渡带高度随含水（油）饱和度变化关系。但若要准确确定油水同产区的厚度，还需与相对渗透率曲线结合。

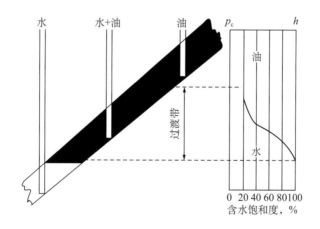

图 8-32　在过渡带中油和水饱和度的变化示意图

例题 8-2：在某油藏深度 $h = 1950\text{m}$ 处密闭取心，测量得到该岩心含水饱和度为 39.2%，此饱和度下的毛细管力为 0.17atm，试计算该取心处距油水界面高多少？油、水的密度分别是 884.5kg/m³ 和 1020kg/m³。

解：

已知初始含水饱和度为 39.2%，对应的毛细管力为 0.17atm；则距离高度为：

$$h = \frac{0.17 \times 100000}{(1020 - 884) \, 5 \times 9.8} = 12.8(\text{m})$$

五、研究采收率

压汞测试毛细管压力曲线时，加压时采用汞驱替岩心中的气体，是非湿相驱替岩心中湿相，属于驱替过程，所得的是驱替曲线或者压汞曲线；降压时，则是气体替换已经进入的汞，此时是湿相驱替非湿相，得到的是吸入曲线或退汞曲线。

研究发现，岩样的驱替曲线相似，吸入曲线却不一定相似，因此一般都要采用压汞—退汞毛细管压力曲线，如图 8-33 所示，图中的毛细管压力曲线包括一次注入曲线（I）、退出曲线（W）和二次注入曲线（R）。

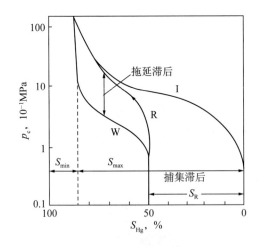

图 8-33　注入和退出毛细管压力曲线

I——次注入曲线；W—退出曲线；R—二次注入曲线

曲线 I 表明：一次注入时压力从零到最高压力，湿相饱和度从 100% 降至 S_{min}（最小湿相饱和度），而非湿相饱和度从 0 升至最大值 S_{max}。

曲线 W 表明：退出曲线压力从最高值降到零，非湿相（水银）并不能全部退出，有部分水银因毛细管压力作用而残留于岩石中（残余水银饱和度 S_{R}）。

一次注入和二次注入所得的最小湿相饱和度是一致的，为 S_{min}。二次注入曲线 R 与退出曲线 W 构成一闭合环，称为滞后环。

退汞曲线和压汞曲线在形态上的差别是由毛细管压力滞后作用引起的，包括捕集滞后和拖延滞后。捕集滞后是由岩石的孔隙结构决定的，由压汞曲线 I 和二次注入曲线 R 的区别具体表现出来。拖延滞后是由于退汞过程中水银的动润湿滞后和水银受到污染使其表面张力下降等原因造成。其滞后状况可由退汞曲线 W 和二次注入曲线 R 的差别表现出来。

沃德洛（Wardlaw，1976）把降压后退出的水银体积与降压前注入的水银总体积的比值叫作退出效率 E_w，并由式（8-43）确定：

$$E_w = \frac{S_{max} - S_R}{S_{max}} \times 100\% \qquad (8-43)$$

退出效率相当于是非湿相的采收率，对于亲水油层，则为非湿相原油的采收率。

六、确定储层岩石的润湿性

有两种较常用的根据毛细管力曲线判断岩石润湿性的方法。

1. 面积比较法

将饱和水的岩样放到离心机上依次做油驱水、水驱油及二次油驱水实验，得到相应的毛细管力曲线 Ⅰ 、Ⅱ 和 Ⅲ，然后分别计算这三条曲线包围的面积，如图 8-34 所示。

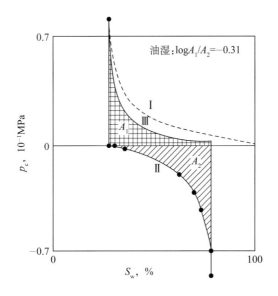

图 8-34　油湿岩石毛细管压力曲线的下包面积比

图 8-34 中：

曲线 Ⅰ 是岩样完全饱和水后用油驱水所得的毛细管压力曲线，此过程得到岩石的束缚水饱和度；

曲线 Ⅱ 是对只有束缚水的岩样进行水驱油所得的毛细管压力曲线（作图时将曲线 Ⅱ 倒绘只是为了便于比较）；

曲线 Ⅲ 是二次油驱水得到的毛细管压力曲线。

A_1 为曲线 Ⅲ 的下包面积，A_2 为曲线 Ⅱ 的下包面积。若 $A_1 > A_2$，表明用油驱水所做的功大于用水驱油所做的功，则油藏岩石是亲水的；反之，若 $A_1 < A_2$，则表明油藏岩石是亲油的；若 $A_1 = A_2$，则表明油藏岩石为中等润湿。

通常以 $\lg \dfrac{A_1}{A_2}$ 作为毛细管压力曲线确定油藏岩石润湿性的定量指标：

$\lg \dfrac{A_1}{A_2} > 0$，岩石亲水（水湿）；

$\lg \dfrac{A_1}{A_2} < 0$，岩石亲油（油湿）；

$\lg \dfrac{A_1}{A_2} = 0$，中等润湿。

2. 润湿指数和视接触角法

根据毛细管压力曲线所得的阀压及油—水、油—气界面张力，则可用润湿指数 W 或视接触角 θ_{wo} 来判断岩石的润湿性。

方法的理论基础是：以油—空气系统中油润湿岩石的能力为标准，把油—水系统中水润湿岩石的能力与该标准进行比较来判断油—水系统中水对岩石的润湿能力。

具体作法是：将一块岩石分为两半，一块饱和油后作空气驱油，另一块饱和水后用油驱水，分别测出两条毛细管压力曲线，并求出两曲线的排驱压力，即阀压 p_{Tog} 和 p_{Two}。

润湿指数 W 定义为：

$$W = \frac{\cos \theta_{wo}}{\cos \theta_{og}} = \frac{p_{Two} \sigma_{og}}{p_{Tog} \sigma_{wo}} \tag{8-44}$$

式中　θ_{wo}，θ_{og}——分别为岩样与油—水、油—气的接触角；

p_{Two}，p_{Tog}——分别为油进入已饱和水的岩样和空气进入已饱和油的岩样的阀压；

σ_{og}，σ_{wo}——分别为油—气、水—油两相界面的界面张力。

液体比气体远能润湿固体，因此油—空气系统中，油是强润湿相，故 $\theta_{og}=0$，$\cos\theta_{og}=1$，用空气驱替岩石中的油需较大的阀压 p_{Tog}。

假设油—水系统中水是强润湿相，则 $\cos\theta_{wo}$ 也必将较大，用油驱替岩样中的水需要较大的阀压 p_{Two}。

如何应用式（8-44）计算的 W 判断润湿性呢？

$W=1$，则岩石强水湿。此时水对岩石的润湿能力达到了油—空气系统中油对岩石的润湿能力。

$W=0$，则岩石强油湿。此时水不能进入岩石中。油对岩石的润湿能力达到了油—空气系统中油对岩石的润湿能力。

$0 < W < 1$ 时，W 越接近于 0 越亲油，越接近于 1 越亲水。

由于油—空气系统中，岩石强亲油，近似认为 $\theta_{og}=0$，$\cos\theta_{og}=1$，则计算油—水系统中的视接触角 θ_{wo}：

$$\cos\theta_{\mathrm{wo}} = \frac{p_{\mathrm{Two}}\sigma_{\mathrm{og}}}{p_{\mathrm{Tog}}\sigma_{\mathrm{wo}}} \ \text{或}\ \theta_{\mathrm{wo}} = \arccos\frac{p_{\mathrm{Two}}\sigma_{\mathrm{og}}}{p_{\mathrm{Tog}}\sigma_{\mathrm{wo}}} \tag{8-45}$$

θ_{wo} 越接近于 0，岩石越亲水；θ_{wo} 越接近于 90°，岩石越亲油。

七、其他应用

还可以用毛细管压力曲线计算岩石的绝对渗透率和相对渗透率，以及判断储层伤害或增产的效果，本节略过此内容。

思考题

1. 什么是毛细管力？

2. 测定毛细管力曲线的方法有几种？简述毛细管力曲线的特征，并分析其特征值。

3. 扼要说明油水在岩石孔隙中的分布特征及其影响因素。

4. 扼要对比自吸吸入法和光学测角度法测量岩石润湿性的优缺点。

5. 简要说明油、水过渡带含水饱和度的变化，并说明为什么油水过渡带比油气过渡带宽？为什么油越稠（密度大），油水过渡带越宽？

6. 试分析水驱后地层孔隙中仍然残留部分原油的宏观原因及微观原因。

7. 如何建立毛细管压力概念？怎样从力的三要素（大小、方向和作用点）分析任意曲线的附加压力 p_{c}？

8. 何谓贾敏效应？分析形成的原因。在实际油藏中如何减小这种效应？

9. 驱替过程和吸入过程是如何规定的？它们怎样影响毛细管压力曲线？

10. 有哪几种测定毛细管压力的方法？试分别简述各种测定方法的基本实验原理，并画出其中一种方法的测定仪器流程示意图和实验数据处理方法。

11. 对于一条实测毛细管力曲线，应该分析哪几个主要特征（或参数）？这些基本参数的意义和用途是什么？

12. 如何利用毛细管力取线判定储层岩石的润湿性？

13. 有三支不同半径的毛细管，内半径分别为 1mm、0.1mm 和 0.01mm，插在同一盆水中（图1），测定水的表面张力为 72.8mN/m，三支毛细管中的水面与毛细管壁的夹角都为 30°，试分别求出这三支毛细管中水面上升的高度（取水的密度为 1g/cm³）。假如水面上改用密度为 0.87g/cm³ 的原油，并测得油水界面张力为 33mN/m，接触角为 30°，试分别求三支毛细管中水面上升的高度。

假如把盆中的水换为原油，其密度为 0.87g/cm³，原油的表面张力为 28.5mN/m，接触角为 30°，试分别求三支毛细管中水面上升的高度，对比计算结果可得出什么结论？

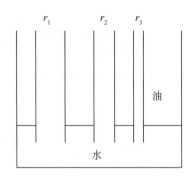

图 1

14. 有一变断面毛细管如图 2 所示，已知 $r_1=0.1$mm，$r_2=1$cm，今有一气泡欲通过窄口，气泡两端为原油，测得油气界面张力为 21.8mN/m。接触窄口产生最大变形时的接触角分别为 $\theta_1 = 60°$，$\theta_2 = 15°$，试估算气泡通过窄口所引起的压力差。

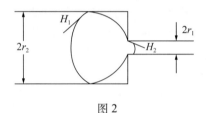

图 2

15. 一岩样由毛细管压力资料得到油驱水的排驱压力为 0.042MPa，而空气排驱压力为 0.046MPa，另测得油—水界面张力为 28.0mN/m，空气—油表面张力为 24.9mN/m，求该岩样的润湿指数及接触角，并判别润湿性。

16. 已知下列资料：水银的表面张力为 410mN/m，水银—空气—岩石体系的润湿角为 160°，油藏条件下油水界面张力为 30mN/m，油—水—岩石体系的润湿角为 39°，油水密度差为 0.4g/cm³，由压汞曲线知饱和度中值压力 $9.84×10^5$Pa，阀压为 $2.11×10^5$Pa。求：

(1) 油藏条件下岩石中非润湿相饱和度为 50% 时，油水相压差是多少？

(2) 引起驱替时所需要的油柱高度为多少？

17. 某岩样用半渗透隔板法测得气驱水毛细管压力的数据见表1，已知岩样总的饱和水量为 2.0cm³，气—水表面张力为 72Nm/m，接触角为 15°。

表1

编号	毛细管压力，mmHg	刻度管读值
1	10	0
2	20	0.096
3	50	0.180
4	70	0.312
5	90	0.897

表1(续)

编号	毛细管压力, mmHg	刻度管读值
6	140	0.331
7	180	1.612
8	280	1.757
9	400	1.844
10	7420	1.844

(1) 绘制毛细管压力曲线。

(2) 绘制孔隙大小分布曲线。

(3) 绘制孔隙大小累积分布曲线。

(4) 如果题中的岩样是油藏的油水过渡带取得的，那么试绘制出在地层条件下的毛细管力曲线。已知在地层条件下 σ_{ow}=21mN/m，θ=45°。

(5) 将 (4) 中毛细管曲线转换绘制成油水过渡带 $S_w - h$ 曲线。已知 ρ_w=1g/cm³，ρ_o=0.85g/cm³。

18. 实验室内由气驱水资料确定的 J (S_w) 函数见表2。

表2

S_w	1.00	0.90	0.60	0.30	0.25	0.24	0.24
J (S_w)	0	0.30	1.02	2.84	3.80	4.23	5.25

已知油藏数据：孔隙度为30%，渗透率为300mD，原油密度为0.80g/cm³，水的密度为1.0g/cm³；水—油界面张力 σ_{wo}=30mN/m，水—油接触角 θ_{wo}=30°，气—水界面张力 σ_{gw}=45mN/m，气—水接触角 θ_{gw}=0°。试计算油藏油—水过渡带厚度。

第九章

储层岩石相对渗透率曲线

本章主要介绍多相流体在多孔介质中共存流动时，表征其渗流特点的典型特征参数——相对渗透率和相对渗透率曲线的概念、表示方法、影响因素及其在实践中的应用。

本章主要内容如图 9-1 所示。

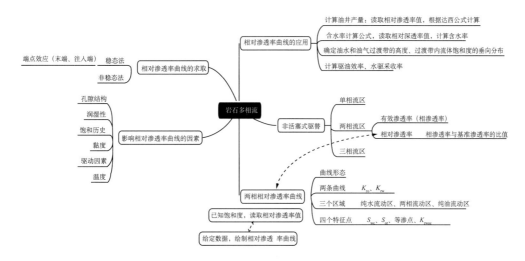

图 9-1 岩石多相流相关概念

最初采用注水开发的时候，人们曾认为水驱油是活塞式的，但很快生产实际中的各种现象否定了这种看法：如油井见水后长时间内油水同出，说明地层内油和水是同时流动的。基于这些现象，通过进一步实验发现水驱油是非活塞性的，水驱油时形成三个不同的流动区：即纯水流动区、油水混合流动区和纯油流动区（图 9-2）。

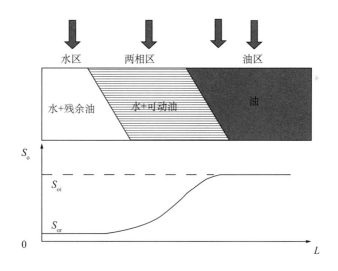

图 9-2 非活塞式驱油

S_o—油相饱和度；S_{oi}—初始油相饱和度；S_{or}—残余油饱和度；L—地层长度

引起非活塞式水驱油的原因是什么呢？主要有如下几点。

（1）地层孔隙结构的复杂性。孔道有大有小，表面润湿性、表面粗糙度和迂曲度等物理特性差异很大。油水在各孔道中的流动阻力不同，流速也就不同。

（2）毛细管力的存在。孔道大小不同，毛细管力大小不同，从而各孔道内的流动速度不同。

（3）油水黏度差引起的黏滞力不同，将加剧各孔道内油水流动速度的差异。

（4）毛细管中油水两相流引起的各种阻力。

对于两相区，因为油和水都能流动，二者之间相对独立、相互干扰，可以假想认为二者沿各自的渠道流动，因此可以用油或者水的相渗透率来表征岩石对流体的渗流阻力。

第一节　两相渗流的相对渗透率

多相流体共存和流动时，其中某一相流体在岩石中的通过能力大小，就称为该相流体的相渗透率或有效渗透率。油、气、水各相的有效（相）渗透率可分别记为 K_o、K_g、K_w。

有效渗透率与绝对渗透率之间在概念上、数值大小上有什么区别呢？

一、相对渗透率的概念

1. 绝对渗透率

绝对渗透率是储层岩石只存在一种流体时测定的渗透率。绝对渗透率只是岩石本身的一种属性，只要流体不与岩石发生物理化学反应，则绝对渗透率与通过岩石的流体性质无关。

2. 相渗透率（有效渗透率）

当储层岩石存在两种或两种以上的流体时，其中某一相流体的通过能力称为该相的相渗透率或该相的有效渗透率。例如岩石中存在油—水两相，则分别有油相渗透率、水相渗透率，或者油相的有效渗透率和水相的有效渗透率。

绝对渗透率和相渗透率都可以采用达西公式计算，计算时分别代入各相的有关数据，见例题 9-1。

例题 9-1：设一岩样长 3cm、截面积为 2cm²，先用黏度为 1mPa·s 的盐水 100% 饱和，在压差为 0.2MPa 下的流量为 0.5cm³/s，①则该岩样的绝对渗透率是多少？②对于同一岩样，若其中饱和 70% 的盐水和 30% 的油，在渗流过程中饱和度不变，压差仍然为 0.2MPa，盐水的流量为 0.30cm³/s，而油的流量为 0.02cm³/s，则油相渗透率和水相渗透率分别是多少？

解：

①该岩样的绝对渗透率为：

$$K = \frac{Q\mu L}{A\Delta p} = \frac{0.5\left(\text{cm}^3/\text{s}\right) \times 1\left(\text{mPa·s}\right) \times 3\left(\text{cm}\right)}{2\left(\text{cm}^2\right) \times 2\left(\text{atm}\right)} = 0.375\left(\mu\text{m}^2\right)$$

② 岩样的水相渗透率为:

$$K_{w} = \frac{Q_{w}\mu_{w}L}{A\Delta p} = \frac{0.3\left(cm^{3}/s\right)\times 1\left(mPa\cdot s\right)\times 3\left(cm\right)}{2\left(cm^{2}\right)\times 2\left(atm\right)} = 0.225\left(\mu m^{2}\right)$$

油相渗透率则为:

$$K_{o} = \frac{Q_{o}\mu_{o}L}{A\Delta p} = \frac{0.02\left(cm^{3}/s\right)\times 3\left(mPa\cdot s\right)\times 3\left(cm\right)}{2\left(cm^{2}\right)\times 2\left(atm\right)} = 0.045\left(\mu m^{2}\right)$$

可以看出油相渗透率和水相渗透率之和 $K_{w}+K_{o}=0.2709\mu m^{2}$,它小于 $K=0.375\mu m^{2}$。

这是一般性规律:同一岩石的有效渗透率之和总是小于该岩石的绝对渗透率。

原因为共用同一渠道的多相流体共同流动时会相互干扰,此时,流体不仅要克服黏滞阻力,而且还要克服毛细管压力、附着力和由于液阻现象增加的附加阻力。

相渗透率既和油层岩石本身属性有关,还和流体性质及油、水在岩石中的分布以及它们三者之间的相互作用有关。相渗透率反映的是岩石—流体相互作用的动态特性。

3. 相对渗透率

多相流体共存时,相对渗透率是每一相流体的相渗透率与基准渗透率的比值。基准渗透率有三种:①气测绝对渗透率 K_{a};② 100% 含水时,水测绝对渗透率;③束缚水饱和度时油相渗透率 K_{swc}。

例如,如果以水测渗透率为基准值,则油、气、水的相对渗透率分别为:

$$\begin{cases} K_{ro} = \dfrac{K_{o}}{K} \\[2mm] K_{rg} = \dfrac{K_{g}}{K} \\[2mm] K_{rw} = \dfrac{K_{w}}{K} \end{cases} \tag{9-1}$$

同一岩石的相对渗透率之和总是小于 1 或小于 100%。

大量实验表明,饱和度和相对渗透率间不是一个简单的关系。它们间的关系通常是由实验测出,并表示为相对渗透率和饱和度之间的关系曲线——相对渗透率曲线。

二、油水体系的相对渗透率曲线

1. 一般相对渗透率曲线和归一化相对渗透率曲线

一般情况下,用水测绝对渗透率 K 或者空气测绝对渗透率 K_{a} 作为基准值的相对渗透率曲线称为一般相对渗透率曲线 [图 9-3 (a)]。用束缚水饱和度下的油相渗透率 K_{swc} 作为基准值的相对渗透率曲线称为归一化相对渗透率曲线 [图9-3 (b)]。

因此,在实际计算中使用相对渗透率值时要注意其分母是用什么量作为基准的。

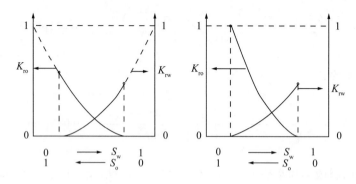

(a) 一般相对渗透率曲线   (b) 归一化相对渗透率曲线

图9-3 一般相对渗透率和归一化相对渗透率曲线

2. 两条曲线

从图9-3中可以看出,两相系统的相对渗透率曲线图的纵坐标为两相各自的相对渗透率 K_{ri}, $(i = o, w)$ 横坐标为含水饱和度 S_w 从0到1增加;含油饱和度 S_o 从1到0减小。

两条曲线是 K_{ro}—S_w 曲线和 K_{rw}—S_w 曲线,或者是湿相相对渗透率和非湿相相对渗透率曲线,呈"X"形相交。

3. 三个区域

图9-4是由实验所得的某油藏偏亲水岩石的油水相对渗透率曲线,可以根据几个特征值将它分为三个区。

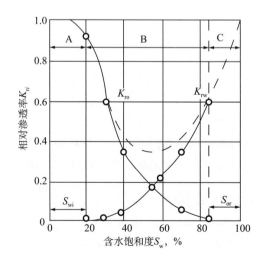

图9-4 油水相对渗透率曲线

1）单相油流区（A区）

曲线特征为：S_w 很小，$K_{rw}=0$；S_o 值很大，K_{ro} 略低于1。

这种曲线特征是由岩石中油水分布和流动情况所决定的。对于亲水岩石，当含水饱和度很小（图9-4中 $S_w < S_{wi}=20\%$）时，水处于岩石颗粒表面及孔隙的边、角、狭窄部分，不能流动，水的相对渗透率为零，因而称为束缚水；油则位于大的流动孔隙中，水对油的流动影响很小，因而油的相对渗透率降低极微小。此时的水饱和度 S_{wi} 即为束缚水饱和度，小于此饱和度水则不能再流动，也称为共存水饱和度或残余水饱和度。

2）油水同流区（B区）

曲线特征为：随含水饱和度 S_w 的逐渐增大，K_{rw} 增加、K_{ro} 下降。

进入该区后，S_w 超过 S_{wi}，水在岩石孔道中开始拥有了自己的流动空间，且随着水的增加，连通的水流空间越来越多，K_{rw} 逐渐增高。油的情况正好相反，它的流道逐渐被水所取代，因此 K_{ro} 不断下降。当油减少到一定程度时，不仅原来的流道被水所占据，部分油甚至失去连续性导致出现液阻效应，从而对油和水的流动都造成很大的影响。

油水同流的出现，会造成油水互相作用、互相干扰。因此油水同流区也是流动阻力最明显的区域，此区内油水两相渗透率之和 $K_{rw}+K_{ro}$ 会大大降低，并在两条曲线的交点处出现最低值（图9-4中的虚线）。

3）纯水流动区（C区）。

曲线特征为：油失去流动性，即 $K_{ro}=0$，只有水能流动。

此时，油饱和度 $S_o < S_{or}$（S_{or} 即残余油饱和度），油已全部失去连续性而分散成油滴，被水全部包围并滞留于各个孔隙喉道处，带来贾敏效应，对整个流动造成很大的阻力。这从图9-4可以看出：当含油饱和度从0升至15%（残余油饱和度）时，水相的相对渗透率从100%降至60%（下降了40%），可见分散油滴对水流造成的阻力。

4. 四个特征点

四个特征点主要是指：①束缚水饱和度点（S_{wi}）、②残余油饱和度点（S_{or}）、③残余油饱和度下水相相对渗透率点（K_{rwoc}，又称为端点相渗）、④两条曲线的交点（等渗点）。

这四个特征值可以作为判断润湿性的重要指标。

5. 相对渗透率曲线特征小结

大量实验表明，无论对于油—气、气—水或油—微乳液、水—微乳液体系，还是对于未胶结的砂子或已胶结的砂岩等，其相对渗透率曲线在总的特征上是一致的，总结如下。

（1）两相流体体系，无论湿相还是非湿相都存在一个开始流动的最低饱和度，当该相流体饱和度小于其最低饱和度时，则不能流动。一般来说，湿相的最低饱和度大于非湿相的最低饱和度，如亲水岩石的束缚水饱和度大于残余油饱和度。

（2）两相同流（共渗）时，由于贾敏效应，两相相对渗透率之和必定小于1；$K_{rw}+K_{ro}$ 为最小值时，两相相对渗透率相等（等渗点）。

（3）无论润湿相还是非润湿相，随着其饱和度的增加，相对渗透率均增加。

思考：两相渗流区中油相相对渗透率随含水饱和度增加迅速下降，原因是什么？

三、影响相对渗透率的因素

相对渗透率除了受饱和度的影响外，同时还与岩石润湿性、流体饱和顺序（饱和历史）、岩石孔隙结构、实验温度以及压差等有关，即相对渗透率是一个多因素的函数。实验所测得的相对渗透率曲线，正是这所有因素综合作用的最后结果。

1. 岩石孔隙结构的影响

莫根（Morgan，1970）用两种不同孔隙结构、不同渗透率的砂岩所作的油—水相对渗透率曲线（图9-5）反映了不同孔隙结构和渗透率对相对渗透率的影响。可以看出：高渗透、大孔隙砂岩的两相共渗区的范围大，束缚水饱和度低；低渗透、小孔隙砂岩则与此刚好相反。这是因为大孔隙具有比小孔隙更大的渗流通道，油水都不能流动的小孔道很少。

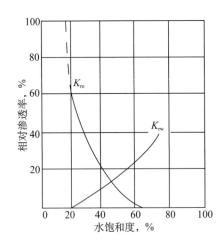
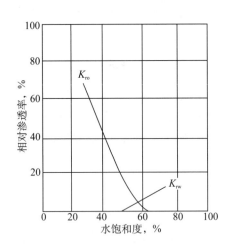

(a) 孔隙大、连通好的砂岩，K=1.314D   (b) 孔隙小、连通差的砂岩，K=20mD

图9-5　孔隙大小不同的砂岩油、水相对渗透率曲线

2. 岩石润湿性

岩石润湿性由亲水向亲油转化时，油的相对渗透率趋于降低，水的相对渗透率趋于升高。图9-6是利用天然岩心通过改变润湿性测得的一组相对渗透率曲线，曲线5是强亲油的相对渗透率曲线，曲线1是强亲水的相对渗透率曲线。

当亲水岩石的含水饱和度接近或等于束缚水饱和度时，水分布于细小孔隙、死孔隙中，或以薄膜状态分布于岩石颗粒表面，水的这种分布基本不妨碍油的渗流；当亲油岩石处于相同的含水饱和度时，水是以水滴形式分布于孔隙中间，在一定程度上阻碍油的渗流，使油的相对渗透率降低。

任一含水饱和度下，岩石越亲油，沿颗粒表面分布的油的吸附层越厚，对油流动的阻力相应增大，油的相对渗透率相对变低，此时，水在孔隙中间流动，阻力相对较小，因此水的相对渗透率较大。反之，岩石亲水时，油相相对渗透率对应升高，水相相对渗透率变低。

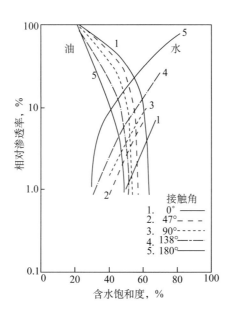

图 9-6　水驱油时，润湿性对相对渗透率的影响（Owen 和 Archer，1971）

如何判断相渗曲线是水湿还是油湿呢？克雷格等人从四个方面（束缚水饱和度、等渗点、束缚水饱和度时油相相对渗透率、残余油时水相相对渗透率）提出了相应的判断规则（表9-1）。

表9-1　判断岩石润湿性的克雷格规则

特征点	水湿	油湿
束缚水饱和度（S_{wi}）	＞ 20%	＜ 15%
等渗点饱和度（S_i）	＞ 50%	＜ 50%
残余油饱和度下的水相相对渗透率（K_{rowc}）	一般接近 100%	＞ 50%，可能接近 100%
束缚水饱和度下的油相相对渗透率（K_{rwoc}）	＜ 30%	＞ 50%

3. 油水饱和顺序（饱和历史）的影响

饱和顺序是指测定相对渗透率时是采用驱替过程还是吸入（吸吮）过程，或者说是指水驱油还是油驱水。过程不同，会影响流体在岩石孔道中的分布，也会出现润湿滞后和毛细管滞后等现象。因此饱和顺序对相对渗透率曲线具有比较明显的影响，图9-7是驱替和吸入过程的相对渗透率与湿相饱和度的关系曲线。

关于饱和顺序的影响，有如下一些认识：

（1）非湿相的相对渗透率受饱和顺序的影响比较大，吸入过程的相对渗透率总是低于驱替过程的相对渗透率；

（2）饱和顺序对润湿相相对渗透率的影响，有两种不同的认识，一种是它仅仅是湿相饱和度的函数；另一种则认为也受饱和顺序的影响（图9-8）；

（3）非湿相的相对渗透率受饱和顺序的影响比湿相要大得多，而湿相的驱替和吸入过程的相对渗透率曲线总是比较接近。

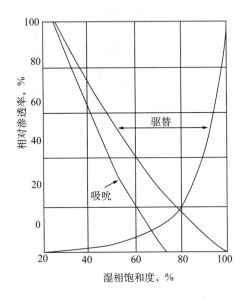

图9-7 驱替和吸吮过程的相对渗透率曲线特征

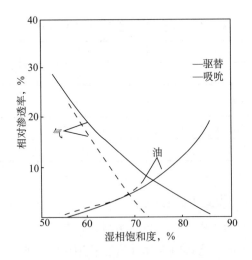

图9-8 饱和顺序对相对渗透率的影响（Osoba，1951）

由于饱和顺序对所测相对渗透率影响较大，因此，一方面在实验室测定相对渗透率曲线时，应尽量按照生产实际过程考虑，并由此选择是采用驱替过程还是吸入过程来进行相对渗透率曲线的测定。另一方面，在应用相对渗透率曲线资料进行开发计算时，也需要按照实际油藏形成和开采的物理过程，来确定应该选用驱替所测的相对渗透率曲线还是吸入过程所测的相对渗透率曲线。

4. 温度对相对渗透率曲线的影响

温度对油水相对渗透率的影响对研究热力采油的渗流和驱替过程是至关重要的，但目前温度对相对渗透率的影响在国际上是有争议的。

图 9-9 给出了温度对渗透率影响的实验结果和计算所得的曲线，其结论被大多数人认可，从图 9-9 中可以看出：温度升高，束缚水饱和度增大；温度升高，油相相对渗透率增加，水相相对渗透率降低；岩石更加水湿。

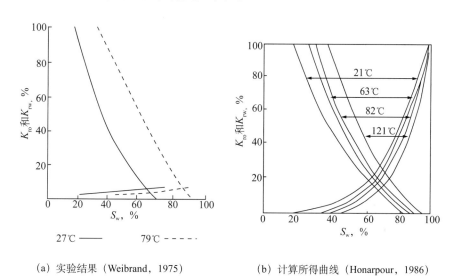

(a) 实验结果（Weibrand，1975）　　　(b) 计算所得曲线（Honarpour，1986）

图 9-9　温度对油水相对渗透率的影响

导致束缚水饱和度增加的原因，多数人认为：

(1) 亲油岩石表面吸附的极性物质在高温下解附，使大量水转而吸附于岩石表面；

(2) 岩石变得更加水湿，接触角减小，原来隔着水膜的含油孔道转化为含水孔道。

此外，温度增高，会导致岩石热膨胀，使孔隙结构发生变化，渗透率也会随之改变。

5. 黏度

在 20 世纪 50 年代前，一般认为两相流体黏度对相对渗透率无影响。后来发现，当非湿相黏度很高，且大大高于湿相时，非湿相相对渗透率随两相黏度比（非湿相 / 湿相）增加而增加，而湿相相对渗透率与黏度比无关。这可解释为：非湿相在湿相所形成的固体表面膜中流动时，这种膜对非湿相的流动起着某种润湿剂的作用，从而使非湿相流动阻力降低，非湿相渗透率得以增大。

黏度比对相对渗透率的影响随岩石孔隙半径的增大而减小，例如当岩石渗透率大于1D 时，黏度比的影响可以忽略不计。

6. 驱动因素

驱动因素包括驱替压力、压力梯度、流动速度等，一般用一个无量纲准数 π 来表示。

$$\pi = \frac{\sigma}{K\Delta p} \ \text{或者} \ \pi = \frac{\sigma}{v \cdot \mu} \tag{9-2}$$

π 准数表示微观毛细管压力和驱替压力梯度的比值，其大小与实验压差 Δp，岩石渗透率 K 和流体间界面张力 σ 有关。

一般认为，只要 Δp 不使流速达到产生惯性效应的程度，则对相对渗透率曲线无影响。但当 π 值在数量级上发生巨大改变，如当流体界面张力从 10^2 增加到 10^7 时，π 值的大小会对两相流体的相对渗透率曲线产生影响。

7. 小结

影响相对渗透率的因素是多方面的，实际在分析和使用曲线时必须注意实验的测试条件是否与地层情况相一致。应尽量在保持地层条件（如岩石润湿性、流体、温度、压力及驱动过程）的情况下进行测试，才能较真实地反应地下渗流规律。

影响相对渗透率曲线的因素
1. 岩石孔隙结构的影响
2. 润湿性
3. 饱和顺序的影响
4. 温度的影响
5. 流体黏度的影响
6. 驱替压差的影响

第二节　三相体系的相对渗透率

对三相体系的相对渗透率的研究比较缺乏，目前只有一些初步的定性认识。

三相相对渗透率曲线图可用三角图来表示（图 9-10），该图是亲水介质下的三相体系渗透率曲线图，是 Leverett 等人 1941 年在亲水介质中测得的，其中 (a)、(b)、(c) 分别为油、气、水各相的相对渗透率与饱和度的关系图。可以看出，油和气的相对渗透率曲线是弯曲的，表明它们和三相饱和度的组成有关 [图 9-10 (a) 和 (b)]；水相相对渗透率近似直线段，并与水饱和度的对应边平行，这表明亲水介质中水的相对渗透率只与水相饱和度有关 [图 9-10 (c)]。

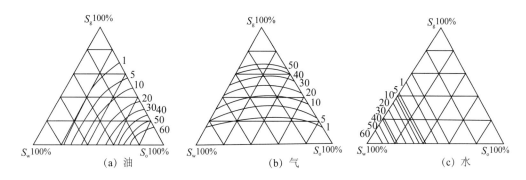

图 9-10　油水相对渗透率与三相饱和度关系曲线（亲水介质）

如果以各相相对渗透率的 1% 作为该相流动的起点，并将各相相对渗透率的 1% 的等值线综合绘在同一三角图上（图 9-11），由图 9-11 中就可看出在什么样的饱和度组合下，可以发生单相、两相和三相流动。其中，单相和两相流动区范围最大，而能发生三相流的饱和度范围都很小。因此在大多数实际运用中，只需做出两相相对渗透率曲线即能满足工程实际要求。例如斯通（Stone）等人在 1970 年就建立了一套用两相资料来表示三相的方法：

当气含量低时，则可分为水—烃（油和气）两相，水是润湿相，烃为非润湿相；

当水含量低时，则可分为气—液（油和水）两相，液是润湿相，气为非润湿相。

这样把三相归结为润湿相和非润湿相两相来考虑，大大便于工程实际应用。

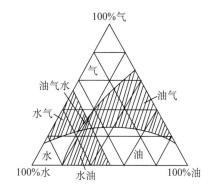

图 9-11　三相存在时，流动状态与饱和度关系图

第三节　相对渗透率曲线的测定和计算

相对渗透率曲线的获取方法分直接测定和间接计算两大类。本节重点介绍直接测定法的稳态法和非稳态法。间接计算法有毛细管压力曲线计算法、矿场资料计算法和按经验公式计算法三种，本节不做介绍，读者可参考其他相关书籍。

一、稳态法

1. 原理

稳态法测定相对渗透率的原理是稳定流动时的达西公式 [式 (9–3)、式 (9–4)] 和相对渗透率的定义 [式 (9–5) 和式 (9–6)]。

$$K_{\text{w}} = \frac{Q_{\text{w}}\mu_{\text{w}}L}{A\Delta p} \tag{9–3}$$

$$K_{\text{o}} = \frac{Q_{\text{o}}\mu_{\text{o}}L}{A\Delta p} \tag{9–4}$$

$$K_{\text{rw}} = K_{\text{w}} / K_{\text{a}} \tag{9–5}$$

$$K_{\text{ro}} = K_{\text{o}} / K_{\text{a}} \tag{9–6}$$

2. 步骤流程

整个实验流程如图 9–12 所示，实验装置如图 9–13 所示。实验测定时，将经过抽提烘干已饱和水（或油）的岩心放入岩心夹持器内，测定单一水相（或油相）的渗透率 K_{a}。然后用两个恒速微量泵以不同的排量分别使水和油流过岩心。当岩样进口、出口两端的油水流量相等时，表明岩心中两相的流动已达到稳定状态，由压力传感器测出岩样两端的压差，由油水计量器测量油和水的流量，这样完成一次测试。然后，再改变泵入岩心的油水比例，多次重复上述测试过程，便可获得一系列油、水流量 Q_{o}、Q_{w} 和相应的压差值 Δp，将所得的 Q_{o}、Q_{w}、Δp 及岩样尺寸 A、L 等代入式 (9–3) 和式 (9–4) 可分别算出油和水各相的相渗透率。由油水相渗透率和岩心绝对渗透率可确定相对渗透率。

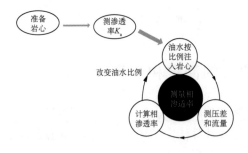

图 9–12 稳态法测相对渗透率流程图

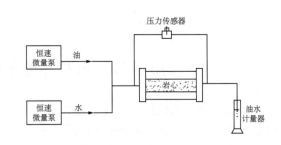

图 9–13 稳态法测相对渗透率装置示意图

3. 确定饱和度的方法

相对渗透率曲线是相对渗透率与饱和度的函数，所以每次测量时还必须同时测下岩心中的油、水饱和度。确定油水在岩心中的饱和度是稳态法测量中较困难的问题，目前采用的方法有以下几种。

1）物质平衡法（又称体积法）

其原理是基于物质平衡，即流进岩心的量－流出岩心的量＝岩心中积聚量。

现以 j 相的物质平衡为例，则有：

$$V_T f_j - V_{jT} = V_p \left(S_i - S_{j1} \right) \tag{9-7}$$

$$S_i = \frac{V_T f_j - V_{jT}}{V_p} + S_{j1} \tag{9-8}$$

式中　S_j——测试点 j 相的饱和度；

　　　　V_T——在实验达到稳定之前，进入岩心的油水总体积，cm³；

　　　　f_j——j 相占总流量的百分数；

　　　　V_{jT}——j 相流出岩心的总体积，cm³；

　　　　V_p——岩心孔隙体积，cm³；

　　　　S_{j1}——在前一测试点时，j 相在岩心中的饱和度。

因此，只要准确地记录下进入和流出岩心的液量，就可按式（9-8）计算出相应测量点下的流体饱和度。

2）称重法

此法是利用油水（或油气）两相的密度差不同。当岩心中所含油水体积不同（饱和度不同）时，则岩心和流体的总质量亦不同。因此，已知干岩样质量后，在每个测量点都称得岩心的总质量 W，这两者之差（$W - W_d$）即为岩样中油水质量之和。应用式（9-10）即可算出岩心中的含水（或含油）饱和度。

则有：

$$W - W_d = V_p S_w \rho_w + V_p \left(1 - S_w \right) \rho_o \tag{9-9}$$

$$S_w = \frac{\left(W - W_d \right) - V_p \rho_o}{V_p \left(\rho_w - \rho_o \right)} \tag{9-10}$$

式中　W——岩样总质量，g；

　　　　W_d——干岩样质量，g；

　　　　V_p——岩样孔隙体积，cm³；

　　　　S_w——岩样中含水饱和度；

　　　　ρ_o、ρ_w——分别为油、水密度，g/cm³。

当两相流体的密度差较大时（如气、水），称重法是确定饱和度的一种很好方法。该法不足之处是每做一个测量点称重时，需要中断实验。

3）电阻率法

根据油水电阻率（或导电率）不相同的原理，在测试的岩心段中插入电极，通过测量岩心的不同电阻率来确定油水饱和度。

4）示踪剂法

国外近年发展了一种用放射性示踪剂来确定饱和度的方法，特别是对相间有传质作用的微乳液—油—水等化学驱油体系更具有实际意义。它是利用在油、水、微乳液三相中分别加入化学示踪剂 C_{14}、C_{36}、TS（Tritiated Sulfonate），通过测定岩心流出物中上述示踪剂浓度的变化来计算出各相饱和度。

5）CT 影像技术和 NMR 影像技术

可在实验过程中不中断实验的情况下，测定出每一稳定状态下岩心的油水饱和度。该技术最大的优点是不中断实验和不损害岩心。

此外，在稳态法中如何更方便、更准确地测定出岩心中各相流体饱和度这一问题，也是在不断进行研究、不断发展的研究课题。

二、非稳态法

该法与稳态法不同之点主要在于测试理论不同，与此相应的测试过程和计算公式也不同。

1. 测试原理

以水驱油基本理论（贝克莱—列维尔特驱油机理）为基础，并假设在水驱油过程中，油、水饱和度在岩心中的分布是时间和距离的函数。因此，在岩石某一截断面上的流量、有效渗透率也随饱和度的变化而改变。整个驱替过程为不稳定过程，所以该方法称为非稳态法。

2. 计算公式

非稳定流油水相对渗透率有关计算公式的推导比较繁冗，这里仅列出最终结果，公式为：

$$\frac{K_{rw}}{K_{ro}} = \frac{\mu_w}{\mu_o} - \frac{f_w}{1 - f_w} \tag{9-11}$$

$$\overline{S}_w = S_{w2} + f_o \cdot V_i / V_p \tag{9-12}$$

式中　K_{rw}，K_{ro}——分别为水、油的相对渗透率；

　　　μ_w，μ_o——分别为水、油的黏度；

　　　f_w，f_o——分别为水、油的分流量（流量百分数）；

$\overline{S}_{w}$——岩心平均含水饱和度；

S_{w2}——岩心出口端面的含水饱和度；

V_i——抽水累计注入量。

非稳态法一般只测定出不同饱和度下油、水的相对渗透率比值 K_{rw}/K_{ro}，再利用其他公式确定出其中一相（如油相）相对渗透率 K_{ro}，再由式（9-11）即可求出水相的相对渗透率 K_{rw}。

3. 测试步骤

非稳态法测定岩心中油水两相相对渗透率曲线的基本步骤是：

（1）清洗岩样，润湿性为水湿，则用苯加酒精清洗，润湿性为油湿，则用四氯化碳清洗；

（2）配置实验流体，包括模拟油和实验水；

（3）气测岩样孔隙度；

（4）岩心饱和水，测量绝对渗透率；

（5）保持恒速或恒压，油驱水，得到驱替过程的相对渗透率曲线，达到束缚水饱和度时结束实验；

（6）保持恒速或恒压，水驱油，得到吸入过程的相对渗透率曲线，达到残余油饱和度时结束实验；

（7）数据处理。

4. 实验条件

非稳态法计算相对渗透率的公式推导过程中有两个基本假设，故上述实验过程应满足这两个条件：

（1）压差（或流速）必须足够大，以使流动压力梯度比相间的毛细管压力大得多，大到足以使毛细管效应可以忽略的程度；

（2）在线性多孔介质的所有截面上流速都是恒定的，即两相流体均可视为不可压缩者，如果驱替相是气体时，实验就更需要在足够高的压力下进行，压差经常需要在 0.4MPa 以上。

此外，不同研究者在导出其公式时都相应具有不同的假设条件，在应用这些公式时需要认真注意其假设前提，并判断实验条件是否与假设相一致。

三、稳态法和非稳态法优缺点比较

稳态法的优点：具有最广泛的应用和最大的可靠性，并可在比较宽的饱和度范围内测定相对渗透率。稳态法的缺点：要求稳定，时间长；存在末端效应。

与稳态法相比，非稳态法主要优点是所需的仪器设备较少，以及所需的测量时间极大地减少，但在计算上，由于不严格的简化假设，故在解释上带来很多不可靠性。

四、端点效应

1. 末端效应和入口端效应

在实验测定相对渗透率曲线时，一个值得重视的问题是如何消除或减少岩样的端点效应，即末端效应和入口端效应。

末端效应实质是多孔介质中两相流动在出口端出现的一种毛细管效应，其表现特点是：(1) 距多孔介质出口末端端面一定距离内湿相饱和度过高；(2) 出口端见水出现短暂的滞后。图 9-14 表示出口端面水侵入孔隙示意图，可以看出，当水开始到达出口端面时 [图 9-14 (a)]，油水弯液面凹向出口，毛细管压力 p_c 是弯液面前进的动力。当水开始流出出口端面时，由于弯液面的变形，发生反转 [图 9-14 (b)]，使得岩心出口端内侧水的压力低于出口端外侧被油充满空间的压力，该压差等于出口端的毛细管压力。此时，毛细管压力 p_c 力图阻止水流出出口端，推迟了出口端面水的流出，其结果使水聚集在出口端，造成出口端含水（湿相）饱和度增高。这种出口末端效应是由于湿相（水）到达出口端后，毛细管孔道突然失去连续性所引起的一种毛细管端点效应。

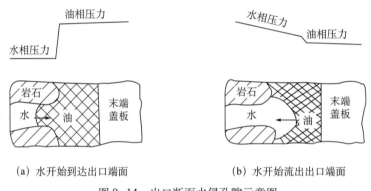

(a) 水开始到达出口端面　　　　　(b) 水开始流出出口端面

图 9-14　出口断面水侵孔隙示意图

入口端效应则是指在强润湿岩心实验时，岩心在入口端吸入湿相，使非湿相从岩心中瞬时向入口端面流出的现象。

2. 末端效应的消除方法

1）增加流速

实验和理论计算都已表明，出口末端效应的范围一般只限于距出口端面约 2cm，它主要取决于实验时所选用的流体流动速度（或压差）。流速增加，末端效应影响的范围会减小甚至可以忽略不计，因此，增大实验压差，就成为一种消除或减少末端效应的方法之一。

但是，强水湿岩心实验表明，增加流速会使出口末端效应减至最小，但却增大了入口端效应。

2）三段岩心法

另一种消除末端效应的方法是在测试岩样前、后各加上 2cm 长的多孔介质（如人造岩心或天然岩心），这就是实验时装设"三段岩心"的依据（图9-15）。目前国外在研究两相流动机理时，采用 30 ～ 60cm 长的露头岩心、人造岩心或标准岩心，这也是减少末端效应的有效方法之一。

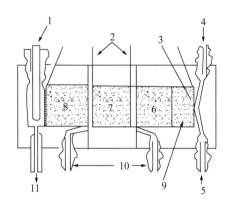

图 9-15　消除末端效应装设"三段岩心"装置示意图

1—温度计；2—电极；3—带孔钢板；4，5—入口；
6—混合段；7—测量段；8—终止段；9—高渗透孔板；
10—测量压差的端点；11—出口

应该引起注意的是，消除端点效应的方法仍然存在各种各样的问题，仍然在不断地改进过程中。

3. 端点效应的影响

端点效应在实际储层中是不重要的，然而，在实验室实验中却可能对测得的含油饱和度和采收率影响很大。

第四节　相对渗透率曲线的应用

相对渗透率曲线是研究多相渗流的基础，它在油田开发计算、动态分析，确定储层中油、气、水的饱和度分布及与水驱油有关的各类计算中都是必不可少的重要资料，这里只介绍其中三个方面的应用。

一、计算油井产量和流度比

实践中，一般需要知道油井的产液量、产油量和产水量，还有水油比、含水率等相关指标，这些可以通过达西定律和相对渗透率的定义计算或推导得到。

以一维流动为例，当油水两相同时流动时，若已知油、水在地层中的饱和度，则可在相对渗透率曲线上查出相应的 K_{rw}，K_{ro}，再由已知的岩石渗透率 K 值，可求出油、水两相的相渗透率 K_w，K_o，按下述达西公式计算出油、水流量 Q_o，Q_w 值：

$$Q_o = \frac{K_{ro}KA\Delta p}{\mu_o L} = \frac{K_o A\Delta p}{\mu_o L} \tag{9-13}$$

$$Q_w = \frac{K_{rw}KA\Delta p}{\mu_w L} = \frac{K_w A\Delta p}{\mu_w L} \tag{9-14}$$

在式（9–13）和式（9–14）中，可以引入流度 λ 来表示某种流体流动的难易程度。流度的定义为某一相流体的有效渗透率与其黏度的比值，所以可以分别知道油的流度 λ_o 和水的流度 λ_w。

$$\lambda_o = \frac{K_o}{\mu_o} , \quad \lambda_w = \frac{K_w}{\mu_w} \tag{9-15}$$

水驱油时，可以采用水油流度比 M 来比较两者的流动能力大小，其定义为驱替液（水）的流度与被驱替液（油）的流度之比，即：

$$M = \frac{\lambda_w}{\lambda_o} \tag{9-16}$$

显然，利用定义式（9–16）和油、水的流量公式 [式（9–13）和式（9–14）]，可以知道水油流度比等于水油产量比：

$$M = \frac{\lambda_w}{\lambda_o} = \frac{\dfrac{K_w}{\mu_w}}{\dfrac{K_o}{\mu_o}} = \frac{\dfrac{K_{rw}KA\Delta p}{\mu_w L}}{\dfrac{K_o KA\Delta p}{\mu_o L}} = \frac{Q_w}{Q_o} \tag{9-17}$$

流度比这一参数，对于预测驱替介质（如水）的波及范围大小，从而预测采收率的高低具有十分重要的意义。

二、分析油井产水规律

所谓产水规律就是地层中含水饱和度与油井产水率之间的关系。油井产水率 f_w，也称为油井含水率，是油井在油水同产时产水量 Q_w 占总产液量的百分数，定义为：

$$f_w = \frac{Q_w}{Q_w + Q_o} \tag{9-18}$$

这里需要注意的是，一般默认此产量是地层条件下的产量，如果是地面条件的产量的话，产水率计算式为：

$$f_{\mathrm{w}} = \frac{Q_{\mathrm{w}} / B_{\mathrm{w}}}{Q_{\mathrm{w}} / B_{\mathrm{w}} + Q_{\mathrm{o}} / B_{\mathrm{o}}} \qquad (9\text{--}19)$$

显然，不考虑毛细管力和重力，根据油和水的产量公式 [式 (9–13) 和式 (9–14)]，可以推导产水率的计算式为：

$$f_{\mathrm{w}} = \frac{K_{\mathrm{w}} / \mu_{\mathrm{w}}}{K_{\mathrm{w}} / \mu_{\mathrm{w}} + K_{\mathrm{o}} / \mu_{\mathrm{o}}} = \frac{1}{1 + \left(\dfrac{K_{\mathrm{o}}}{K_{\mathrm{w}}}\right)\left(\dfrac{\mu_{\mathrm{w}}}{\mu_{\mathrm{o}}}\right)} \qquad (9\text{--}20)$$

式 (9–20) 称为分流方程。对一个具体油藏来说，其水油黏度比 $\mu_{\mathrm{w}}/\mu_{\mathrm{o}}$ 认为一定，产水率只取决于油水的相对渗透率比值的大小，而后者是油藏含水饱和度的函数，所以产水率 f_{w} 也就是含水饱和度 S_{w} 的函数，其函数关系如图 9–16 所示。从图 9–16 中可看出，即使油井 100% 产水，油藏中含水饱和度也达不到 100%，地层中尚存有一定的残余油饱和度。

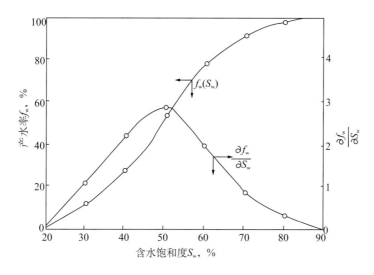

图 9–16　产水率及产水率上升速度与含水饱和度的关系

实际上为了便于应用，常将式 (9–20) 中的 $K_{\mathrm{o}}/K_{\mathrm{w}}$ 表示为含水饱和度 S_{w} 的函数，即将相对渗透率曲线图中的 K_{rw}、K_{ro} 转换为 $K_{\mathrm{ro}}/K_{\mathrm{rw}}$ 而作成图 9–17 所示的相对渗透率的比值 $K_{\mathrm{ro}}/K_{\mathrm{rw}}$ 与含水饱和度 S_{w} 的关系。图 9–17 的曲线两端弯曲但中间主要段为直线，而这一直线段恰好是实际常用到的两相同时流动的饱和度所对应的渗透率的比值范围，而且多数岩石的相对渗透率比值曲线都具有这种类似的特征。该直线段可用式 (9–21) 表示：

$$\frac{K_{\mathrm{o}}}{K_{\mathrm{w}}} = a\mathrm{e}^{-bS_{\mathrm{w}}} \qquad (9\text{--}21)$$

式中　a——直线的截距；

　　　b——直线的斜率。

系数 a 和 b 由岩石和流体的性质决定，岩石的渗透率、孔隙大小分布、流体黏度、界面张力和润湿性等不同，a 和 b 值也就不同。a 和 b 可用图解法求出，如图9–17所示。

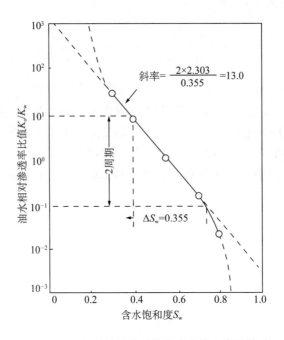

图9–17　相对渗透率比值与含水饱和度的关系

将式（9–21）代入式（9–20），可得到 f_w 与 S_w 的关系式：

$$f_w = \frac{1}{1+(\mu_w / \mu_o)ae^{-bS_w}} \tag{9–22}$$

从式（9–20）和式（9–22）可以得到如下一些认识：

（1）随油水两相流度比 $M = \left(\dfrac{K_w}{\mu_w} / \dfrac{K_o}{\mu_o}\right)$ 的增大，f_w 也增大，油越稠（$\mu_o \gg \mu_w$），产水率 f_w 越高，因此稠油层一旦见水后，产水率就迅速增加；

（2）油藏随含水饱和度 S_w 增大，产水率 f_w 也升高，所以在油水过渡带不同位置的油井，其产水率也不同。

产水率 f_w 的上升速度（$\dfrac{\partial f_w}{\partial S_w}$）与饱和度的关系，可将式（9–20）对 S_w 取偏导数得到：

$$\frac{\partial f_w}{\partial S_w} = \frac{(\mu_w / \mu_o)bae^{-bS_w}}{\left[1+(\mu_w / \mu_o)ae^{-bS_w}\right]^2} \tag{9–23}$$

$\dfrac{\partial f_w}{\partial S_w}$ 实质是图 9-17 中 f_w (S_w) 曲线的斜率，可用图解法求出 $\dfrac{\partial f_w}{\partial S_w}$ 随 S_w 的变化。S_w 的物理意义是：当含水饱和度 S_w 增加单位数值（例如 1%）时，产水率 f_w 增长的百分数。曲线表明，随油藏的逐渐水淹，油井产水率开始增加不明显，以后则迅速增加，产水率相当高时，产水率增长速度又减慢，即两头慢中间快。认识了产水的上升规律，有助于预先采取措施以防止油井过早水淹。

三、确定储层中油水垂向分布

由相对渗透率曲线图可知束缚水饱和度和残余油饱和度；对应可以知道毛细管压力曲线中这两个饱和度对应的毛细管压力值，从而计算得到油水过渡带中这两个饱和度面对应的高度。根据这两个特征饱和度，从而可以确定出油藏中的纯油区、纯水区及油水同产区。

图 9-18 中将毛细管压力以油水接触面以上的液柱高度表示，可以看出 A 点以上的油层只含束缚水，为产纯油的含油区，其高度就代表了这种孔隙体系的油层产纯油的最低闭合高度。A ~ B 间是油水共存、油水同产的混合流动区。B ~ C 间为含残余油的纯水流动区，只产水。C 点以下为 100% 含水，称为含水区。

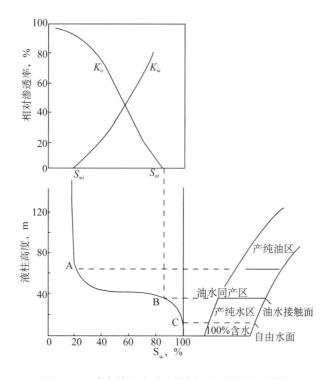

图 9-18 确定储层中油水接触面和产能的示意图

最低闭合高度具有判断油藏是否具有开采价值的作用。如果实际油层的闭合高度大于最低闭合高度，就可能产纯油，大得愈多，产纯油的厚度就愈大；反之，如果实际油层的闭合高度小于最低闭合高度，则只能是油水同产，而不一定具有工业开采价值了。

四、确定自由水面

分析油水垂向分布的时候，自由水面的确定是非常重要的问题。从图 9-18 中的相对渗透率曲线可以知道，纯水流动区并不是 100% 含水的区域，因此有人认为地下存在两个水面（图 9-19）。

①自由水面：即毛细管力为 0 的水面，静止且水平，如图 9-19 中的水面 1。

②纯水流动区分界水面：指产水率从小于 100% 到 100% 的水面，属于纯水流动区和两相区的分界面，低于它则只有水能流动，如图 9-19 中的水面 2。

实践表明，地层渗透率越好，孔隙喉道越大，也就是毛细管力越小，则这两个水面越接近。另外，纯水流动区开始流动时水面大多数情况下并不是水平的，主要原因就在于孔隙分布的非均质性，孔隙越大，该水面越低，孔隙越小，该水面越高。

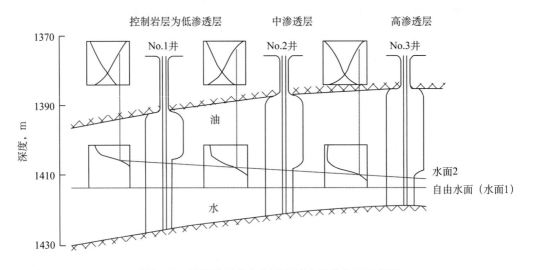

图 9-19　油层中的自由水面和纯水流动水面示意图

五、计算驱油效率和油藏水驱采收率

驱油效率和水驱采收率是石油工程中重要的评价指标。驱油效率是指波及区内被工作剂驱出原油的体积与原始含油体积之比，又称为"洗油效率"，在矿场实践以及岩心实验中的应用各不相同。

水驱采收率是指用水来驱替原油的时候，采出原油量与其原始储量的比值。一般水驱采收率 E_R 可以表示为体积波及系数 E_V 与驱油效率 E_D 的乘积，即：

$$E_R = E_V \cdot E_D \tag{9-24}$$

其中，波及系数 E_V 是指注入工作剂（水）在油藏中的驱扫波及程度，即工作剂波及到的体积占油藏总体积的百分数。

驱油效率 E_D 可在实验室通过水驱油实验实测，也可以通过相对渗透率曲线计算，只要确定了束缚水饱和度 S_{wi} 和残余油饱和度 S_{or}，根据式（9-25）即可计算：

$$E_D = \frac{S_{oi} - S_{or}}{S_{oi}} = \frac{(1 - S_{wi}) - S_{or}}{(1 - S_{wi})} = 1 - \frac{S_{or}}{(1 - S_{wi})} \tag{9-25}$$

式中　S_{oi}——原始含油饱和度；

　　　S_{or}——残余油饱和度；

　　　S_{wi}——束缚水饱和度。

实验室条件下，由于岩心很小，可以认为被 100% 波及，因此岩心的水驱采收率就等于其驱油效率。

根据以上的叙述，可以知道波及范围越广泛，驱油效率越高，则最终采收率就越高，因此工程上提高采收率可以从提高波及系数和驱油效率这两个方面着手。

思考题

1. 如何利用相对渗透率曲线确定残余油饱和度？怎样估算采收率？

2. 强亲水岩石的相对渗透率曲线与强亲油岩石的相对渗透率曲线相比，各有何特点？为什么？

3. 简述相对渗透率曲线的影响因素。并分析低渗透与高渗透岩心毛细管力曲线与相对渗透率曲线之间的差别。

4. 何谓末端效应？如何消除末端效应？

5. 简述"稳定实验法"和"不稳定实验法"测相对渗透率的基本原理。

6. 分析阐述油层驱油过程中造成非活塞性现象的主要原因。

7. 怎样确定油藏中自由水面（开始 100% 含水的界面）和油水接触面（开始 100% 产水的界面）？如何确定含油水过渡带的含水饱和度变化规律？（请用图示表示并解释）。

8. 如果砂岩的渗透率不同，它们的毛细管压力曲线、束缚水含量和油水过渡带的厚度有什么不同？

9. 实际油藏中的油水界面是否为一"镜面"，为什么？

10. 饱和顺序不同将如何影响毛细管力曲线和相对渗透率曲线？由哪些原因造成？

11. 为什么一般亲水油藏原油采收率大于亲油油藏？

12. 有甲乙两种岩心，其中甲比乙有更好的亲水性，试定性画出两岩心的相对渗透率曲线，并标出不同点。

13. 甲乙两块岩心有相同的饱和度中值压力，其中甲比乙的孔隙集中，试绘出两岩心的毛细管压力曲线，并说明不同点。

14. 某岩样长 10cm，截面积 2cm²，绝对渗透率为 67mD，当岩样中水、油饱和度分别为 40%、60% 时，在 2×10^5Pa 的压差作用下，通过岩样的油、水的流量分别为 0.003cm³/s 和 0.004cm³/s。在水、油黏度分别为 0.75 和 2.5 时，求：

(1) 油水相渗透率，油水相相对渗透率及油水相相对渗透率之比值；

(2) 解释油水相渗透率之和小于绝对渗透率的原因。

15. 在一砂岩样上测得油相、水相对渗透率数据见表1。

表1

S_w, %	K_{rw}	K_{ro}
46.6	0	1.0000
50.0	0.0357	0.5738
55.7	0.0805	0.3315
58.4	0.0975	0.2674
64.4	0.1391	0.1608
69.9	0.1841	0.0909
76.4	0.2407	0.0378
81.4	0.2840	0.0130
83.1	0.2975	0.0073
84.2	0.3062	0.0042

试计算或回答：

(1) 若岩心的绝对渗透率为 100mD，求 S_w 为 0.4 时油、水的有效渗透率；

(2) 如果 μ_w=1.2mPa·s，μ_o=2.0mPa·s，计算 S_w=0.644 时的水的分流量 f_w；

(3) 判断该岩心的润湿性；

(4) 计算最终采收率。

16. 有一岩样长 10cm，截面积 6.25cm²，在保持含水 40% 和含油 60% 的条件下，给岩样两端施加 5MPa 压差时，测得油、水的流量分别为 0.04cm³/s 和 0.05cm³/s，并已知油和水的黏度分别为 25mPa·s 和 0.8mPa·s，岩样绝对渗透率为 1.01D。

试求：

(1) 油和水的有效渗透率；

(2) 油和水的相对渗透率；

(3) 油和水的流量及油水流度比 $M=\lambda_w/\lambda_o$。

17. 已知岩样长 15cm，横截面积为 7cm²，压差 0.2MPa，油的黏度为 3mPa·s，水的黏度为 1mPa·s，含水饱和度 (S_o) 与油、水的流量 (Q_o, Q_w) 见表2。

表2

S_w	Q_w, cm³/s	Q_o, cm³/s
1.0	1.120	0
0.9	0.783	0
0.8	0.549	0.019
0.7	0.336	0.045
0.6	0.202	0.067
0.5	0.101	0.109
0.4	0.045	0.149
0.3	0.011	0.213
0.2	0	0.304

（1）该岩石的（液侧）绝对渗透率为多少？

（2）绘出相对渗透率与饱和度的关系曲线；

（3）完全产水时的采收率 E_R；

（4）根据曲线平衡饱和度和两曲线交点处的饱和度如何判断该岩石的润湿性？

参考文献

[1] 洪世铎. 油藏物理基础 [M]. 北京：石油工业出版社，1985.

[2] 罗蛰潭. 油层物理 [M]. 北京：地质出版社，1985.

[3] 何更生. 油层物理 [M]. 北京：石油工业出版社，1997.

[4] 霍纳波 M，等. 油藏相对渗透率 [M]. 北京：石油工业出版社，1989.

[5] 杨胜来，魏俊之. 油层物理学 [M]. 北京：石油工业出版社，2005.

[6] 秦积舜，李爱芬. 油层物理学 [M]. 东营：石油大学出版社，2005.

[7] 贝尔 J，等. 多孔介质流体动力学 [M]. 北京：中国建筑工业出版社，1983.

[8] 王香增. 特低渗油藏高效开发理论与技术 [M]. 北京：科学出版社，2018.

[9] 罗蛰谭，王允诚. 油气储集层的孔隙结构 [M]. 北京：科学出版社，1986.

[10] 曾联波. 低渗透砂岩储层裂缝的形成与分布 [M]. 北京：石油工业出版社，2008.

[11] 陈钟祥. 裂缝性油藏工程基础 [M]. 北京：石油工业出版社，1985.

[12] 胡文瑞. 低渗透油气田开发概论 [M]. 北京：石油工业出版社，2009.

[13] 姜汉桥. 特高含水期油田的优势渗流通道预警及差异化调整策略 [J]. 中国石油大学学报（自然科学版），2013（5）：114-119.

[14] 李继山. 表面活性剂体系对渗吸过程的影响 [D]. 廊坊：中国科学院研究生院（渗流流体力学研究所），2006.

[15] 孟选刚，杜志敏，王香增，等. 压裂水平缝渗流特征及影响因素 [J]. 大庆石油地质与开发，2016，35（3）：74-77.

[16] 谭柱，李保柱，李勇. 缝洞型油藏单元注水开发水淹风险评价方法 [J]. 西安石油大学学报（自然科学版），2017，32（5）：69-71.

[17] 王家禄，刘玉章，陈茂谦，等. 低渗透油藏裂缝动态渗吸机理实验研究 [J]. 石油勘探与开发，2009，36（1）：86-90.

[18] 王友净，宋新民，田昌炳，等. 动态裂缝是特低渗透油藏注水开发中出现的新的开发地质属性 [J]. 石油勘探与开发，2015，42（2）：224-227.

[19] 吴胜和，蔡正旗，施尚明. 油矿地质学 [M]. 4 版. 北京：石油工业出版社，2011.

[20] 吴元燕，吴胜和，蔡正旗. 油矿地质学 [M]. 3 版. 北京：石油工业出版社，2005.

[21] Melrose J C. Wettability as related to capillary action in porous media [J]. Society of Petroleum Engineers Journal，1965，5（3）：259-271.

[22] Minglei W，Sui'anZ，HuiG.Relationship between characteristics of tight oil reservoirs and fracturing fluid damage：A case from Chang 7 Member of the Triassic Yanchang Fm in Ordos Basin [J]. Oil & Gas Geology，2015，36（5）：848-854.

[23] Paktinat J，Pinkhouse J A，Stoner W P，et al. Case histories：Post-frac fluid recovery improvements of Appalachian basin gas reservoirs [C] //SPE Eastern Regional Meeting. Society of Petroleum Engineers. 2005.

[24] Parker M, Slabaugh B, Walters H, et al. New hydraulic fracturing fluid technology reduces impact on theenvironment through recovery and reuse [C] //SPE/EPA/DOE Exploration and Production Environmental Conference.Society of Petroleum Engineers, 2003.

[25] Peng J, Zhang C, Zhou P, et al. Performance of low-concentration guar gum fracturing fluid and its application toqinghai oilfield [J] . Natural Gas Exploration&Development, 2014, 37 (1): 79-82.

[26] Reinicke A, Rybacki E, Stanchits S, et al. Hydraulic fracturing stimulation techniques and formation damagemechanisms—Implications from laboratory testing of tight sandstone-proppant systems [J] . Chemie derErde-Geochemistry, 2010, 70: 107-117.

[27] Samuel M, Card R J, Nelson E B, et al. Polymer-free fluid for hydraulic fracturing [C] // SPE Annual TechnicalConference and Exhibition. Society of Petroleum Engineers, 1997.

[28] Shouxiang M, Morrow N R, Zhang X. Generalized scaling of spontaneous imbibition data for strongly water-wetsystems [J] . Journal of Petroleum Science and Engineering, 1997, 18 (3-4): 165-178.

[29] Tavassoli Z, Zimmerman R W, Blunt M J.Analytic analysis for oil recovery during counter-current imbibition instrongly water-wet systems. Transp. Porous Media, 2005, 58 (1): 173-189.

[30] Terzaghi K.Theoretical soil mechanics [M] . London: Chapman And Hall Limited, 1951.

[31] Wang C, Yang Y, Cui W, et al.Application of low concentration CMHPG fracturing fluid in Huaqing reservoir ofChangqing Oilfield [J] . Oil Drilling & Production Technology, 2013 (1): 28.

[32] Wang J Y, Holditch S A, McVay D A.Effect of gel damage on fracture fluid cleanup and long-term recovery in tightgas reservoirs [J] . Journal of Natural Gas science and Engineering, 2012, 9: 108-118.

[33] Wang M X, He J, Yang Z, et al. Gel-breaking and degradation effects of bio-enzyme SUN-1/ammonium persulfate onhydroxypropyl guar gum fracturing fluid [J] . Journal of Xi' an Shiyou University (Natural Science Edition), 2011 (1): 18.

[34] Wang M, Yan Y, Yifei L.Effects of stable chlorine on properties of water-base fracturing fluids [J] . ChemicalEngineering of Oil&Gas, 2007, 36 (5): 404-407.

[35] Washburn E W. 1921. Dynamics of capillary flow [J] . Physical review, 17 (3): 273-283.

[36] Xiong W, Pan Z.Distribution of remaining oil and its adjustment in fracture-developed areas of ultra-lowpermeability oil fields [J] .Petroleum Exploration And Development, 1999, 26 (5): 46-48.

[37] Ying C, Wang Y, Chen S, et al.Evaluation of bio-enzyme breaker used in fracturing fluid [J] . Drilling Fluid &Completion Fluid, 2010, 27 (6): 68-71.

[38] Zhang G, Zhong Z, Wu G.Performance research of viscoelastic fracturing fluid system in medium-hightemperature [J] .Xinjiang Petroleum Science & Technology, 2008, 18 (2):

29—30.

[39] Zhang H, Zhou J, Gao C, et al.The damage of guar gum fracturing fluid [J] . Science Technology and Engineering, 2013, 13 (23) : 6866—6871.

[40] Zhang H, Zhou J, Yu Z, et al.Research and application of carboxymethyl hydroxypropyl guar fracturing fluid [J] .Complex Hydrocarbon Reservoirs, 2013, 6 (2) : 77—80.

[41] Ansari S, Yusuf Y, Kinsale L, Sabbagh R, & Nobes D S Visualization of Fines Migration in the Flow Entering Apertures through the Near—Wellbore Porous Media. Society of Petroleum Engineers. doi: 10.2118/193358—MS. 2018.

[42] Hakimov N, Zolfaghari A, Kalantari—Dahaghi A, Negahba6n S, & Gunter G . Pore—Scale Network Modeling of Petrophysical Properties in Samples with Wide Pore Size Distributions. Society of Petroleum Engineers. doi: 10.2118/192890—MS. 2018.

附录一　常用单位换算

1. 长度换算表

1 千米（km）= 0.621 英里（mile）

1 米（m）= 3.281 英尺（ft）= 1.094 码（yd）

1 厘米（cm）= 0.394 英寸（in）

1 厘米（cm）= 10 毫米（mm）

1 英里（mile）= 5280 英尺（ft）

1, 000, 000, 000 纳米（nm）= 1 米（m）

1, 000, 000 纳米（nm）= 1 毫米（mm）

1, 000 纳米（nm）= 1 微米（μm）

1 纳米（nm）= 10 埃米（记为 Å）

1 埃米 = 10^{-10} m

1 埃（Å）= 0.1 纳米（nm）

1 英里（mile）= 1.609 千米（km）

1 英尺（ft）= 0.3048 米（m）

1 英寸（in）= 2.54 厘米（cm）

1 英尺（ft）= 12 英寸（in）

2. 面积换算

1 平方千米（km²）= 100 公顷（ha）= 247.1 英亩（acre）= 0.386 平方英里（mile²）

1 平方米（m²）= 10.764 平方英尺（ft²）

1 公亩（are）= 100 平方米（m²）

1 公顷（ha）= 15 亩 = 1hm² = 10000 平方米（m²）= 2.471 英亩（acre）= 0.01 平方千米（km²）

（其中 h 表示百米，hm² 的含义就是百米的平方）

1 平方英里（mile²）= 2.590 平方千米（km²）

1 英亩（acre）= 0.4047 公顷（ha）= 4.047×10 平方千米（km²）= 4047 平方米（m²）

1 平方英尺（ft²）= 0.093 平方米（m²）

1 平方英寸（in²）= 6.452 平方厘米（cm²）

1 平方码（yd²）= 0.8361 平方米（m²）

1 亩 = 2000/3 平方米 ≈ 666.667 平方米（m²）

3. 体积单位

1 立方米（m³）= 1000 升（L）= 1000 立方分米（dm³）

1 立方分米（dm³）= 1000 立方厘米（cm³）

1 立方厘米（cm³）= 1000 立方毫米（mm³）

1 立方英尺（ft³）= 0.0283 立方米（m³）= 28.317 升（L）

1 千立方英尺（mcf）= 28.317 立方米（m³）

1 百万立方英尺（MMcf）= 2.8317 万立方米（m³）

10 亿立方英尺（bcf）= 2831.7 万立方米（m³）

1 立方英寸（in³）= 16.3871 立方厘米（cm³）

1 桶（bbl）= 0.159 立方米（m³）= 42 美加仑（gal）

1 美加仑（gal）= 3.785 升（L）

1 英加仑（gal）= 4.546 升（L）

4. 渗透率

1 达西（D）=1 平方微米（μm^2）=1000 毫达西（mD）

1 毫达西（mD）=1×10^{-3} 平方微米（μm^2）　=0.987×10^{-15} 平方米（m^2）

（根据达西的实验数据，1 达西并不严格地等于 1 平方微米）

5. 力的单位

1 泊（P）=100 毫帕·秒（mPa·s）

1 厘泊（cP）= 1 毫帕·秒（mPa·s）

1 千克力秒/米^2（kgf·s/m^2）= 9.80665 帕·秒（Pa·s）

1 磅力秒/英尺^2（lbf·s/ft²）=47.8803 帕·秒（Pa·s）

6. 压强单位

1 巴（bar）= 100 千帕（kPa）

1 千帕（kPa）= 0.145 磅力/平方英寸（psi²）= 0.0102 千克力/平方厘米（kgf/cm²）= 0.0098 大气压（atm）

1 物理大气压（atm）= 101.325 千帕（kPa）= 14.696 磅/英寸（psi）= 1.0333 巴（bar）

1 工程大气压 = 98.0665 千帕（kPa）

1 毫米水柱（mmH$_2$O）= 9.80665 帕（Pa）

1 毫米汞柱（mmHg）= 133.322 帕（Pa）

1 托（Torr）= 133.322 帕（Pa）

1 达因/平方厘米（dyn/cm²）= 0.1 帕（Pa）

7. 动力黏度

1 牛顿（N）=0.225 磅力（lbf）= 0.102 千克力（kgf）

1 千克力（kgf）= 9.81 牛（N）

1 磅力（lbf）= 4.45 牛顿（N）

1 牛顿（N）=10^5 达因（dyn）

8. 油气产量

1 桶（bbl）= 0.14 吨（t）（原油，全球平均）

1 吨（t）= 7.3 桶（bbl）（原油，全球平均）

1 桶/日（bpd）= 50 吨/年（t/a）（原油，全球平均）

1 千立方英尺/日（Mcfd）= 28.32 立方米/日（m³/d）= 1.0336 万立米/年（m³/a）

1 百万立方英尺/日（MMcfd）= 2.832 万立方米/日（m³/d）= 1033.55 万立方米/年（m³/a）

10 亿立方英尺/日（bcfd）= 0.2832 亿立方米/日（m³/d）= 103.36 亿立方米/年（m³/a）

1 万亿立方英尺/日（tcfd）= 283.2 亿立方米/日（m³/d）= 10.336 万亿立方米/年（m³/a）

1 立方英尺/桶（cft/bbl）= 0.2067 立方米/吨（m³/t）

附录二 常用专业术语中英俄对照表

第一章

油层物理学	Petro—physics	*физика нефтяного пласта*
稠油油藏	Heavy oil reservoir	*загущённое масло залежей нефти*
含蜡量	Wax content	*содержание парафина*
含蜡原油	Wax—bearing crude	*парафинистая нефть*
黑油	Black oil	*Мазут*
凝析气藏	Condensate reservoir	*газоконденсатная залежь*
脱气原油	Dead oil	*деаэрационная нефть*
原油	Crude	*сырая нефть*

第二章

伴生气	Associated gas	*попутный газ*
对应状态原理	Principle of corresponding	*принципы соответственного состояния*
干气（贫气)	Dry gas（Lean gas)	*сухой газ，бедный（тощий）газ*
湿气	Wet gas	*жирный газ*
气体偏差系数	Gas deviation factor	*коэффициент газового сжимаемости*
视对比温度	Pseudo-corresponding temperature	*кажущаяся приведённая температура*
视对比压力	Pseudo-corresponding pressure	*кажущееся приведённое давление*
天然气相对密度	Specific gravity of natural gas	*удельная плотность природных газов*
天然气地层体积系数	Gas formation volume factor	*коэффициент пластового объёма газа*
天然气密度	Density of natural gas	*плотность природных газов*
天然气压缩率	Gas compressibility	*конденсация природных газов*
天然气黏度	Gas viscosity	*вязкость природных газов*
天然气状态方程	State equation of natural gas	*уравнение состояния природных газов*
原始天然气地层体积系数	Initial gas formation volume factor	*начальный коэффициент пластового объёма газа*

第三章

饱和温度	Saturated temperature	*температура насыщенности*
饱和压力	Saturated pressure	*давление насыщенности*
泡点压力	Bubble point pressure	*давление в пузырьке*
露点压力	Dew point pressure	*давление на точки росы*
差异分离	Differential liberation	*сепарация по разности*
接触分离	Contact liberation	*контактное разделение*
多级分离	Multistage separation	*многомерное разделение*
反凝析气体	Retrograde condensate	*ретроградный конденсат*
反凝析现象	Retrograde condensate phenomenon	*явление обратной конденсации*
反凝析压力	Retrograde condensate pressure	*давление обратной конденсации*
混相驱	Miscible flood	*вытеснение смешивания фаза*
拟组分	Pseudo—component	*фиктивный компонент*
平衡气相	Equilibrium vapor phase	*баланс паробаз*
三角相图	Triangular phase diagram	*треугольная фазовая диаграмма*
三组分模型	Tri—component model	*трёхфазная компонентная модель*
闪蒸分离	Flash separation	*однократная сепарация*
体系	System	*Система*
天然气溶解度	Gas solubility	*растворимость природных газов*
烃类系统相态	Phase state of hydrocarbon system	*фазовые состояния углеводородных систем*
脱气	Degasification，gas breakout	*дегазация*
未饱和油藏	Undersaturation oil reservoir	*недонасыщенная залежь*
未饱和原油	Undersaturation oil	*недонасыщенная сырная нефть*
相	Phase	*фаза*
相包络线	Phase boundary curve	*огибающая линия фаза*
相平衡	Phase equilibrium	*фазовое равновесие*
相态方程	Phase state equation	*уравнение фазового состояния*
油藏烃类相图	Phase diagram of reservoir hydrocarbon	*фазовая диаграмма углеводородов коллектора*
组分	Component	*конпонент*

第四章

表观黏度	Apparent viscosity	*кажущаяся вязкость*
不稳定流动	Unstable state flow	*неустановившееся движение*
储层流体压缩性	Reservoir fluid compressibility	*сжимаемость жидкости горных пород залежи*
地层油	Reservoir oil	*пластовая нефть*

地层油两相体积系数	Two—phase formation volume factor of reservoir oil	*двухфазный объёмный коэффициент пластового нефти*
地层油溶解气油比	Solution gas—oil ratio of reservoir	*растворимый газовый фактор пластовой нефти*
运动黏度系数	Coefficient of kinematical viscosity	*суммарный аварийности вязкости в спорте*
动力黏度	Dynamic viscosity	*кинематическая вязкость*
运动黏度	Kinematical viscosity	*кинематическая вязкость*
高压物性测定仪	PVT investigate	*тестер физических свойств при высоком давлении*
井底静压	Bottom hole static pressure	*статическое давление в забое*
井底流压	Flowing pressure of bottom hole	*динамическое забойное давление*
井底温度	Bottom hole temperature	*забойная температура*
井底压力	Bottom hole pressure	*забойное давление*
井下取样器	Bore hole fluid sampler	*пробоотборник*
矿化度	Salinity	*минерализованность*
气顶	Gas—cap	*газовая шапка*
气顶驱	gas cap drive	*вытяжка газовой крыши*
气油比	Gas oil ratio	*газовый фактор*
水的含盐量	Brine salinity	*содержание соли в воде*
水的矿化度	Water salinity	*минерализованность воды*
水的硬度	Water hardness	*жесткость воды*
物质平衡方程	Material balance equation	*уравнение материального баланса*
原始地层压力	Original reservoir pressure	*исходное нефтяное давление*
黏度计	Viscometer	*Вязкозиметр*
黏温曲线	Viscosity—temperature curve	*кривая зависимости вязкости от температуры*

第五章

不连通孔隙	Deadend pore （Disconnected pores）	*несообщающаяся пустота*
死孔隙	Stagnant pore （Dead pore）	*мертвый пористость*
残余油饱和度	Irreducible oil saturation （Residual oil saturation）	*остаточная насыщенность нефти*
剩余油饱和度	Remaining oil saturation	*остаточная масляная насыщенность*
层理构造	Bedding plane structure	*слоистая структура*
沉积构造	Sedimentary structure	*осадочная структура*
初始含油饱和度	Initial oil saturation	*начальная нефтенасыщенность*
储层	Reserves bed	*коллектор*
次生孔隙	Secondary pore	*вторичная пора*
粗砂岩	Coarse sandstone	*крупнозернистый песчаник*
单孔隙结构	Single—porosity structure	*однопористая структура*

多重孔隙介质	Multi-pore media	*многопористые среды*
双重孔隙介质	Double-porosity media	*пористая среда с двойной структурой*
双重孔隙油藏	Double-porosity reservoir	*двойная залежь зазора*
三重孔隙系统	Triple-porosity system	*система тройной пористости*
各向异性介质	Anisotropic media	*анизотропная среда*
宏观非均质性	Macro irregularity	*макроскопическая неоднородность*
基底胶结	Basal cement	*цементирование субстрата*
基岩孔隙度	Matrix porosity	*пористость коренной породы*
胶结物	Cement	*цементирующий материал*
绝对孔隙度	Absolute porosity	*абсолютная пористость*
孔喉	Pore throat	*горло пор*
孔喉比	Throat to pore ratio	*отношение горла к пор*
孔喉结构类型	Type of pore-throat structure	*тип структуры горловины поры*
孔隙大小累积分布曲线	Cumulative distribution curve of pore size	*кривая распределения зазора*
粒度组成分布曲线	Particle size distributed curve	*кривая распределения гранулометрии*
连通孔隙体积	Connected pore space	*объём сообщающихся пород*
裂缝孔隙度	Fracture porosity	*трещинная пористость*
裂缝性油田	Fissured oil field	*трещиновое нефтяное месторождение*
流体饱和度	Fluid saturation	*насыщенность жидкости*
目的层	target stratum	*целевой слой*
泥岩	Mud stone	*аргиллит*
泥质砂岩	Dirty sand	*глинистый песчаник*
泥质碎屑储层	Shaly clastic reservoir	*аргиллитовая крошка коллектора*
膨润土	Bentonite	*бентонитовая глина*
平均孔隙尺寸	Mean pore size	*средний размер зазора*
束缚水	Irreducible water	*связнная вода*
束缚水饱和度	Irreducible water saturation	*насыщенность связанной воды*
碎屑岩	Clastic rock	*обломочные горные породы*
碳酸岩	Carbonate rock	*карбонатит*
碳酸盐岩油藏	Carbonate reservoir	*карбонатые породы*
天然裂缝性油藏	Natural fractured formation	*естественный трещиноватый коллектор*
细砂岩	Fine grained sandstone	*мелкозернистый песчаник*
压实作用	Compaction	*действие уплотнённое*
岩石孔隙压缩系数	Compressibility of pore space of rock	*коэффициент сжимаемости пор горных пород*
岩石压缩系数	Compressibility of reservoir rock	*коэффициент сжимаемости пород*
综合弹性压缩系数	Complex compressibility of reservoir	*коэффициент упругого сжатия*
岩心视体积	Apparent volume	*кажущийся объём керна*
油层岩样	Reservoir core sample	*образец породы нефтеного пласта*

有效孔隙度	Effective porosity	*поровый объём*
迂曲度	Tortuosity	*извилистость*
原生孔隙	Primary pore	*первичная пора*
原始流体饱和度	Initial fluid saturation	*исходная насыщенность флюида*
黏土，泥土	Clay	*глинистый грунт*
黏土膨胀	Clay swelling	*разбухание глин*

第六章

泊肃叶方程	Poiseuille equation	*уравнение Пуазейля*
地层伤害	Formation damage	*повреждение пласта*
非达西流	Non—Darcy flow	*поток не-Дарси*
线性流	Linear flow	*линеаризированный поток*
滑动效应	Slip effect	*скользящий эффект*
近井地层伤害	Near well bore formation damage	*вблизи повреждения пласта ствола скважины*
未受污染地层	Non—damage formation	*незагрязнённый пласт*
渗透率伤害	Permeability impairment	*убыток проницаемости*
绝对渗透率	Absolute permeability	*абсолютная проницаемость*
平均渗透率	Mean permeability	*средняя проницаемость*
渗透率非均质性	Permeability heterogeneity	*проницаемость неоднородности*
渗透率各向异性	Permeability anisotropy	*проницаемость анизотропности*
裂缝密度	Density of fracture	*плотность трещин*
毛细管束	Bundle of capillary tubes	*капиллярный пучок*
平面非均质性	Areal heterogenicity	*площадная неоднородность*
渗流速度	Flow velocity	*скорость фильтрации*
室内岩心实验	Lab core test	*комнатный эксперимент керна*
水敏地层	Water—sensitive formation	*чувствительный слой ко воде*
酸化	Acid stimulation	*кислотная обработка*
岩石酸敏性	Acid sensitivity	*восприимчивость горной породы к кислоте*
黏土防膨剂	Anti—clay swelling agent	*стабилизатор глины*

第七章

界面张力	Interfacial tension	*натяжение на поверхности раздела*
表面活性剂	Surfactant	*поверхностно-активные вещества*
润湿相	Wetting phase	*смачивающая фаза*
非润湿相	Non—wetting phase	*несмачивающая фаза*
分散相	Separate phase	*дисперсная фаза*
高分子活性剂	Macro molecular surfactant	*макромолекулярный активатор*

接触角	Angle of contact	*краевой угол*
润湿角	Angle of weting	*угол смачивания*
接触角滞后	Contact angle hysteresis	*гистерезис краевой угла*
前进角	Advancing angle	*угол продвижения вперед*
后退角	Recession angle	*угол назад*
界面黏度	Surface viscosity	*поверхностная вязкость*
静吸附	Static adsorption	*статическая адсорбция*
强亲油	Strongly oil wet	*сильная олеофильность*
润湿性	Wettability	*смачиваемость*
润湿性反转	Wettability reversal	*смачиваемость противовращения*
润湿滞后现象	Wettability hysteresis	*явление гистерезиса смачивания*
悬滴法	Pendant drop method	*капля висячая*

第八章

半渗透隔板法	Porous diaphragm method	*методика полупроницаемго перегородки*
附加流动阻力	Enhanced flow resistance	*дополнительное сопротивление текучести*
贾敏效应	Jamin's effect	*эффект Джармини*
毛细管力	Capillary force	*капиллярные силы*
毛细管驱替压力	Capillary displacement pressure	*давление капиллярного вытеснения*
毛细管压力	Capillary pressure	*капиллярное давление*
毛细管压力曲线	Capillary pressure curve	*кривая капиллярного давления*
毛细管自吸	Capillary imbibition	*самовсасывающий капилляр*
毛细管滞留作用	Capillary retention	*задерживающее действие капилляров*
排驱毛细管压力曲线	Drainage capillary pressure curves	*кривая сброса капиллярного давления*
自吸毛细管压力曲线	Imbibition capillary pressure curves	*кривая давления с самовсасыванием капилляров*
压汞曲线	Intrusive mercury curve	*кривая ртутного давления*
自发吸吮	Spontaneous imbibition	*самовсасывание*
自吸作用	Imbibition	*самовсасывающее действие*
油水过渡带	Water—oil transition zone	*водонефтяная переходная зона*

第九章

波及区	Swept region	*охваченная область*
未波及区	By—passed areas	*неохваченная область*
波及系数	Sweep efficiency	*коэффициент влияния*
采出程度	Recovery percent of reserves	*степень выработки*
最终残余油饱和度	Ultimate residual oil saturation	*конечная нефтенасыщенности остаточной нефти*
水驱采收率	Water displacement recovery	*водонапорный коэффициент отдачи*

最终水驱采收率	Ultimate waterflood recovery	*конечная водонапорная отдача*
最终原油采收率	Ultimate oil recovery	*конечная нефтеотдача*
产油层	Oil−producing zone	*продуктивный пласт*
产油量	Oil production	*количество добычи нефти*
单相流	Single−phase flow	*однофазный поток*
多相流动	Multiphase flow	*многофазовое течение*
多相区	Multiphase region	*многофазовая область*
宏观波及系数	Macroscopic sweep efficiency	*макроскопический коэффициент влияния*
面积波及系数	Areal coverage factor	*коэффициент влияния площади*
体积波及系数	volumetric conformance efficiency	*эффективность объемной развертки*
驱替效率	Displacement efficiency	*эффективность вытеснения*
微观驱油效率	Microscopic displacement efficiency	*микроскопическая эффективность вытеснения нефти*
化学驱	Chemical flooding	*химическая привод*
两相区	Two−phase region	*двухфазный участок*
流动系数	Flow ability coefficient	*коэфицент текучести*
流度	Mobility	*текучесть*
流度比	Mobility ratio	*отношение подвижностей*
油气流度比	Oil−gas mobility ratio	*отношение газонефтяных подвижностей*
毛细管数	Capillary number	*количество капилляров*
末端效应	End effect	*терминальный эффект*
舌进	Tongued advance	*языков*
生产水油比	Produced water oil ratio	*производство соотношения вода-нефть*
剩余油分布	Distribution of remaining oil	*распределёние остаточной нефти*
相渗透率	Phase permeability	*фазовая проницаемость*
有效渗透率	Efficient permeability	*эффективная проницаемость*
水相渗透率	Water phase permeability	*проницаемость*
油相渗透率	Oil phase permeability	*скорость просачивания масляной фазы*
相对渗透率	Relative permeability	*относительная проницаемость*
水相饱和度	Water phase saturation	*насыщенность водной фазы*
水油比	Water-oil ratio	*водонефтяный фактор*
死油区	By-passed pocket of oil	*застойная зона*
突破	Break through	*прорыв*
岩心驱替	Laboratory core flood	*вытеснение керна*
岩心驱替实验	Core displacement test	*эксперимент по вытеснению керна*
油水接触面	Oil−water contact	*контактная поверхность*
原始气水界面	Original gas−water contact	*исходный газоводяной раздел*
原始油水界面	Original oil−waterinterface	*исходный водо-нефяной раздел*

附录三 参考答案

第二章

10. （1） $p_{pc} = \sum\sum y_i p_{ci} = 0.903 \times 4.6408 + 0.045 \times 4.8835 + 0.031 \times 4.2568 + 0.021 \times 3.6480 = 4.6190\text{MPa}$

$$p_{pr} = \frac{p}{p_{pc}} = \frac{8.3}{4.6190} = 1.80$$

$T_{pc} = \sum y_i T_{ci} = 0.903 \times 190.67 + 0.045 \times 303.50 + 0.031 \times 370.00 + 0.021 \times 408.11 = 205.87\text{K}$

$T = 32 + 273.15 = 305.15\text{K}$

$$T_{pr} = \frac{T}{T_{pc}} = \frac{305.15}{205.87} = 1.48$$

查图可得 $Z = 0.83$

（2） $B_g = \dfrac{ZTp_{sc}}{T_{sc}p} = \dfrac{0.83 \times (273.15 + 32) \times 0.1}{273.15 \times 8.3} = 0.01117$

（3） $V_R = B_g V_{sc} = 0.01117 \times 10^6 = 11170\text{m}^3$

（4） $C_{pr} = \dfrac{1}{p_{pr}} - \dfrac{1}{Z} \cdot \dfrac{\partial Z}{\partial p_{pr}} = \dfrac{1}{1.80} - \dfrac{1}{0.83} \cdot (-0.08) = 0.65$

（5）
$$\mu = \frac{\sum y_i \mu_{gi} M_i^{0.5}}{\sum y_i M_i^{0.5}}$$

$$= \frac{0.903 \times 0.115 \times \sqrt{18} + 0.045 \times 0.0111 \times \sqrt{34} + 0.031 \times 0.0086 \times \sqrt{50} + 0.021 \times 0.0082 \times \sqrt{66}}{0.903 \times \sqrt{18} + 0.045 \times \sqrt{34} + 0.031 \times \sqrt{50} + 0.021 \times \sqrt{66}}$$

$$= 0.099\text{mPa} \cdot \text{s}$$

11. 气体相对密度为 0.74，查图可知其视临界压力 $p_{pr} = 4.62\text{MPa}$，视临界温度 $T_{pr} = 225\text{K}$。

$$p_{pr} = \frac{p}{p_{pc}} = 13.6 / 4.62 = 2.94$$

$$T_{pr} = \frac{T}{T_{pc}} = (93 + 273) / 225 = 1.63$$

查图可得 $Z = 0.84$

12. 气体相对密度为 0.88，查图可知其视临界压力 $p_{pc} = 4.6\text{MPa}$，视临界温度 $T_{pc} = 240\text{K}$。

气体 CO_2 含量为10%，查图可知视临界温度 T_{pc} 校正值 $\varepsilon=5.6$。

校正后得到视临界参数为：$T_{pc}' = T_{pc} - \varepsilon = 240 - 5.6 = 234.4K$，$p_{pc}' = \dfrac{p_{pc}T_{pc}'}{\left[T_{pc} + B\left(1-B\right)\varepsilon \right]} = 4.49MPa$

计算视对比参数：$T_{pr}' = \dfrac{T}{T_{pc}'} = \left(93+273\right)/234.4 = 1.56$，$p_{pr}' = \dfrac{p}{p_{pc}'} = 14/4.49 = 3.12$

查图可知 $Z=0.82$

13. 由 $y_i = \dfrac{G_i/M_i}{\sum G_i/M_i}$，得到 CH_4—66.8%，C_2H_6—8.9%，C_3H_8—9.1%，C_4H_{10}—11.5%，C_5H_{12}—3.7%

14. 先不考虑非烃气体，计算临界参数得到：$p_{pc} = \sum y_i p_{ci} = 4.64MPa$，$T_{pc} = \sum y_i T_{ci} = 195.04K$。

然后进行非烃气体校正，查图得 $\varepsilon = 10$ 后视临界参数为：

$T_{pc}' = T_{pc} - \varepsilon = 185.04K$，$p_{pc}' = p_{pc}T_{pc}'/[T_{pc} + B(1-B)\varepsilon] = 4.40$，

再计算视对比参数：$T_{pr}' = T/T_{pc}' = 1.75$，$p_{pr}' = p/p_{pc}' = 3.41$

查图得 $Z=0.89$

15. 先将各物质的临界参数查得，填入下表中：

组分	摩尔分数 y_i	烃摩尔分数 y_i'	T_{ci},(K)	p_{ci},(MPa)	$y'p_{ci}$	$y'T_{ci}$
CH_4	0.870	0.941	190.50	4.6408	4.3670	179.2605
C_2H_6	0.040	0.043	306.00	4.8835	0.2100	13.1580
C_3H_8	0.010	0.011	369.60	4.2568	0.0468	4.0656
C_4H_{10}	0.005	0.005	408.11	3.6480	0.0182	2.0406
N_2	0.075	—	—	—	—	—
总和	1.000	1.000	—	—	4.6420	198.5247

$p_{pc} = \sum y_i p_{ci} = 4.6420$，$T_{pc} = \sum y_i T_{ci} = 198.5247$

$T_{pr} = T/T_{pc} = 1.5666$，$p_{pr} = p/p_{pc} = 3.2314$

查图得烃类混合气体的压缩因子 $Z_{CH} = 0.83$，查图得氮的压缩因子 $Z_N = 1.010$

由含氮气体的校正式 $Z = y_N Z_N + (1-y_N)$ 得到：$Z_{CH} = 0.8435$

16. 先将各物质的临界参数查得并填入下表：

组分	摩尔分数 y_i（混合）	摩尔分数 y_i（烃类）	T_{ci},K	p_{ci},MPa	$y'p_{ci}$	$y'T_{ci}$
CO_2	0.0236	—	—	—	—	—
CH_4	0.8481	0.8686	190.67	4.6408	4.0309	165.6159
C_2H_6	0.0595	0.0609	303.50	4.8835	0.2974	18.4831
C_3H_8	0.0255	0.0261	370.00	4.2568	0.1111	9.6570
iC_4H_{10}	0.0047	0.0048	408.11	3.6480	0.0175	1.9589
nC_4H_{10}	0.0075	0.0077	425.39	3.7928	0.0292	3.2755

续表

组分	摩尔分数 y_i（混合）	摩尔分数 y_i（烃类）	T_{ci}, K	p_{ci}, MPa	$y' p_{ci}$	$y' T_{ci}$
iC_5H_{12}	0.0030	0.0031	460.89	3.3336	0.0103	1.4287
nC_5H_{12}	0.0021	0.0022	470.11	3.3770	0.0074	1.0342
C_6H_{14}	0.0037	0.0038	507.89	3.0344	0.0115	1.9299
C_{7+}	0.0223	0.0228	540.22	2.7296	0.0622	12.3176
总和	1.0000	1.0000	—	—	4.5775	215.7008

计算临界参数：$p_{pc} = \sum y_i T_{ci} = 4.5775$，$T_{pc} = \sum y_i T_{ci} = 215.7008$

再计算对比参数：$T_{pr} = T/T_{pc} = 1.5447$，$p_{pr} = p/p_{pc} = 4.5876$

查图得烃类混合气体的压缩因子 $Z_{CH} = 0.82$，查图得二氧化碳的压缩因子 $Z_{CO_2} = 0.75$

$Z = y_{CO_2} Z_{CO_2} + (1-y_N) Z_{CH} = 0.8183$

17. 查图得到 $\varepsilon = 20$，计算 $T'_{pc} = T_{pc} - \varepsilon = 205.19K$；$p'_{pc} = p_{pc} T'_{pc} / [T_{pc} + B(1-B)\varepsilon] = 4.26$

再计算 $T'_{pr} = T/T'_{pc} = 1.81$；$p'_{pr} = p/p'_{pc} = 3.30$

查图得 $Z = 0.89$

18. 查图得 $p_{pc} = 4.5MPa$，$T_{pc} = 220K$

$p_{pr} = p/p_{pc} = 3.02$

$T_{pr} = T/T_{pc} = 1.67$

查图得 $Z = 0.84$

19. 先计算临界参数：$p_{pc} = \sum y_i p_{ci} = 4.4571MPa$，$T_{pc} = \sum y_i T_{ci} = 250.57K$

再计算对比参数：$p_{pr} = p/p_{pc} = 2.2436$，$T_{pr} = T/T_{pc} = 1.2491$

查图得 $Z = 0.63$

体积系数为：$B_g = V_R/V_{sc} = \dfrac{273+t}{293} \dfrac{p_{sc} Z}{p} = 0.0067$

1m³ 岩石内孔隙体积为：$V_R = 1 \times 20\% \times 80\% = 0.16m^3$，折算到地面为 $V_{sc} = V_R/B_g = 23.8806m^3$

20. 查图得 $p_{pc} = 4.61MPa$，$T_{pc} = 215K$，计算对比参数得到 $p_{pr} = p/p_{pc} = 4.3383$，$T_{pr} = T/T_{pc} = 1.6186$

查图得 $Z = 0.83$

$B_g = V_R/V_{sc} = \dfrac{273+t}{293} \dfrac{p_{sc} Z}{p} = 0.0049$

计算得到地面状态的气体储量为：$V_{sc} = V_R/B_g = 21428.57 \times 10^4 m^3$

21. 查图得 $p_{pc} = 4.61MPa$，$T_{pc} = 222K$，计算对比参数得到：$p_{pr} = p/p_{pc} = 3.4$，$T_{pr} = T/T_{pc} = 1.6757$

查图得 $Z = 0.84$

$B_g = V_R/V_{sc} = \dfrac{273+t}{293} \dfrac{p_{sc} Z}{p} = 0.0068$

22. 由 $pV = ZnRT$，$\gamma_g = \rho_g/\rho_a = M/29$ 得：$\rho_{gR} = pM/ZRT = 5.4472$

23. 查图得 p_{pc}=4.5MPa，T_{pc}=197K，计算对比参数得到：p_{pr}=p/p_{pc}=11.9449，T_{pr}=T/T_{pc}=1.9217

查图得 Z=1.28，由 $pV=ZnRT$，$\gamma_g=\rho_g/\rho_a=M/29$ 得天然气地下密度为：

$\rho_{gR}=pM/ZRT$=4.7893

24. 查图得大气压下天然气的黏度 μ=0.0118mPa·s，经非烃校正后黏度 μ=0.0128mPa·s

查图得 p_{pc}=4.5MPa，T_{pc}=230K，计算对比参数得到：p_{pr}=p/p_{pc}=10.94，T_{pr}=T/T_{pc}=1.64

查图得高低压黏度比值 μ_g/μ_{g1}=2.75

$\mu_g=\mu_{g1}*\mu_g/\mu_{g1}$=0.0352 mPa·s

25.

组成	y_i	M_i	T_{ci}	p_{ci}	y_iT_{ci}	y_ip_{ci}	y_iM_i
CH₄	0.810	18	190.67	4.6408	154.4427	3.7590	14.58
C₂H₆	0.075	34	303.50	4.8835	22.7625	0.3662	2.55
C₃H₈	0.055	50	370.00	4.2568	20.3500	0.2341	2.75
C₄H₁₀	0.040	66	408.11	3.6480	16.3244	0.1459	2.64
C₅H₁₂	0.015	82	460.89	3.3336	6.9134	0.0500	1.23
C₆H₁₄	0.005	98	507.89	3.0344	2.5395	0.0151	0.49
总计	1.000	—	—	—	223.3324	4.5703	24.24

查图得大气压下天然气的黏度 μ=0.009mPa·s。

p_{pr}=p/p_{pc}=2.97

T_{pr}=T/T_{pc}=1.66

查图得高低压黏度比值 μ_g/μ_{g1}=1.42

$\mu_g/\mu_{g1}*\mu_g/\mu_{g1}$==0.013mPa·s

26.

组成	y_i	M_i	T_{ci}	p_{ci}	y_iT_{ci}	y_ip_{ci}	y_iM_i
CH₄	0.902	18	190.67	4.6408	171.9843	4.1860	16.236
C₂H₆	0.045	34	303.50	4.8835	13.6575	0.2197	1.530
C₃H₈	0.031	50	370.00	4.2568	11.4700	0.1319	1.550
C₄H₁₀	0.021	66	408.11	3.6480	8.5703	0.0766	1.386
总计	1.000	—	—	—	205.6822	4.6142	20.702

对比参数为：p_{pr}=p/p_{pc}=1.80，T_{pr}=T/T_{pc}=1.48

（1）查图得 Z=0.83；

（2）体积系数为 $B_g = V_R / V_{sc} = \dfrac{273+t}{293} \dfrac{p_{sc}Z}{p} = 0.01041$

（3）地下体积为：$V_R = B_g \times V_{sc} = 104.1 \text{m}^3$

（4）压缩系数 $C_{pr} = \dfrac{1}{p_{pr}} - \dfrac{1}{Z} \cdot \dfrac{\partial Z}{\partial p_{pr}} = 0.67$

（5）黏度为：查图得大气压下天然气的黏度 $\mu = 0.0092 \text{mPa} \cdot \text{s}$，高低压黏度比值 $\mu_g / \mu_{gl} = 1.2$，得到气体的地层黏度为：$\mu_g = \mu_{gl} * \mu_g / \mu_{gl} = 0.01104 \text{ mPa} \cdot \text{s}$

第四章

5.

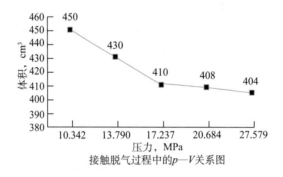

接触脱气过程中的 p—V 关系图

由图知其泡点压力约为 17.237MPa

$$C_j = -\frac{1}{V_j} \cdot \frac{\Delta V}{\Delta p}$$

压力 p，MPa	27.579	20.684	17.237	13.790	10.342
系统体积 V，cm³	404	408	410	430	450
压缩系数 C_j，MPa⁻¹	—	0.004225	0.004204	0.000401	0.000383

由上表知 20.684MPa 压力时 $C_o = 0.004225 \text{ MPa}^{-1}$

$p = 20.684$MPa 时，$B_o = V_{oR} / V_{os} = 408/295 = 1.383$

$p = 17.237$MPa 时，$B_o = V_{oR} / V_{os} = 410/295 = 1.389$

泡点压力约为 17.237MPa，故此时 $R_s = R_{si}$，$B_t = B_o = V_{oR} / V_{os} = 410/295 = 1.389$

当泡点压力位 13.790MPa 时，$B_g = V_{gR} / V_{gs} = 388/5375 \times 10^3 = 7.21 \times 10^{-5}$

由 $B_g = V_{gR} / V_{gs} = \dfrac{273+t}{293} \dfrac{p_{sc}Z}{p}$ 得：$Z = B_g \times \dfrac{293}{273+t} \dfrac{p}{p_{sc}} = 1.32$

6. 设 V_{oR} 为 1m^3

$V_{os} = V_{oR} / B_o = 1/1.42 = 0.7042 \text{m}^3$

$m_{\mathrm{g}}=\gamma\rho_{\mathrm{a}}V_{\mathrm{gs}}=0.75\times1.1691\times138=121.0019\mathrm{kg}$

$m=V_{\mathrm{os}}\times\rho=0.7042\times876=617.2296\mathrm{kg}$

$m_{\mathrm{o}}=m-m_{\mathrm{g}}=617.2296-121.0019=496.2277\mathrm{kg}$

$\rho_{\mathrm{o}}=m_{\mathrm{o}}/V_{\mathrm{o}}=496.2277/1=496.2277\mathrm{kg/m^3}$

7. 设 V_{oR} 为 $1\mathrm{m^3}$

$V_{\mathrm{os}}=V_{\mathrm{oR}}/B_{\mathrm{o}}=1/1.340=0.7463\mathrm{m^3}$

$V_{\mathrm{g}}=V_{\mathrm{os}}R_{\mathrm{s}}=0.7463\times89.05=66.4580\mathrm{m^3}$

$m_{\mathrm{g}}=\gamma\rho_{\mathrm{a}}V_{\mathrm{gs}}=0.75\times1.1691\times66.4580=58.2720\mathrm{kg}$

$m=V_{\mathrm{os}}\times\rho=0.7463\times825.1=615.7721\mathrm{kg}$

$m_{\mathrm{o}}=m-m_{\mathrm{g}}=615.7721-58.2720=557.5001\mathrm{kg}$

$\rho_{\mathrm{o}}=m_{\mathrm{o}}/V_{\mathrm{o}}=557.5001/1=557.5001\mathrm{kg/m^3}$

9. （1） $B_{\mathrm{t}}=B_{\mathrm{o}}+(R_{\mathrm{si}}-R_{\mathrm{s}})\times B_{\mathrm{g}}=1.441+(167.5-130.3)\times0.00615=1.670$

（2） $V=V_{\mathrm{o}}\times R_{\mathrm{s}}=40\times167.5=6700\mathrm{m^3}$

（3） $V_{\mathrm{oR}}=V_{\mathrm{os}}\times B_{\mathrm{o}}=2\times1.215=2.43\mathrm{m^3}$

$V_{\mathrm{gs}}=V_{\mathrm{os}}\times R_{\mathrm{o}}=2\times142.7=85.4\mathrm{m^3}$

$V_{\mathrm{gR}}=(450-85.4)\times0.026703=9.74\mathrm{m^3}$

（4） $C_{\mathrm{o}}=-\dfrac{1}{B_{\mathrm{o}}}\dfrac{B_{\mathrm{ob}}-B_{\mathrm{o}}}{p_{\mathrm{b}}-p}=-\dfrac{1}{1.517}\times\dfrac{1.527-1.517}{23.81-17.21}=0.0194\mathrm{MPa^{-1}}$

第五章

20. $V_{\mathrm{p}}=(p_3-p_1)/\rho_{\mathrm{o}}=(33.8973-32.0038)/0.8045=2.35\mathrm{cm^3}$

$V_{\mathrm{s}}=(p_1-p_2)/\rho_{\mathrm{o}}=(32.0038-22.2946)/0.8045=12.07\mathrm{cm^3}$

$V_{\mathrm{b}}=V_{\mathrm{p}}+V_{\mathrm{s}}=2.35+12.07=14.42\mathrm{cm^3}$

$\phi=V_{\mathrm{p}}/V_{\mathrm{b}}=2.35/14.42=0.1630$

$\rho=p_1/V_{\mathrm{b}}=32.0038/14.42=2.22\mathrm{g/cm^3}$

21. $C_{\mathrm{t}}=C_{\mathrm{f}}+\phi(S_{\mathrm{o}}C_{\mathrm{o}}+S_{\mathrm{g}}C_{\mathrm{g}}+S_{\mathrm{w}}C_{\mathrm{w}})=1.5\times10^{-4}+0.27(0.24\times4.5\times10^{-4}+0.76\times70\times10^{-4})=16.2\times10^{-4}\mathrm{MPa^{-1}}$

$\Delta V_{\mathrm{o}}=V_{\mathrm{b}}\Delta pC_{\mathrm{t}}=(1500/0.76)\times5.7\times16.2\times10^{-4}=18.225\mathrm{m^3}$

22. $C_{\mathrm{t}}=C_{\mathrm{f}}+\phi(S_{\mathrm{o}}C_{\mathrm{o}}+S_{\mathrm{g}}C_{\mathrm{g}}+S_{\mathrm{w}}C_{\mathrm{w}})=8.5\times10^{-1}+0.2\times(0.25\times4.27\times10^{-1}+0.05\times213.34\times10^{-4}+0.7\times17.07\times10^{-4})=0.8718\mathrm{MPa^{-1}}$

23. $V_{\mathrm{b}}=m/\rho=6.0370/2.65=2.278\mathrm{cm^3}$

$V_{\mathrm{p}}=V_{\mathrm{b}}\phi=2.278\times0.25=0.5695\mathrm{cm^3}$

$S_{\mathrm{w}}=V_{\mathrm{w}}/V_{\mathrm{p}}=0.3/0.5695=0.5268$

$V_{\mathrm{o}}=(w_1-w_2-w_{\mathrm{w}})/\rho_{\mathrm{o}}=(6.5540-6.0370-0.3)/0.8750=0.2480\mathrm{cm^3}$

$S_{\mathrm{o}}=V_{\mathrm{o}}/V_{\mathrm{p}}=0.2480/0.5695=0.4355$

24. $\phi=(m_2-m_1)/(m_2-m_3)=(8.0535-7.2221)/(8.0535-5.7561)=0.3619$

$V_p=V_b\times\phi=\phi\times m/\rho=0.3619\times7.2221/2.65=0.9862\text{m}^3$

$V_o=m_o/\rho_o=(8.1169-7.2221-0.3\times1)/0.8760=0.679\text{cm}^3$

$S_o=V_o/V_p=0.679/0.9862=0.6885$

$S_w=V_w/V_p=0.3/0.9862=0.3042$

25. $V_b=m/\rho=92/1.8=51.1111\text{cm}^3$

$V_p=V_b\phi=51.1111\times0.2=10.2222\text{cm}^3$

$S_w=V_w/V_p=4/10.2222=0.3913$

$V_o=(w_1-w_2-w_w)/\rho_o=(100-92-4)/0.9=4.4444\text{cm}^3$

$S_o=V_o/V_p=4.4444/10.2222=0.4348$

$V_{wR}=B_wV_{ws}=1.03\times4=4.12\text{cm}^3$

$V_{oR}=B_oV_{os}=1.2\times4.4444=5.3332\text{cm}^3$

$S_{wR}=V_{wR}/V_p=4.12/10.2222=0.4030$

$S_{oR}=V_{oR}/V_p=5.3332/10.2222=0.5217$

26. $V_b=(w_1-w_2)/\rho_o=(32.0038-22.2946)/0.8045=12.1929\text{cm}^3$

$V_p=(w_3-w_1)/\rho_o=(33.8973-32.0038)/0.8045=2.3536\text{cm}^3$

$V_b=V_p+V_s=14.5465\text{cm}^3$

$\phi=V_p/V_b=2.3536/14.5465=0.1618$

27. $V_p=AH\phi=2.5\times10^6\times33\times0.2=16500000\text{m}^3$

$B_o=V_{oR}/V_{os}=1.25/1=1.25$

$V=V_p\times(1-S_w)/B_o=16500000\times0.78/1.25=10296000\text{m}^3$

28. $C_t=C_f+\phi(S_oC_o+S_wC_w)=28.03\times10^{-5}\text{MPa}^{-1}$

$\Delta V_o=V_b\Delta pC_t=68617.44\text{m}^3$

29. $K=\dfrac{\phi\cdot r^2}{8}$; $r=\sqrt{8K/\phi}=2$; $K=\dfrac{\phi^3}{2S^2}$; $S=\sqrt{\phi^3/2K}=0.2$

30. $S_1=10^6\times3.14\times\dfrac{4}{3}\times r^2/1000000=1.04$; $S_2=10^{12}\times3.14\times\dfrac{4}{3}\times r^2/1000000=10466$

31. $\phi_f=\dfrac{\phi_t-\phi_m}{1-\phi_m}=0.0355$

第六章

7. $\overline{K}=\dfrac{\sum K_iL_i}{\sum L_i}=243.90\text{mD}$; $\overline{K}_1=\dfrac{\ln\dfrac{R_e}{R_w}}{\sum\dfrac{1}{K_i}\ln\dfrac{R_i}{R_{i-1}}}=53.15\text{mD}$, $\overline{K}_2=\dfrac{\ln\dfrac{R_e}{R_w}}{\sum\dfrac{1}{K_i}\ln\dfrac{R_i}{R_{i-1}}}=79.39\text{mD}$,

$\overline{K}=\dfrac{\sum K_iL_i}{\sum L_i}=63.65\text{mD}$。

8. $\bar{K} = \dfrac{\sum L_i}{\sum \dfrac{L_i}{K_i}} = 125.01\text{mD}$

9. $\bar{K} = \dfrac{\sum L_i}{\sum \dfrac{L_i}{K_i}} = 32.00\text{mD}$

10. $\bar{K} = \dfrac{\sum K_i L_i}{\sum L_i} = 438\text{mD}$

11. $K_f = \phi_f b^2 / 12 = 0.00341\text{mD}$

12. $S_1 = C \cdot 6(1-\phi) \sum \dfrac{G_i}{d_i} = 91.6478$；　$S_2 = C \cdot 6(1-\phi) \sum \dfrac{G_i}{d_i} = 114.4693$

13. $K = \phi r^2 / 8$，$K = \phi^3 / 2S^2 \rightarrow r = \sqrt{8K/\phi} = 0.8$；　$S = \sqrt{\phi^3/2K} = 632$

14. $K = Q\mu L / A\Delta p = 0.008 \times 2.5 \times 10/2 \times 1.5 = 0.067\text{D}$

15. $K = Q\mu L / A\Delta p = 16.72\text{mD}$；　$K = \dfrac{2Q_o p_o \mu L}{A(p_1^2 - p_2^2)} = 18.23\text{mD}$

16. $\bar{K} = 270\text{mD}$；　$\bar{K} = 263\text{mD}$。

17. $\phi = (n_1 \pi r_1^2 + n_2 \pi r_2^2)/\pi R^2$；　$r = (n_1 r_1 + n_2 r_2)/(n_1 + n_2)$；　$K = \phi r^2/8 = (n_1 \pi r_1^2 + n_2 \pi r_2^2)/\pi R^2$
$[(n_1 r_1 + n_2 r_2)/(n_1 + n_2)]^2/8$；　$S = \sqrt{\phi^3/2K}$

18. $K_h = 12.5 \times 10^6 \phi_h r^2 = 0.163\text{D} = 163\text{mD}$

第八章

13. $h_{w1} = \dfrac{2\sigma\cos\theta}{r\rho g} = 0.1287$；　$h_{w2} = \dfrac{2\sigma\cos\theta}{r\rho g} = 1.2867$；　$h_{w3} = \dfrac{2\sigma\cos\theta}{r\rho g} = 12.8667$；

$h_{wo1} = \dfrac{2\sigma\cos\theta}{r\rho g} = 0.4486$；　$h_{wo2} = \dfrac{2\sigma\cos\theta}{r\rho g} = 4.4864$；　$h_{wo3} = \dfrac{2\sigma\cos\theta}{r\rho g} = 44.8647$

$h_{o1} = \dfrac{2\sigma\cos\theta}{r\rho g} = 0.6673$；　$h_{o2} = \dfrac{2\sigma\cos\theta}{r\rho g} = 6.6734$；　$h_{o3} = \dfrac{2\sigma\cos\theta}{r\rho g} = 66.7345$

14. $\Delta p = 2\sigma(1/R_1 - 1/R_2) = 43.164$

15. 润湿指数 $W = \dfrac{p_{Two}\sigma_{og}}{p_{Tog}\sigma_{wo}} = \dfrac{0.042 \times 24.9}{0.046 \times 28} = 0.812$；　接触角 $\cos\theta_{wo} = \dfrac{p_{Two}\sigma_{og}}{p_{Tog}\sigma_{wo}}$ 可知 $\theta_{wo} = 35.73°$

16. （1）$p_{cR} = \dfrac{\sigma_R \cos\theta_R}{\sigma_L \cos\theta_L} p_{cL} = 5.955 \times 10^4 \text{Pa}$；　（2）$p_{cRT} = \dfrac{\sigma_R \cos\theta_R}{\sigma_L \cos\theta_L} p_{cLT} = 1.277 \times 10^4 \text{Pa}$；　$h = p_{cR}/$

$\Delta\rho g = 3.254\text{m}$

18. 最大毛细管力对应 J 值为 4.23，　$p_c = \dfrac{\sigma\cos\theta J(S_w)_c}{31.62}\sqrt{\dfrac{\phi}{K}}$，　由 $h = \dfrac{p_{cR}}{(\rho_w - \rho_o)g}$ 可得

$h = 56.018\text{m}$

第九章

14. $K_o = \dfrac{Q_o \mu_o L}{\Delta p A} = 0.0187$; $K_w = \dfrac{Q_w \mu_w L}{\Delta p A} = 0.0075$; $K_{ro} = K_o/K = 0.2791$; $K_{rw} = K_w/K = 0.1119$; $K_{ro}/K_{rw} = 2.494$

15. (1) $K_w = K_{rw} K = 0$; (2) $f_w = \dfrac{1}{1 + \left(\dfrac{K_o}{K_w}\right)\left(\dfrac{\mu_w}{\mu_o}\right)} = 0.5905$; (3) 水湿; (4) $(S_{omax} - S_{or})/S_{omax} =$

$(0.534 - 0.158)/0.534 = 0.7041$

16. (1) $K_o = \dfrac{Q_o \mu_o L}{\Delta p A} = 0.32$; $K_w = \dfrac{Q_w \mu_w L}{\Delta p A} = 0.0128$; (2) $K_{ro} = K_o/K = 0.3168$; $K_{rw} = K_w/K = 0.0127$

(3) $\lambda_o = K_o/\mu_o = 0.0128$, $\lambda_w = K_w/\mu_w = 0.016$, $M = \lambda_w/\lambda_o = 1.25$

17. (1) $K = \dfrac{Q \mu_w L}{\Delta p A} = 1.2D$; (2) 略; (3) $E_R = \dfrac{0.9 - 0.2}{1 - 0.2} = 0.875$; (4) 水湿